Android 移动设备应用程序开发

主 编 马 超 张亚楠 王 姚

哈爾濱工業大學出版社

内 容 简 介

本书以 Android 移动设备的应用程序开发为主题,以 Android 6.0 官方 API 文档为基础,详细介绍了 Android 移动设备应用程序开发涉及的各个环节,从基础开发、UI 设计、网络通信技术、数据持久化、传感器开发等多个角度,为读者提高程序设计能力提供参考与帮助。

全书 12 章:包括 Android 系统的发展史,Android 基础程序开发,结合 Material Design 设计思想的移动应用 UI 设计,Android 数据存储,百度地图 API 应用,Android 网络通信开发,Android 近距离通信开发,Android 传感器开发等内容。

本书可作为相关专业高年级本科生教学用书,也可作为 Android 移动设备应用程序开发人员的参考书。

图书在版编目(CIP)数据

Android 移动设备应用程序开发/马超,张亚楠,王姚主编. —哈尔滨:哈尔滨工业大学出版社,2016.6
ISBN 978-7-5603-5854-3

Ⅰ.①A… Ⅱ.①马… ②张… ③王… Ⅲ.①移动终端-应用程序-程序设计 Ⅳ.①TN929.53

中国版本图书馆 CIP 数据核字(2016)第 173732 号

责任编辑 孙连嵩 刘 威
出版发行 哈尔滨工业大学出版社
社 址 哈尔滨市南岗区复华四道街 10 号 邮编 150006
传 真 0451-86414749
网 址 http://hitpress.hit.edu.cn
印 刷 哈尔滨市石桥印务有限公司
开 本 787mm×1092mm 1/16 印张 18.25 字数 467 千字
版 次 2016 年 6 月第 1 版 2016 年 6 月第 1 次印刷
书 号 ISBN 978-7-5603-5854-3
定 价 68.00 元

前 言

Android 是由 Google 公司和开放手机联盟共同开发的一款基于 Linux 内核的开放源代码的操作系统,主要应用在移动设备上。例如:智能手机、平板电脑、数字电视以及可穿戴设备等。截止至 2015 年的第四季度,Android 平台手机的全球市场份额已经达到 80.75%,苹果的 iOS 系统占据了 17.75% 的份额,在 iOS 和 Android 以外,其他的系统如 Windows Phone 和黑莓,两者分别仅有 1.1% 和 0.2% 的占有率。随着黑莓放弃自家平台,转投 Android 阵营,以及 Windows Phone 的业绩持续不振,Windows Phone 和黑莓的市场占有率很可能会持续下滑。目前,全球知名手机品牌多采用 Android 系统,例如:三星、华为、联想、小米、HTC 等,而采用 iOS 系统的手机仅有苹果一家。

对于学习 Java 编程语言的读者,Android 操作系统的出现,提供新的学习方向,巨大的市场需求,提供更多的就业机会,也急需更多的开发者来提供更加丰富的应用。本书主要针对学习过 Java 编程语言,具备一定的编程基础,有意愿学习 Android 平台应用程序开发的读者。多数学习程序开发的读者在熟悉了语法知识之后,都迫不及待地想编写一款属于自己的软件,这是值得肯定的学习编程的积极态度。但是,如果所选择的项目过大、过于复杂,往往很难实现其功能。所以,对于 Android 应用程序开发的初学者,建议选择功能单一、结构简单的案例项目。

本书从学习 Android 的实用性以及技术热点的角度出发,充分考虑了 Android 初学者在进行移动设备应用程序开发时所需要掌握的基础知识,其内容共分为 12 章。第 1 章介绍 Android 应用程序开发的基础知识;第 2 章介绍如何在 Android 中创建一个最简单的 Hello World 应用程序;第 3 章介绍 Android UI 设计语言的基础知识;第 4 章介绍 Android 界面设计基础;第 5 章介绍 Android 中的活动组件、意图对象以及广播接收器组件;第 6 章介绍 Android 后台 Service 组件;第 7 章介绍 Android 数据库与存储技术;第 8 章介绍 Android 位置服务与地图应用;第 9 章介绍 Android 多线程;第 10 章介绍 Android 网络通信开发;第 11 章介绍 Android 近距离通信开发;第 12 章介绍 Android 传感器开发。每章都有相应的实例,以便读者更好地理解该章的内容。

本书在编写过程中,参考了 Android 6.0 官方 API 文档,按照知识的逻辑关系来编写,循序渐进、突出重点,对知识点的讲解与介绍尽可能做到全面、准确,并给出知识点的适用场合。对于重点、难点知识,采取给出易于理解的案例项目,按步骤讲解实现的方式。全书所有章节讲解知识的方式统一,结构清晰,方便读者快速查询相关问题。在介绍章节内容时,根据不同知识点的具体情况,介绍知识点的分类、周边信息并总结功能实现的步骤。

本书由马超、张亚楠、王姚编写。由于作者学术与经验的局限,在本书的结构、知识点与难点的选择和解析过程中,难免会存在一定的问题与不足,希望广大读者不吝赐教。相关技术问题可以发送邮件到 machao8396@163.com 进行交流,作者会尽量给予答复。

编　者

2016 年 5 月

目　录

第 1 章 Android 简介

Android 一词的本义是指“机器人”,同时也是 Google 于 2007 年 11 月宣布的基于 Linux 平台的开源手机操作系统的名称。2008 年 9 月,德国的移动运营商 T - Mobile 公司在美国纽约举办了一场大型的新品发布会,并利用这个机会向所有智能手机爱好者隆重介绍了全世界第一款基于 Android 平台的智能手机 G1。

T - Mobile G1 是来自我国台湾省的 HTC(High Tech Computer)宏达公司定制,其内部研发代号为 Dream(中文含义:梦想)。Android 平台由 Google 发起的“开放手持设备联盟”开发,因此称 T - Mobile G1/HTC Dream 是 Google 手机。目前,Android 逐渐扩展到平板电脑及其他领域上,例如:电视、数码相机、游戏机以及各种智能穿戴设备等。

1.1 Android 发展史

2003 年 10 月,Andy Rubin 等人创建 Android 公司,并组建 Android 团队。2005 年 8 月,Google 低调收购了成立仅 22 个月的高科技企业 Android 及其团队。Andy Rubin 成为 Google 公司工程部副总裁,继续负责 Android 项目。

2007 年 11 月,Google 公司正式向外界展示了这款名为 Android 的操作系统,并且在当天 Google 宣布建立一个全球性的联盟组织开放手持设备联盟(Open Handset Alliance),该组织初始由 34 家手机制造商、软件开发商、电信运营商以及芯片制造商组成。开放手持设备联盟负责研发改良 Android 系统,联盟将支持 Google 发布的手机操作系统以及应用软件,Google 以 Apache 免费开源许可证的授权方式,发布了 Android 的源代码。

2008 年 5 月,在 Google I/O 大会上,Google 提出了 Android HAL 架构图;2008 年 8 月,Android 获得了美国联邦通信委员会(FCC)的批准;2008 年 9 月,Google 正式发布了 Android 1.0系统,这也是 Android 系统最早的版本。

2010 年 2 月,Linux 内核开发者 Greg Kroah - Hartman 将 Android 的驱动程序从 Linux 内核“状态树”(“staging tree”)上除去,从此,Android 与 Linux 开发主流分道扬镳。

2010 年 10 月,Google 宣布 Android 系统达到了第一个里程碑,即电子市场上获得官方数字认证的 Android 应用数量已经达到了 10 万个,Android 系统的应用增长非常迅速。

2011 年 1 月,Google 每日的 Android 设备新用户数量达到了 30 万部,到 2011 年 7 月,这个数字增长到 55 万部,而 Android 系统设备的用户总数达到了 1.35 亿,Android 系统已经成为智能手机领域占有量最高的系统。

2011 年 8 月，Android 手机已占据全球智能机市场 48% 的份额，并在亚太地区市场占据统治地位，终结了 Symbian(塞班系统)的霸主地位，跃居全球第一。

2011 年 9 月，Android 系统的应用数目已经达到了 48 万个，而在智能手机市场，Android系统的占有率已经达到了 43%，继续排在移动操作系统首位。

2012 年 1 月，Google Android Market 已有 10 万开发者推出超过 40 万活跃的应用，大多数的应用程序为免费。Android Market 应用程序商店目录在新年首周的周末突破 40 万基准，距离突破 30 万应用仅用 4 个月。在 2011 年早些时候，Android Market 从 20 万增加到 30 万应用也用了 4 个月。

Android 在正式发行之前，最开始拥有两个内部测试版本，并且以著名的机器人名称对其命名，它们分别是：阿童木(Astro)，发条机器人(Bender)。后来由于涉及版权问题，Google 将其命名规则变更为甜点作为它们系统版本代号的命名方法，甜点命名法开始于 Android 1.5 发布的时候。作为每个版本代表的甜点尺寸越变越大，然后按照 26 个字母数序：纸杯蛋糕(Cupcake，Android 1.5)，甜甜圈(Donut，Android 1.6)，松饼(Eclair，Android 2.0/2.1)，冻酸奶(Froyo，Android 2.2)，姜饼(Gingerbread，Android 2.3)，蜂巢(Honeycomb，Android 3.0/3.1/3.2)，冰淇淋三明治(Ice Cream Sandwich，Android 4.0)，果冻豆(Jelly Bean，Android 4.1/4.2)，奇巧巧克力(KitKat，Android 4.4)，棒棒糖(Lollipop，Android 5.0)，棉花糖(Marshmallow，Android 6.0)。Android 版本信息见表 1.1。

表 1.1 Android 版本信息

Android 版本	发布日期	代号
Android 1.0	2008 年 9 月	Astro(铁臂阿童木)
Android 1.1	2009 年 2 月	Bender(发条机器人)
Android 1.5	2009 年 4 月	Cupcake(纸杯蛋糕)
Android 1.6	2009 年 9 月	Donut(甜甜圈)
Android 2.0/2.1	2009 年 10 月	Eclair(松饼)
Android 2.2	2010 年 5 月	Froyo(冻酸奶)
Android 2.3	2010 年 12 月	Gingerbread(姜饼)
Android 3.0/3.1/3.2	2011 年 2 月	Honeycomb(蜂巢)
Android 4.0	2011 年 10 月	Ice Cream Sandwich(冰淇淋三明治)
Android 4.1	2012 年 6 月	Jelly Bean(果冻豆)
Android 4.2	2012 年 10 月	Jelly Bean(果冻豆)
Android 4.4	2013 年 9 月	KitKat(奇巧巧克力)
Android 5.0	2014 年 10 月	Lollipop(棒棒糖)/ Android L
Android 6.0	2015 年 5 月	Marshmallow(棉花糖)/ Android M
Android 7.0	2016 年 5 月	/ Android N

2016 年 5 月,Google 发布了目前最新的版本 Android 7.0,它主要的更新包括:分屏多任务;全新下拉快捷开关页;通知消息快捷回复;通知消息归拢;夜间模式;流量保护模式;全新设置样式;改进的 Doze 休眠机制;系统级电话黑名单功能;菜单键快速应用切换,它对应的甜点代号尚未公布。

1.2　Android 平台架构及特性

Android 系统采用层次化的架构,如图 1.1 所示,包括 4 个功能层,自下向上依次为:Linux 内核(Linux Kernel)、函数库和运行时(Libraries 和 Android Runtime)、应用程序框架(Application Framework)和应用程序层(Applications)。

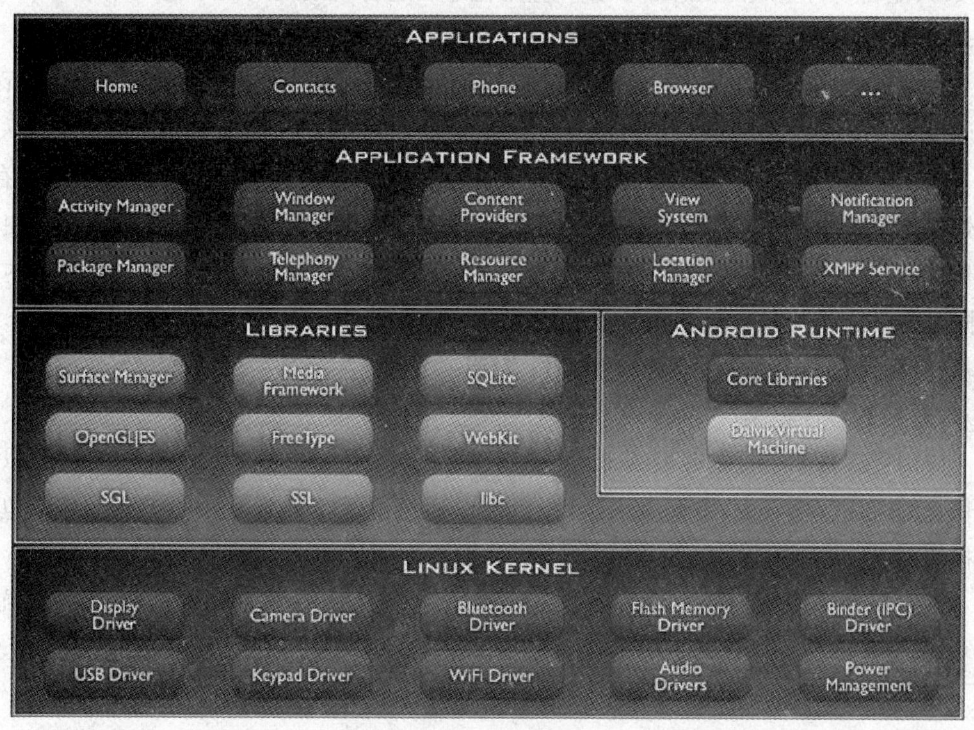

图 1.1　Android 架构

(1)Linux 内核。

Android 系统以 Linux 操作系统内核为基础,借助 Linux 内核服务实现硬件设备驱动、进程和内存管理、网络协议栈、电源管理以及无线通信等核心功能。自 Android 4.0 版本之后,开始采用更新的 Linux 3.X 内核,目前 Android 6.0 版本采用的是 Linux 3.4 内核。

与此同时,Android 内核对 Linux 内核进行了增强,增加了一些面向移动计算的特有功能。例如:可以根据需要杀死进程来释放需要的内存的低内存管理器(Low Memory Keller),为进程之间提供共享内存资源,同时为内核提供回收和管理内存的匿名共享内存(Ashmem)机制,以及类似于 COM 和 CORBA 分布式组件架构的轻量级的进程间通信 Binder 机制。这些内核的增强使 Android 在继承 Linux 内核安全机制的同时,进一步提升了内存管理、进程间通信等方面的安全性。

(2)函数库和运行时。

函数库大部分由 C/C + + 编写,所提供的功能通过 Android 应用程序框架为开发者所使用,典型的功能包括:专门为基于嵌入式 Linux 的设备定制的系统 C 库、支持多种常用音频、视频以及静态图像文件的媒体库、2D/3D 图形引擎、Web 浏览器的软件引擎、安全套接层、SQLite 数据库引擎等功能。除此之外,还有 Android NDK(Native Development Kit),即 Android 原生库,其直接使用 Android 系统资源,并采用 C 或 C + + 语言编写程序的接口,能自动将生成的动态库和 Java 应用程序一起打包成应用程序包文件,即. apk 文件,但其安全性和兼容性可能无法保障。

Android 运行时包含:核心库和 Dalvik 虚拟机。核心库提供了大多数 Java 语言所需要调用的功能函数,并提供 Android 的核心 API,如 android. os,android. net,android. media 等。Dalvik 虚拟机是基于 Apache 的 Java 虚拟机(JVM),并被改进以此来适用于低内存、低处理器速度的移动设备环境。Dalvik 是基于寄存器,一般认为,基于寄存器的实现使用等长指令,在效率速度上较传统基于栈的 JVM 更有优势,并且 Dalvik 允许在有限的内存中同时高效地运行多个虚拟机的实例,并且每一个 Dalvik 应用作为一个独立的 Linux 进程执行,都拥有一个独立的 Dalvik 虚拟机实例。

(3)应用程序框架层。

应用程序框架层提供开发 Android 应用程序所需的一系列类库,使开发人员可以进行快速的应用程序开发,方便重用组件,也可以通过继承实现个性化的扩展。具体包括的模块如下:

- 活动管理器(Activity Manager):管理应用程序的生命周期,并提供常用的导航回退功能,为所有程序的窗口提供交互的接口;
- 窗口管理器(Window Manager):对所有开启的窗口程序进行管理;
- 内容提供器(Content Provider):提供一个应用程序访问另一个应用程序数据(例如:联系人数据库)的功能,或者实现应用程序之间的数据共享;
- 视图系统(View System):构建应用程序的基本组件,包括列表(lists),网格(grids),文本框(text boxes),按钮(buttons),还有可嵌入的 web 浏览器;
- 通知管理器(Notification Manager):使应用程序可以在状态栏中显示自定义的提示信息;
- 包管理器(Package Manager):对应用程序进行管理,提供的功能,例如:安装应用程序、卸载应用程序、查询相关权限信息等;
- 资源管理器(Resource Manager):提供对非代码资源的访问,例如:本地化字符

串、图片、音频、布局文件等;

- 位置管理器(Location Manager):提供位置服务;
- 电话管理器(Telephony Manager):管理所有的移动设备功能;
- XMPP 服务:是 Google 在线即时交流软件中一个通用的进程,提供后台推送服务。

(4)应用层。

Android 平台的应用层上包括各类与用户直接交互的应用程序,或由 Java 语言编写的在后台运行的服务程序。例如,与 Android 系统一起发布的核心应用程序,典型的包括:Email 客户端、SMS 短消息程序、电话拨号及联系人管理程序、浏览器、日历、地图等程序,以及第三方开发人员开发的其他应用程序。

1.3 开发环境的搭建

目前,主流的 Android 开发环境有两类:一类是采用 Eclipse + ADT + Android SDK 的组合方式,另一类是 Android Studio + Android SDK 的组合方式。前者是国内最为普及的开发环境,学校以及软件公司的主流选择,目前 Google 停止了对 ADT 插件的更新,因此,后者将逐渐取代前者成为今后的唯一选择。因此,本书对这两种开发环境的搭建过程均进行了详细的介绍,但是考虑到学生在实际学习过程中对 Eclipse 更为熟悉,以及未来就业之后的便捷,本书后续章节的示例均在 Eclipse + ADT + Android SDK 开发环境下予以介绍。

1.3.1 Eclipse + ADT

本书讲解的 Eclipse + ADT + Android SDK 开发环境安装是以 Window 10 为平台,安装的软件为 JDK 1.8、Eclipse Mars. 2 (4.5.2) Release for Windows (64bit)、ADT 23.0.7 和 Android SDK r24.3.4。

(1)安装 JDK。

安装 Eclipse 集成开发环境之前,首先需要安装 JRE,在 Window 10 上安装 JDK 1.8(包含 JRE)的方法如下:

①打开下载网址:http://www. oracle. com/technetwork/java/javase/downloads/jdk8-downloads-2133151. html,如图 1.2 所示,根据自己所拥有的计算机配置选择下载软件版本,此处本书选择的 Windows x64,即 jdk-8u77-windows-x64. exe。

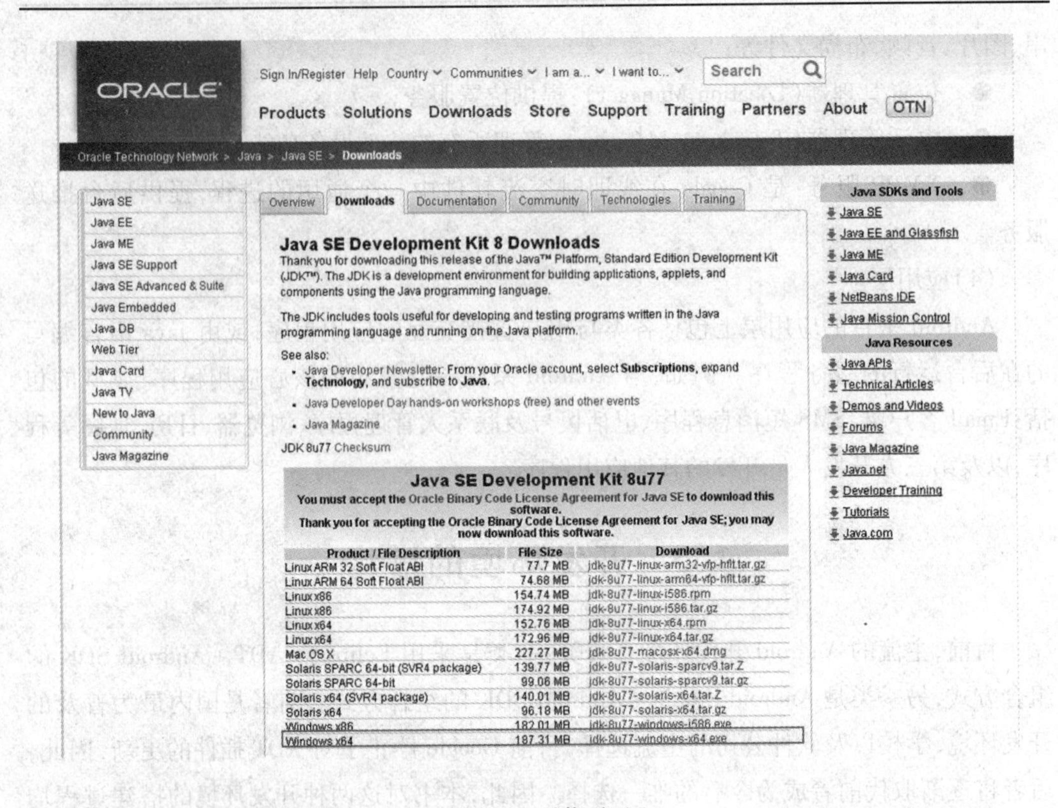

图 1.2　下载页面

②下载之后，双击文件“jdk-8u77-windows-x64. exe”，打开安装程序，依次选择默认选项。

安装完成之后，需要确认一下是否安装成功，在 Windows 10 平台中，通过同时按下“win + R”，在打开的对话框中输入“cmd”并按下“确定”，在打开的 CMD 窗口中输入“java-version”命令，如果显示如图 1.3 所示的提示信息，说明安装成功。

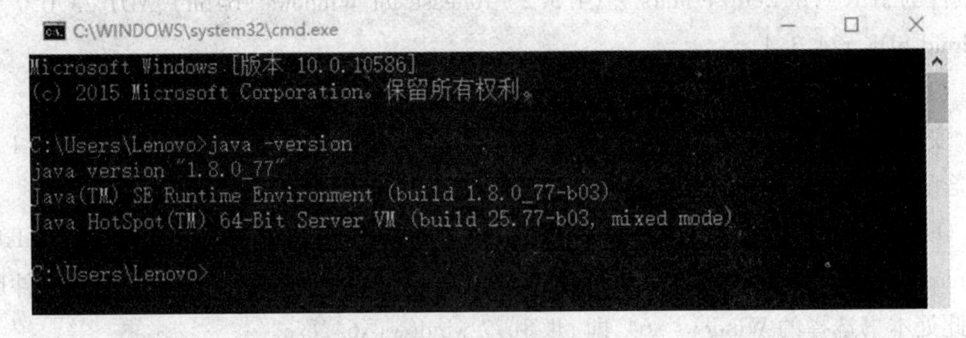

图 1.3　CMD 窗口

如果经过上述步骤发现安装失败，需要进行路径配置。在桌面上右击“此电脑(或计算机)”图标，在弹出的快捷菜单中选择“属性”命令，在弹出的对话框中选择“高级系统设置”选项卡,在弹出的对话框中选择“环境变量”按钮,弹出“环境变量”对话框,如图1.4所示。

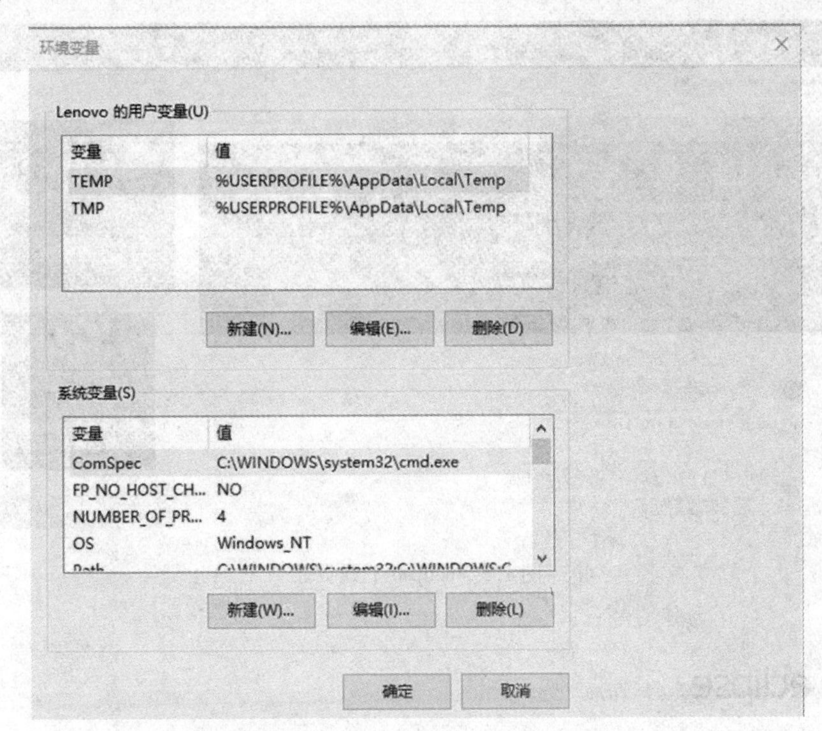

图 1.4　“环境变量”对话框

接下来,设置环境变量的步骤如下:

● “新建”一个“系统变量”,在“变量名”中输入“JAVA_HOME”,在“变量值”中输入 JDK1.8 的安装目录,本书为“C:\Program Files\Java\jdk1.8.0_77”;

● “新建”一个“系统变量”,在“变量名”中输入“classpath”,在“变量值”中输入:.;%JAVA_HOME%\lib\rt.jar;%JAVA_HOME%\lib\tools.jar;

● “编辑”一个“变量名”为“Path”的系统变量,在“变量值”最前面添加:%JAVA_HOME%\bin。

(2)安装 Eclipse。

①打开 Eclipse 的官方下载网址:http://www.eclipse.org/downloads/,如图 1.5 所示,此处选择 Eclipse Installer for Windows 64bit。

②来到镜像页面,如图 1.6 所示,选择最近的镜像,此处推荐的下载镜像为“China-University of Science and Technology of China (http)”。

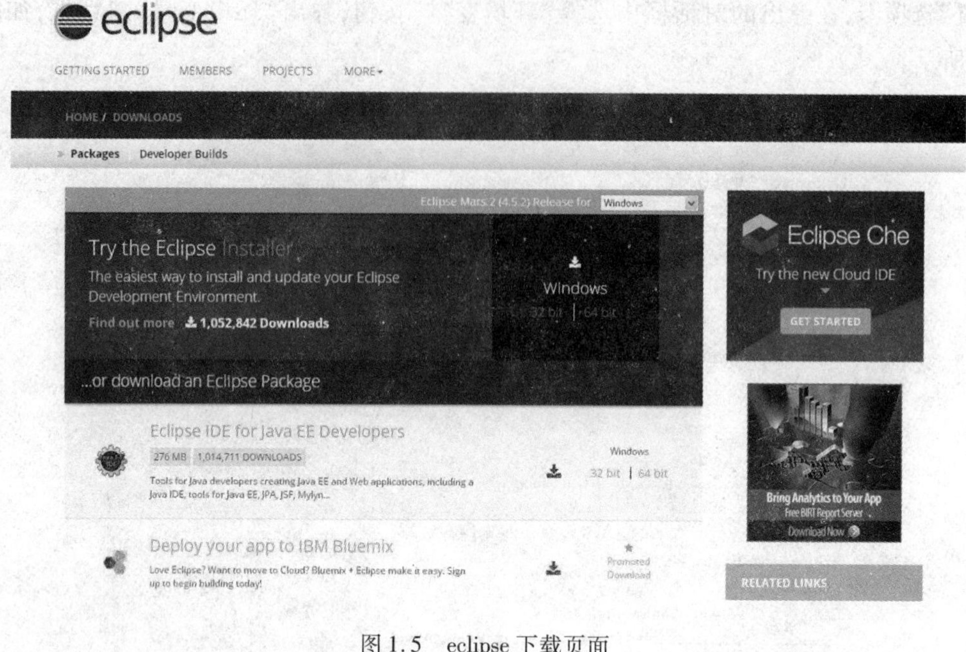

图 1.5　eclipse 下载页面

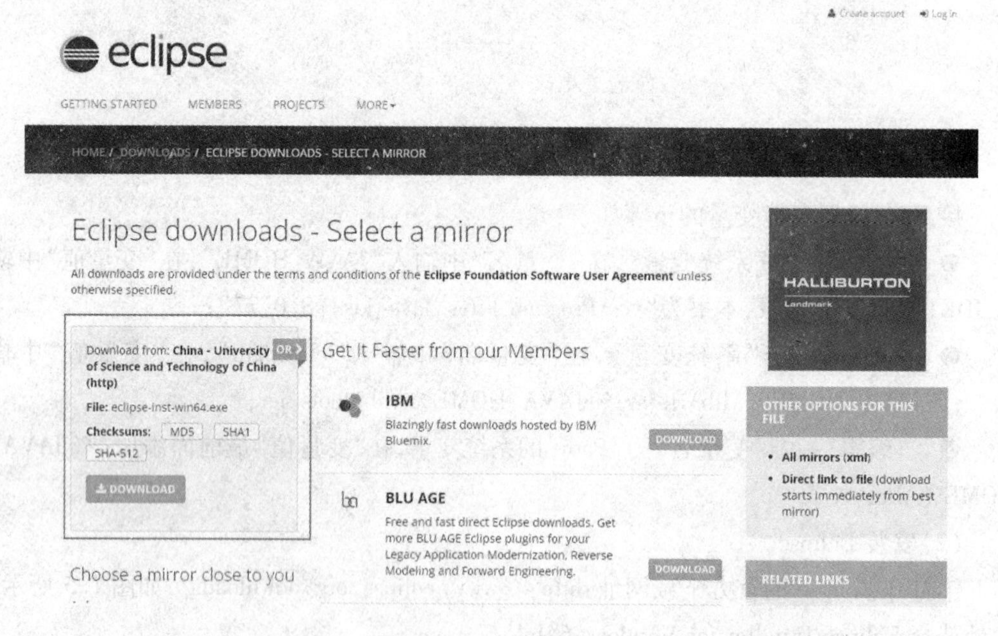

图 1.6　选择镜像

③下载完成之后，双击文件“eclipse-inst-win64. exe”，打开安装程序，选择版本类型 Eclipse IDE for Java Developers，然后依次选择默认选项即可，过程不再赘述。本书将 Eclipse安装到目录：E：\Eclipse。打开目录，双击“eclipse. exe”图标，Eclipse 能自动找到先前安装的 JDK 路径。

(3)安装 ADT。

Android 开发工具(Android Development Tools, ADT)是一款支持 Eclispe IDE 的插件，它扩展了 Eclipse 的能力，使其能够快速地建立新的 Android 工程，创建应用程序 UI，添加基于 Android 框架 API 的包，使用 Android SDK 工具调试应用程序，以及为了发布应用程序而导出签名(或未签名)的.apk 文件。

2015 年 8 月，Android 官方网站发布了最新版本 ADT 23.0.7(目前 ADT 的更新已经结束)，下载地址为"http://pan.baidu.com/s/1boH9obP"，该版本的使用约束包括：

- Java 7 或更高；
- Eclipse Indigo (Version 3.7.2)或更高；
- SDK Tools r24.1.2 或更高。

在 Eclipse 中安装 ADT 的过程：启动 Eclipse，选择 Help→Install New Software，打开 Eclipse的插件安装界面，点击"Add"，如图 1.7 所示。点击"Archive"按钮，选择 ADT 插件压缩包在本地磁盘中的位置。在 ADT 插件安装前，会提示用户对需要安装的插件(即 Developer Tools)的具体内容(例如：Android DDMS、Android Development Tools、Android Hierarchy Viewer 等)进行选择和确认，全选即可，然后点击"Next"按钮完成剩余安装步骤，安装成功之后需要按照提示，重启 Eclipse 以使 ADT 生效。

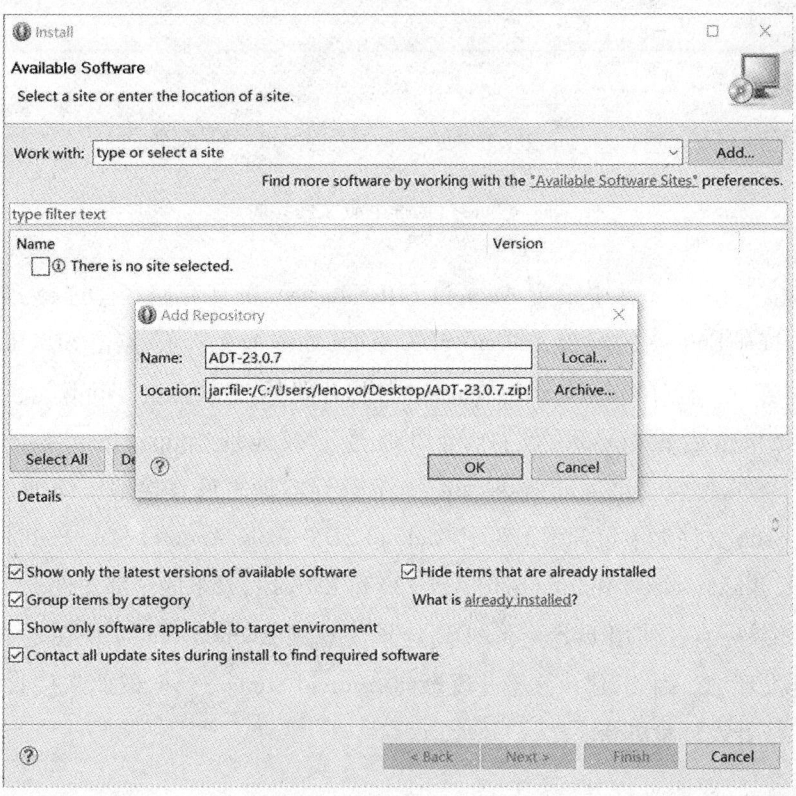

图 1.7　本地手动安装 ADT

注意:由于在大陆地区无法访问 Android 官方网站,因此,在"Location"中添加网址"http://dl-sll. google. com/Android/eclipse/",进行在线安装时,需要借助 VPN 软件。

(4)安装 Android SDK Manager。

下载并安装 Android SDK Manager,本书提供的版本是 installer_r24. 3. 4-windows. exe(2015 年 8 月更新),其下载地址为"http://pan. baidu. com/s/1nvkvfBz"。安装成功之后,如图 1.8 所示,可以自行选择需要下载的文件,点击右下角按钮开始下载/安装(此时需要借助 VPN 软件)。

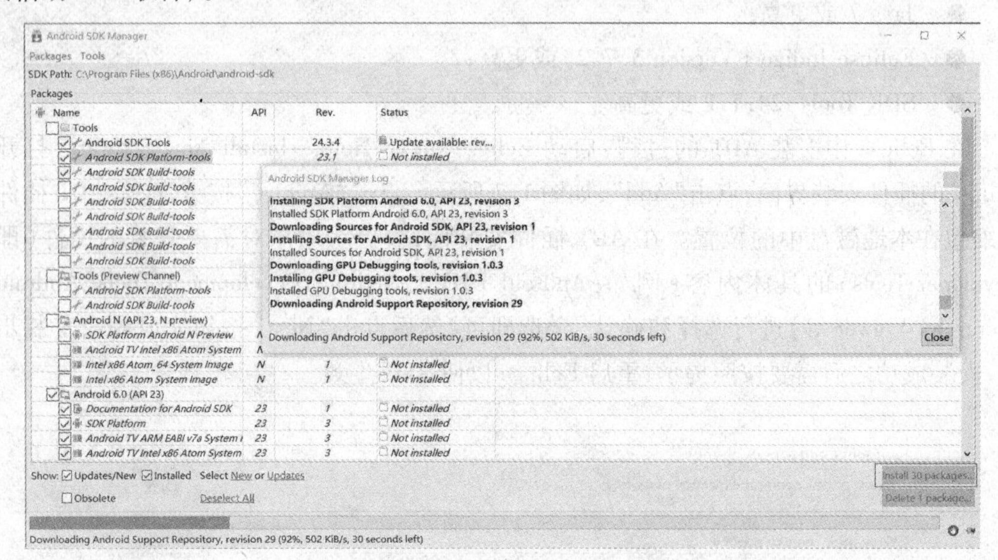

图 1.8　自行选择下载文件界面

下一步需要在 Eclipse 中设置 Android SDK Manager 的保存路径。选择:Windows→Preferences,打开 Eclipse 的配置 Android SDK 页面,如图 1.9 所示,点击 SDK Location 后面的 Browse 按钮,选择 Android SDK Manager 的保存路径,最后点击"Apply"。

注意:如果读者没有 VPN 软件,可以通过下载地址"http://pan. baidu. com/s/1i45RH1j"下载压缩包"android - sdk. zip"。下载到本地之后直接解压缩即可,无须安装,android - sdk 文件夹中包含图 1.8 中 Android SDK Tools、Android SDK Platform - tools、Android SDK Build - tools、Android 6.0(API 23)和 Extras 目录下的全部文件。

注意:如果一直在使用 Eclipse + ADT,应该注意到 Android Studio 现在是 Android 官方的集成开发环境。因此,建议熟悉并逐渐向 Android Studio 迁移,以此来接收所有的最新版本的集成开发环境更新。

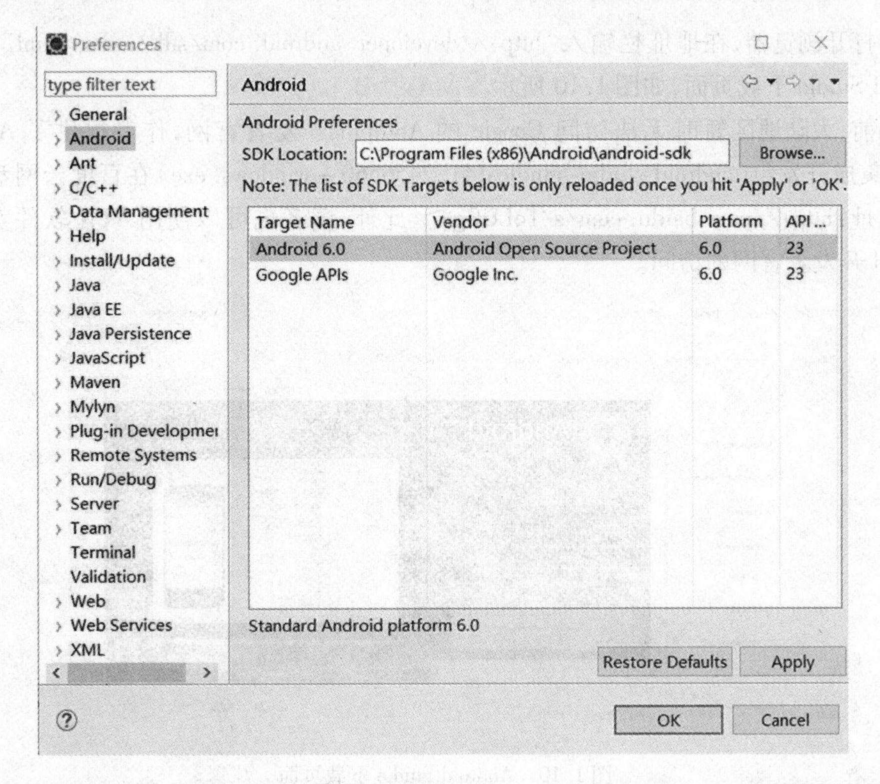

图 1.9　配置 Android SDK

1.3.2　Android Studio

Android Studio 是 Google 于 2013 年 I/O 大会针对 Android 推出的新的开发工具，目前很多开源项目都已经在采用，Google 的更新速度也很快，截止到 2016 年 3 月，Android Studio 2.1 Preview 4 已经发布，但在 Android 开发者官方的网站上更新的版本为 Android Studio v1.5.1（2015 年 12 发布）。

与 Eclipse 相比 Android Studio 的优势体现在以下几个方面：

- Google 专门为 Android“量身定做”的一款基于 Intellij IDEA 改造的 IDE；
- 在启动速度、响应速度、内存占用等方面优于 Eclipse；
- UI 更漂亮，其自带 Darcula 主题的炫酷黑界面堪称高大上；
- 提供智能保存，开发者不用每次都 Ctrl ＋ S；
- 支持 Gradle，在配置、编译、打包方面做得更好；
- 更加智能的 UI 编辑器，自带多设备的实时预览；
- 内置终端，可以方便地进行命令行操作；
- 更完善的插件系统，例如：可以直接搜索下载 Git、Markdown、Gradle 等插件；
- 自带了如 GitHub、Git、SVN 等流行的版本控制系统。

下面，开始下载并安装 Android Studio，具体步骤如下：

①打开浏览器,在地址栏输入“http://developer. android. com/sdk/index. html”,进入Android Studio 下载页面,如图 1.10 所示。

目前,大陆地区暂时无法访问 Google 的 Android 开发者官网,作者提供了 Android Studio 集成开发包(android-studio-bundle-141. 2456560 – windows. exe)在百度云网盘上的下载地址:http://pan. baidu. com/s/1cLUCgA。此外,读者也可以使用 VPN 软件实现对 Android 开发者官网的访问。

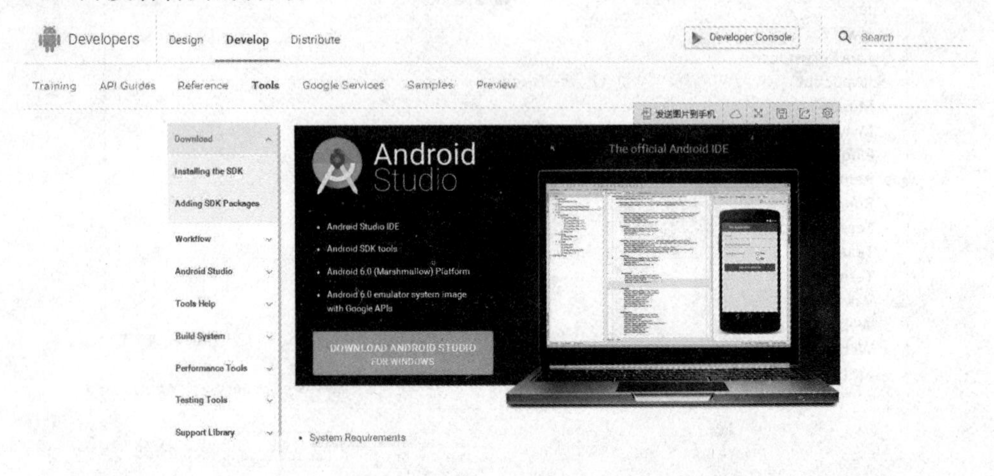

图 1.10 Android Studio 下载页面

②根据系统情况,选择需要安装的软件版本进行下载,如图 1.11 所示,推荐使用集成开发包,作者选择的是 android-studio-bundle-141. 2456560-windows. exe。它提供了所有开发Android App 需要用到的工具,包括 Android Studio IDE 和 Android SDK。

All Android Studio Packages

Select a specific Android Studio package for your platform. Also see the Android Studio release notes.

Platform	Package	Size	SHA-1 Checksum
Windows	android-studio-bundle-141.2456560-windows.exe (Recommended)	1209163328 bytes	6ffe608b1dd39041a578019eb3fedb5ee62ba545
	android-studio-ide-141.2456560-windows.exe (No SDK tools included)	351419656 bytes	8d016b90bf04ebac6ce548b1976b0c8a4f46b5f9
	android-studio-ide-141.2456560-windows.zip	375635150 bytes	64882fb967f960f2142de239200104cdc9b4c75b
Mac OS X	android-studio-ide-141.2456560-mac.dmg	367456698 bytes	d0807423985757195ad5ae4717d580deeba1dbd8
Linux	android-studio-ide-141.2456560-linux.zip	380943097 bytes	b8460a2197abe26979d88e3b01b3c8bfd80a37db

图 1.11 选择需要安装的软件版本

③在 Windows 平台上安装 Android Studio。在安装 Android Studio 之前,需要确认是否已经安装了 JDK6 或以上版本(只有 JRE 是不够的)。当采用 Android5.0(API level 21)或更高版本的系统进行开发时,需要安装 JDK7。

在有些 Windows 平台中,执行脚本无法发现 JDK 的安装位置。如果遇到这一问题,需要通过设置环境变量来说明正确的位置。在 Windows 10 桌面上,鼠标移动到图标"此电脑",单击右键打开上下文菜单,选择"属性",打开目录:控制面板→所有控制面板项→系统,依次选择高级系统设置→环境变量,新建一个系统变量 JAVA_HOME 指向 JDK 文件夹。例如,C:\Program Files\Java\jdk1.7.0_67。

如图 1.12 所示,按照安装向导,依次点击 Next 按钮,作者将 Android Studio 默认安装到目录 C:\Program Files\Android\Android Studio 下。Android Studio 使用的个人工具和其他 SDK 包被安装到了独立的目录(例如,C:\Users\Lenovo\AppData\Local\Android\sdk)。如果需要直接使用工具,可以在 CMD 窗口下直接访问安装位置。

图 1.12　安装向导页面

通过上述步骤,已经完成了 Android Studio 的下载与安装。下面打开 Android Studio,在首次打开 Android Studio 时,需要选择 Android Studio 的设置,以及下载依赖组件,如图 1.13 所示。

图 1.14 显示的是下载依赖组件的过程。在这一过程中,需要借助 VPN 软件,此外,建议暂时关闭反病毒软件或其他使用 SDK 的执行程序。

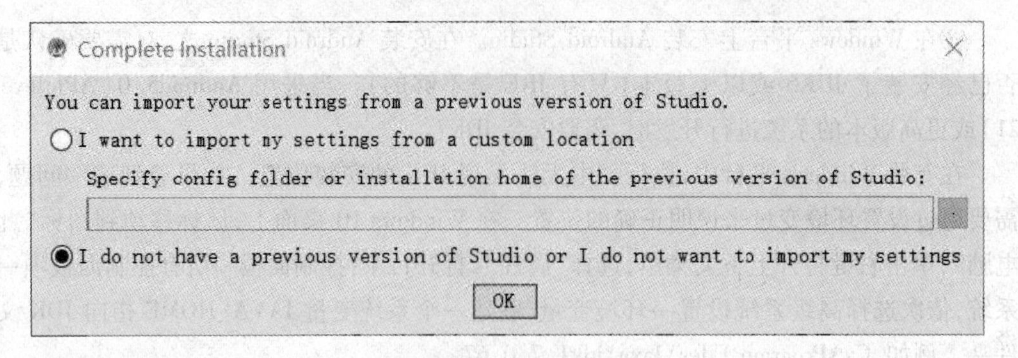

图 1.13　设置页面

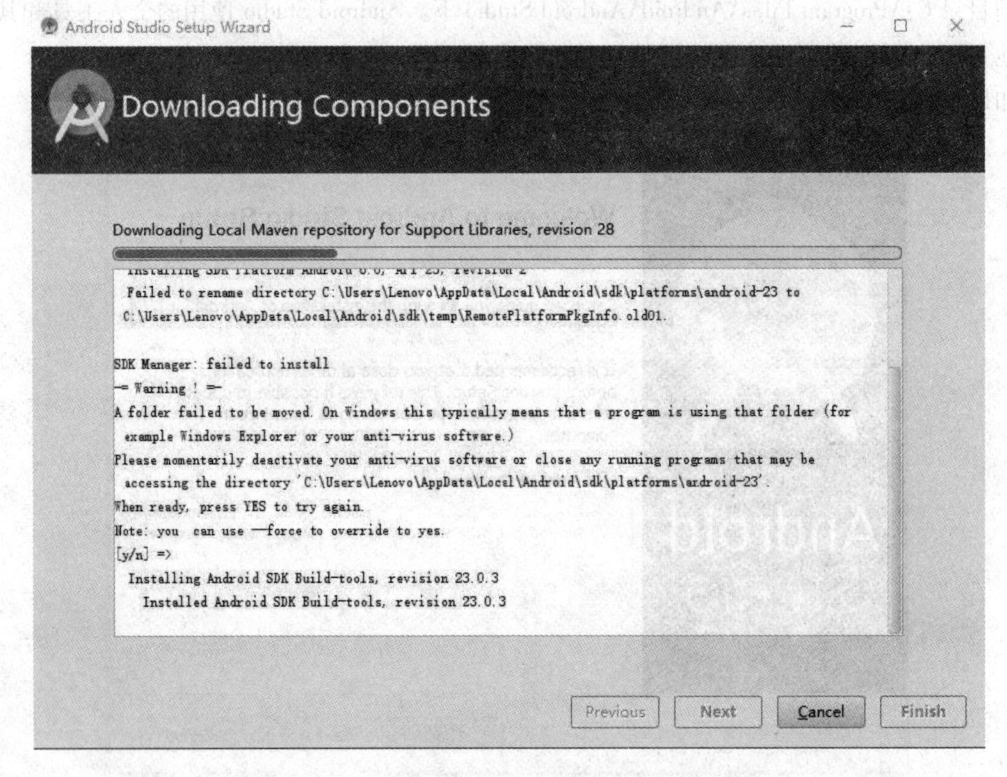

图 1.14　下载组件页面

第 2 章　HelloWorld Android 应用程序

对于一门应用程序开发技术的初学者来说，HelloWorld 程序是最基本、最简单的程序，通常是初学者所编写的第一个程序。它被用来确定程序开发环境，以及运行环境是否已经安装成功。在本章中，分别在 Eclispe + ADT 和 Android Studio 环境中创建 HelloWorld程序，以此来帮助 Android 移动设备应用程序的初学者熟悉并掌握 Android 应用程序的开发环境。

2.1　Eclipse + ADT 环境

2.1.1　创建工程

下面通过创建一个 HelloWorld 工程来熟悉 Eclipse + ADT 开发环境。打开 Eclipse，选择“File”→“New”→“Project”命令，进入创建工程的自导页面如图 2.1 所示，选择“Android Application Project”。

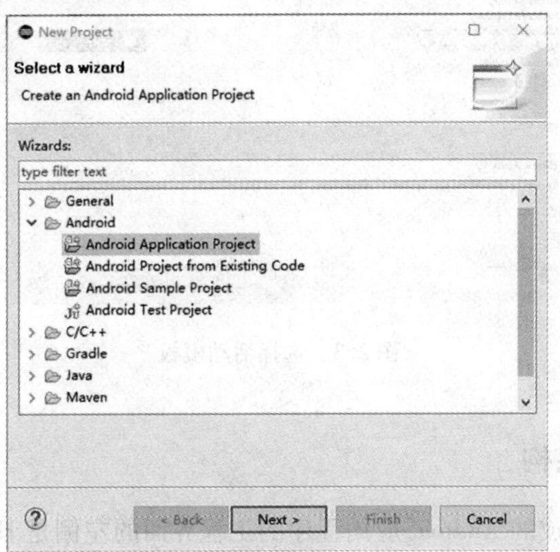

图 2.1　创建工程的向导页面

在点击“Next”按钮后，进入图 2.2 所示的页面。在此页面中，读者需要填写应用程序名称、工程名称、应用程序包名，并且可以设置兼容的最小 SDK 版本等信息。

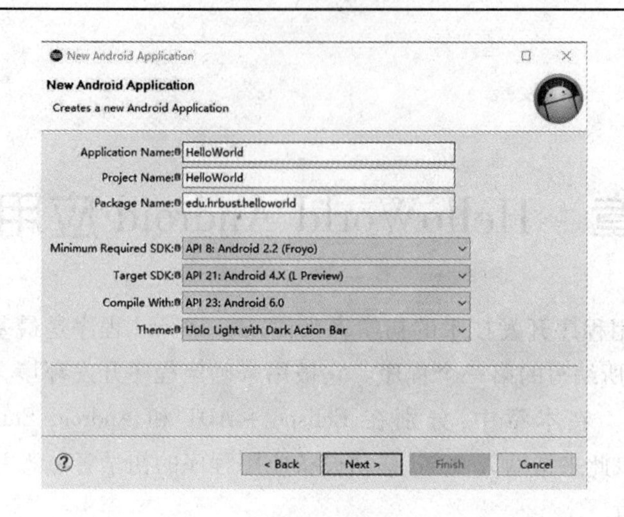

图 2.2　填写工程信息页面

在设置完相关信息之后，继续点击“Next”按钮后，选择活动模板，如图 2.3 所示。这里选择一个空的活动模板。然后继续点击“Next”按钮，直到最后点击“Finish”按钮来完成工程的创建。

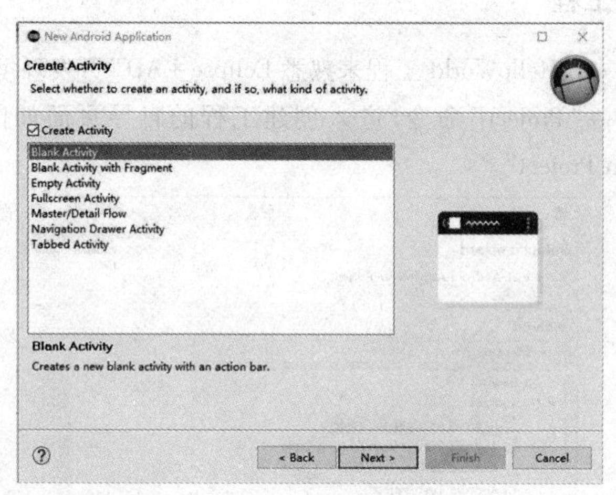

图 2.3　选择活动模板

2.1.2　目录结构

在上一节创建完成的 Android 应用程序的工程界面的左侧是 HelloWorld 应用程序的目录结构，如图 2.4 所示，可以看到以下一些目录：

src 目录——程序文件：在里面保存了程序员直接编写的程序文件。与一般的 Java 项目一样，src 目录下保存的是项目的所有包及源文件(.java)。

gen 目录：存放编译器自动生成的一些 Java 代码，.java 格式的文件是在建立项目时自动生成的，这个文件是只读模式，不能更改。这个目录中最关键的文件就是 R.java，R

类中包含很多静态类,静态类的名字都与 res 中的一个名字对应,就像是个资源字典大全。其中包含了用户界面、图像、字符串等对应各个资源的标识符,R 类定义了该项目所有资源的索引。

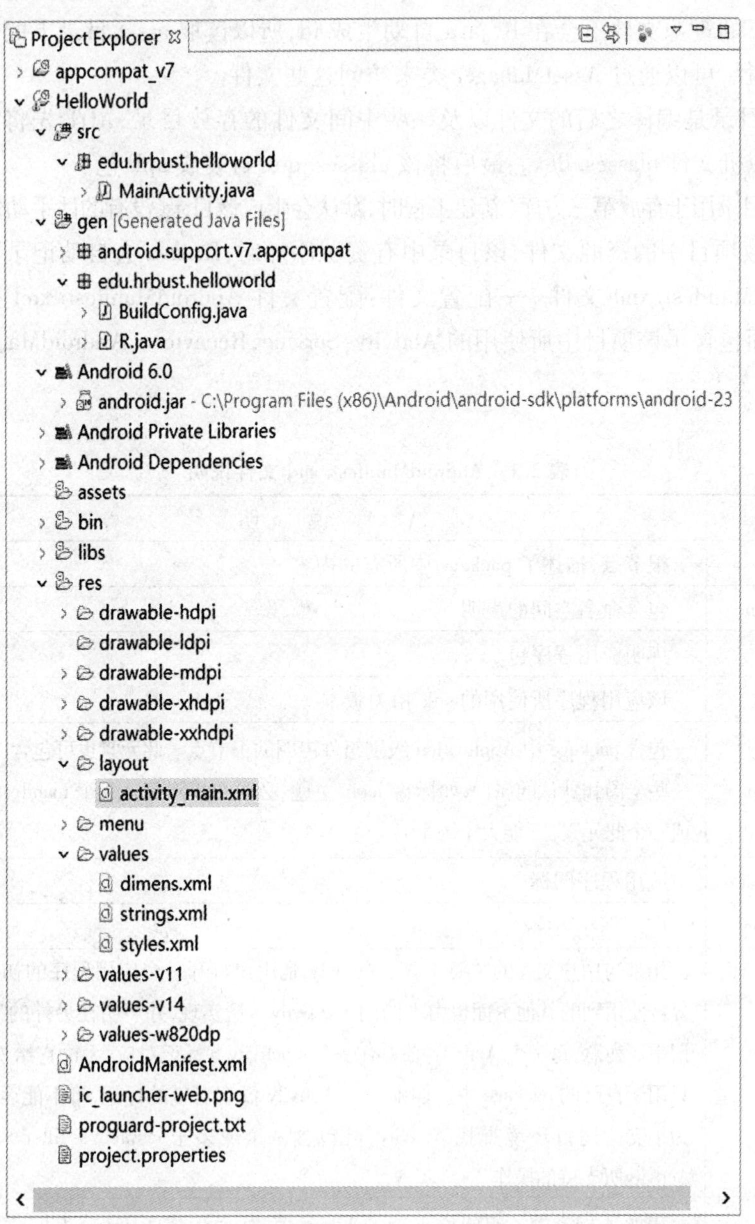

图 2.4　工程的目录结构

Android 6. 0, Android Private Libraries, Android Dependencies 这三个目录是库。Android 6.0 文件夹下包含 android. jar 文件,这是一个 java 归档文件,其中包含构建应用程序所需的所有 Android SDK 库(如 Views、Controls)和 APIs。通过 android. jar 将自己的

应用程序绑定到 Android SDK 和 Android Emulator,允许使用所有 Android 的库和包,且使应用程序在适当的环境中调试。

assets:除了提供 res 目录存放资源文件外,android 在 assets 目录也可存放资源文件。assets 目录下的资源文件不会在 R. java 自动生成 id,所以读取 asset 目录下的文件必须指定文件的路径,可以通过 AssetManager 类来访问这些文件。

bin:该目录是编译之后的文件以及一些中间文件的存放目录,ADT 先将工程编译成 Android 虚拟机文件 classes. dex。最后将该 classes. dex 封装成 apk 包。

libs:该目录用于存放第三方库(新建工程时,默认会生成该目录,没有的话手动创建即可)。

res:存放项目中的资源文件,该目录中有资源添加时,R. java 会自动记录下来。

AndroidManifest. xml 文件——配置文件:配置文件 AndroidManifest. xml 是一个控制文件,在里面包含了该项目中所使用的 Activity, Service, Recevier。AndroidManifest. xml 文件说明见表 2. 1。

表 2. 1　AndroidManifest. xml 文件说明

参数	说　明
manifest	根节点,描述了 package 中所有的内容
xmlns:android	包含命名空间的声明
package	声明应用程序包
uses - sdk	该应用程序所使用的 sdk 相关版本
Application	包含 package 中 Application 级别组件声明的根节点。此元素也可包含 Application 的一些全局和默认的属性,如标签、icon、主题、必要的权限等。一个 manifest 能包含零个或一个此元素(不能大于一个)
android:icon	应用程序图标
android:label	应用程序名字
Activity	用来与用户交互的主要工具。Activity 是用户打开一个应用程序的初始页面,大部分被使用到的其他页面也由不同的 < activity > 所实现,并声明在另外的 < activity > 标记中。注意,每一个 Activity 必须有一个 < activity > 标记对应,无论它给外部使用或是只用于自己的 package 中。如果一个 Activity 没有对应的标记,将不能运行它。另外,为了支持运行环境查找 Activity,可包含一个或多个 < intent - filter > 元素来描述 Activity所支持的操作
intent - filter	声明了指定的一组组件支持的 Intent 值,从而形成了 Intent Filter。除了能在此元素下指定不同类型的值,属性也能放在这里来描述一个操作所需的唯一的标签、icon 和其他信息
action	组件支持的 Intent action
category	组件支持的 Intent category。这里指定了应用程序默认启动的 Activity

在上面的目录中，res 目录下一般有如下几个子目录：

● drawable - hdpi、drawable - ldpi、drawable - mdpi、drawable - xhdpi、drawable - xxhdpi：存放应用程序可以使用的图片文件，子目录根据图片质量分别保存；

● layout：屏幕布局目录，可以在该文件内放置不同的布局结构和控件，来满足项目界面的需要，也可以新建布局文件；

● menu：存放定义了应用程序菜单资源的 XML 文件；

● values、values - v11、values - v14、values - w820dp：存放定义了多种类型资源的 XML 文件，如软件上需要显示的各种字体，还可以存放不同类型的数据，如 dimens. xml、strings. xml、styles. xml。

2.1.3　创建虚拟机

选择“Window”→“Android Virtual Device(AVD) Manger”命令，打开图 2.5 所示的页面开始创建虚拟机。

在图 2.5 中点击“Create”按钮，打开图 2.6，开始对虚拟机的名称、设备、目标等参数进行配置。最后，点击“OK”按钮完成虚拟机的创建。

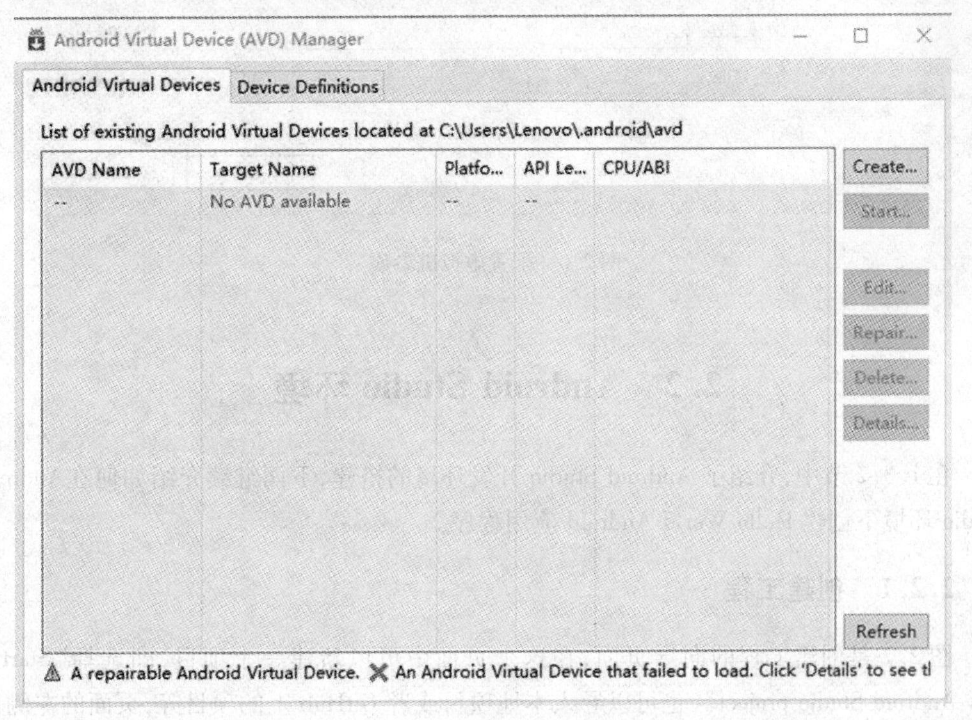

图 2.5　创建虚拟机页面

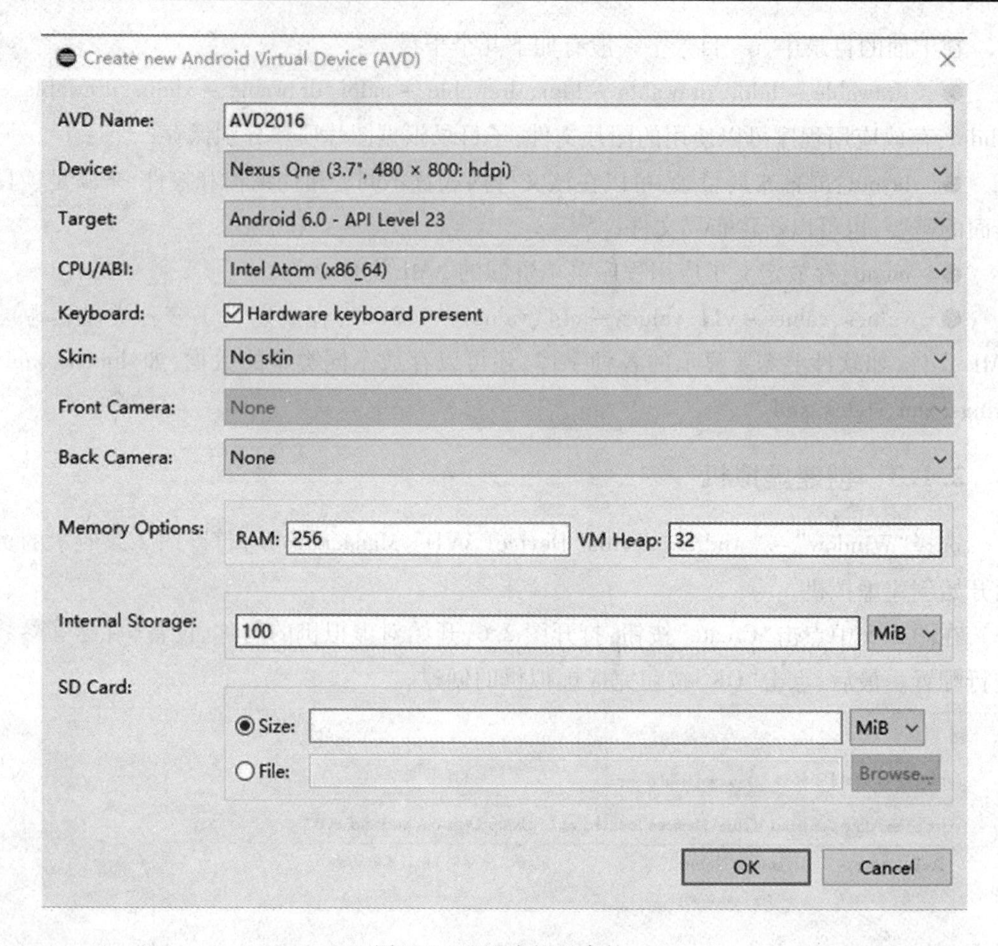

图 2.6　配置虚拟机参数

2.2　Android Studio 环境

在 1.3.2 节中，介绍了 Android Studio 开发环境的搭建，下面继续介绍如何在Android Studio 环境下创建 Hello World Android 应用程序。

2.2.1　创建工程

图 2.7 是创建工程的向导页面，在这个页面中可以新建一个项目，即选择“Start a new Android Studio project”，也可以导入本地项目或者 GitHub 上的项目等，页面的左侧可以查看最近打开的项目等。

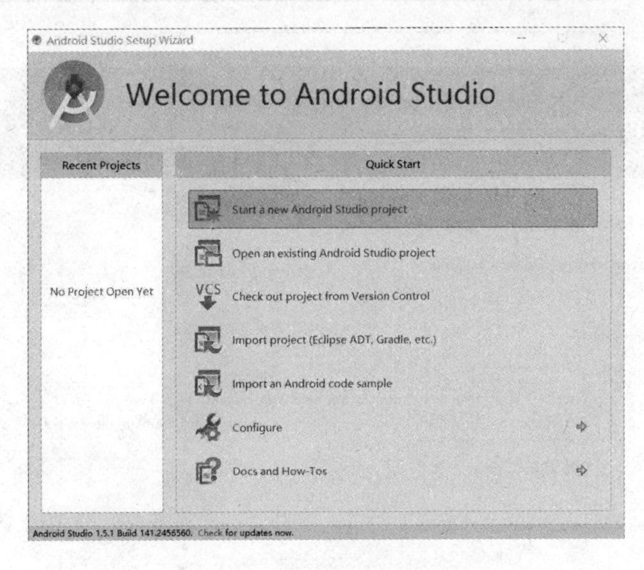

图 2.7　创建工程的向导页面

这里直接新建一个项目，如图 2.8 所示，然后在页面中填上项目名称、应用程序包名、项目路径等。然后点击"Next"按钮，选择目标设备如图 2.9 所示。

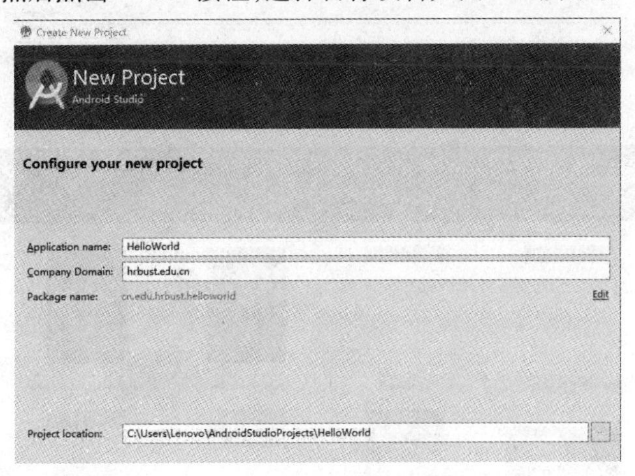

图 2.8　新建项目页面

在图 2.9 所示页面中支持从电话、平板电脑、TV、Wear、Glass 等设备中选择一项目标设备，这里选择第一项"Phone and Tablet"，接着需要选择"Minimum SDK"，然后点击"Next"按钮，添加活动模板如图 2.10 所示。

在图 2.10 所示页面中支持从众多的活动模板中选择一项，可以看出 Android Studio 环境提供的模板展现形式较 Eclipse + ADT 环境要直观一些，这里选择一个 Blank Activity 模板，然后点击"Next"按钮，自定义活动信息如图 2.11 所示。

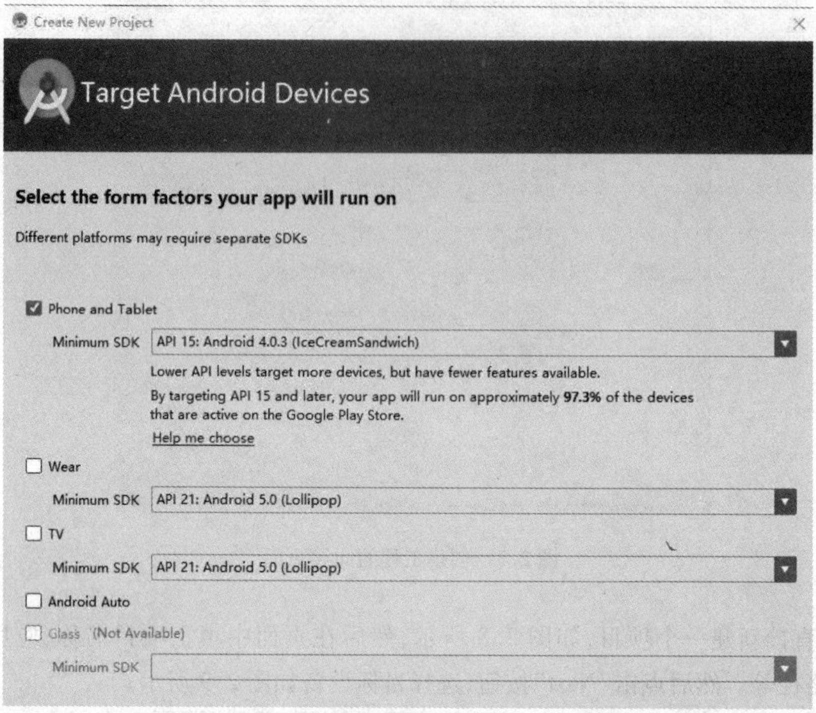

图 2.9　选择目标设备

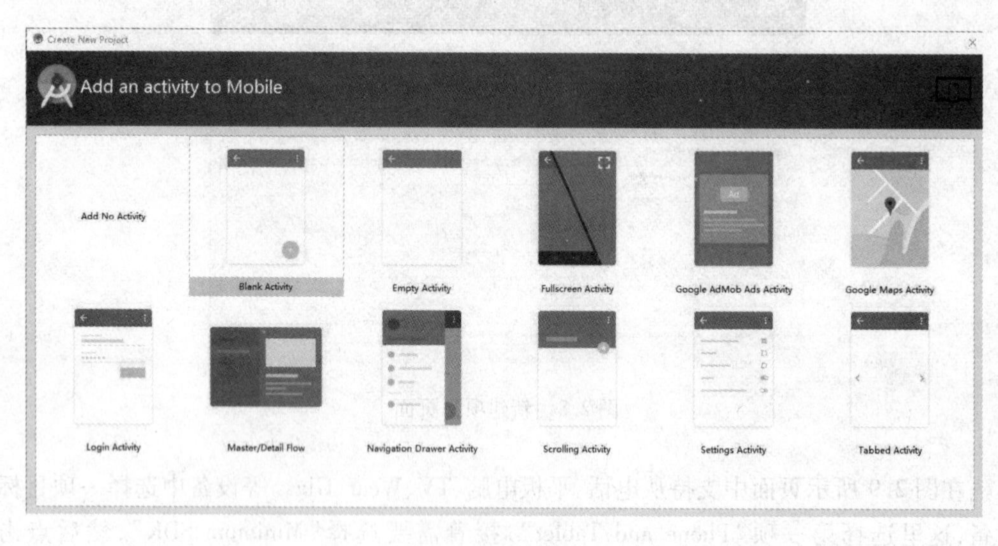

图 2.10　添加活动模板

在图 2.11 所示页面中支持自定义活动的名称、布局文件的名称、活动的标题等信息,还可以选择是否采用碎片。信息填写完成后,点击"Finish"按钮,此时会出来图2.12 所示的一个进度条,这里需要下载 Gradle,只在第一次时要下载。(注:这里需要借助 VPN 软件,下载过程稍慢,需要耐心等待)。

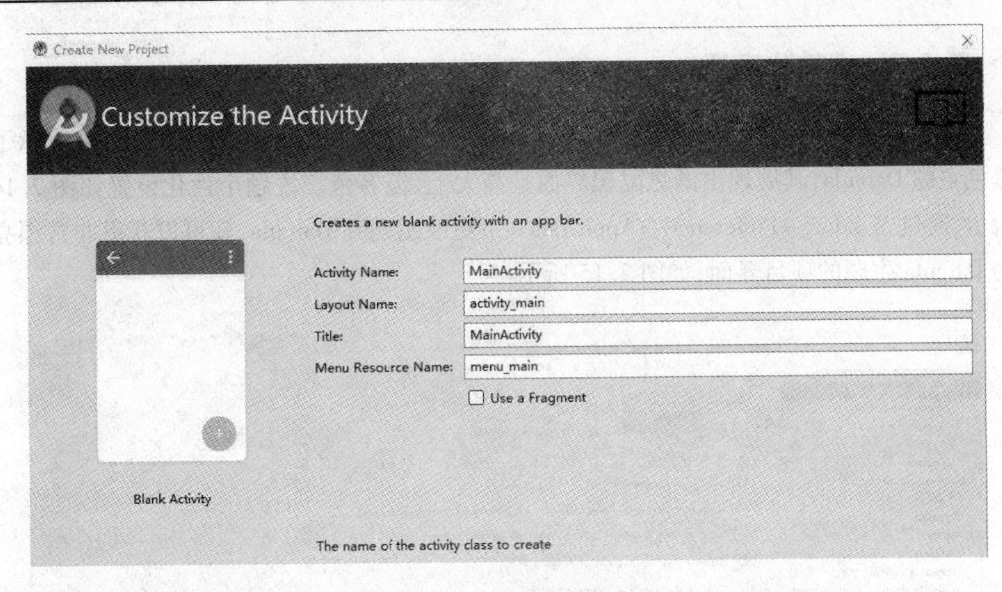

图 2.11　自定义活动信息

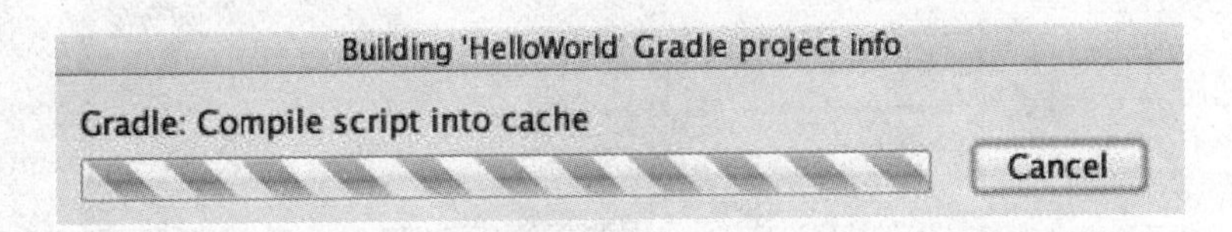

图 2.12　进度条

下载成功之后,便看到如图 2.13 所示的完整的项目界面,至此一个 HelloWorld 的 Studio 项目就完成了,图片中也可以看到默认是一个白色主题。

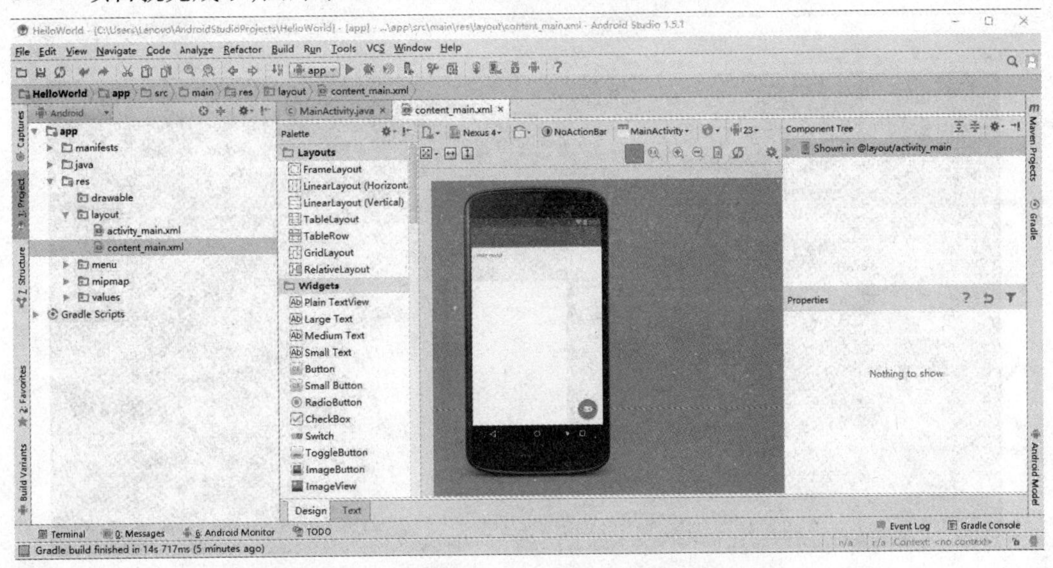

图 2.13　HelloWorld 完整的项目界面

2.2.2 个性化设置

Android Studio 的一大特色就是 UI 更加漂亮。2013 年 Google 在 I/O 大会上演示了黑色主题 Darcula，其展现出的炫酷黑界面是高大上、极客范。主题个性化设置如图 2.14 所示，通过 Window→Preference→Appearance 下更改主题到 Darcula，就可以获得非常漂亮的 Darcula 主题的项目界面，如图 2.15 所示。

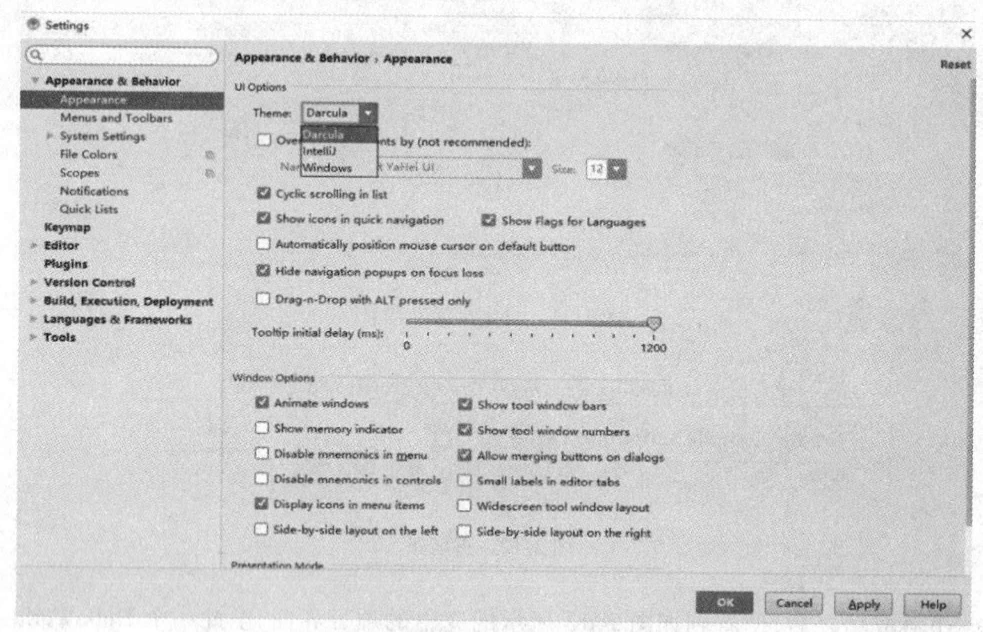

图 2.14　主题个性化设置

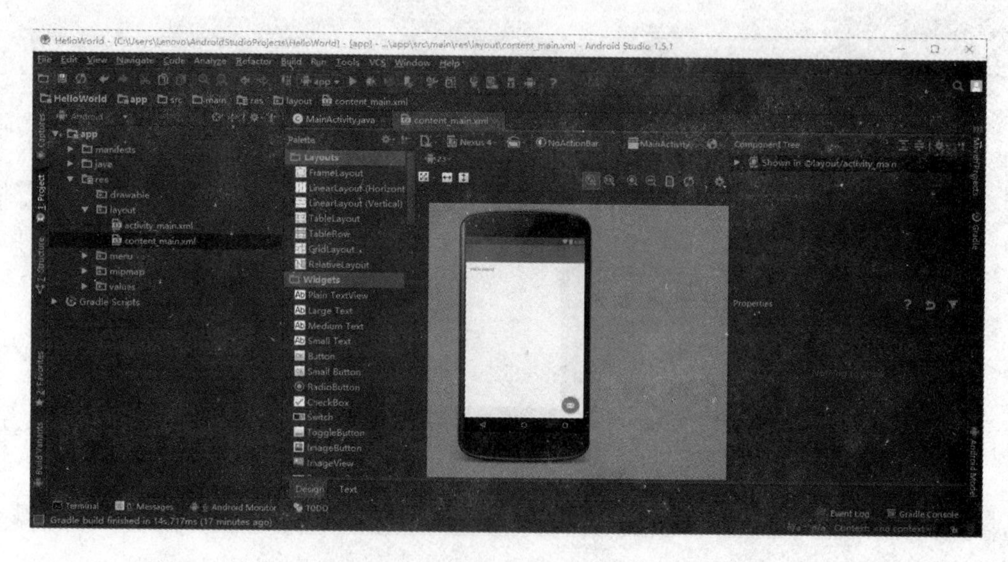

图 2.15　Darcula 主题的项目界面

如图 2.15 所示，项目界面的左侧显示了在 Android Studio 环境下创建 HelloWorld 工程之后得到的默认的目录结构。可以发现和 Eclipse 的目录结构有些区别，Studio 一个窗口只能有一个项目，而 Eclipse 则可以同时存在很多项目，如果读者看着不习惯可以点击左上角进行切换，将"Android" 模式切换到"project"模式，切换后的目录结构如图 2.16 所示。

图 2.16　"project"模式的目录结构

在目录结构方面，Android Studio 和 Eclipse 存在以下区别：

● Studio 中有 Project 和 Module 的概念，前面说到 Studio 中一个窗口只能有一个项目，即 Project，代表一个 workspace，但是一个 Project 可以包含多个 Module，比如读者项目引用的 Android Library, Java Library 等，这些都可以看作是一个 Module；

● 上述目录中将 java 代码和资源文件（图片、布局文件等）全部归结为 src，在 src 目录下有一个 main 的分组，同时划分出 java 和 res 两个文件夹，java 文件夹则相当于 Eclipse下的 src 文件夹，res 目录结构则一样。

在调整完应用程序的目录结构之后，读者也许还需要调整字体的大小或者样式。在 Darcular 主题中，字体的默认大小是 12，但是对于一般读者来着，字体可能偏小，为此读者可以到 Window→Preferences→Settings 页面中搜索 Font，找到 Colors&Fonts 下的 Font 选项，读者可以看到默认字体大小是 12，但是无法修改，需要先保存才可以修改，点击 Save As 输入一个名字，比如 MyDarcular，然后就可以修改字体大小和字体样式，如图 2.17 所示。

点击确定之后再回到项目页面发现中央编辑区的字体是变大了，但是 Studio 默认的一些字体大小没有变化，例如：左侧的目录结构区域的字体大小没有变化，看起来很不协调。为了解决这一问题，读者还需要到 Window→Preferences→Appearance 中修改，如图

2.18 所示。

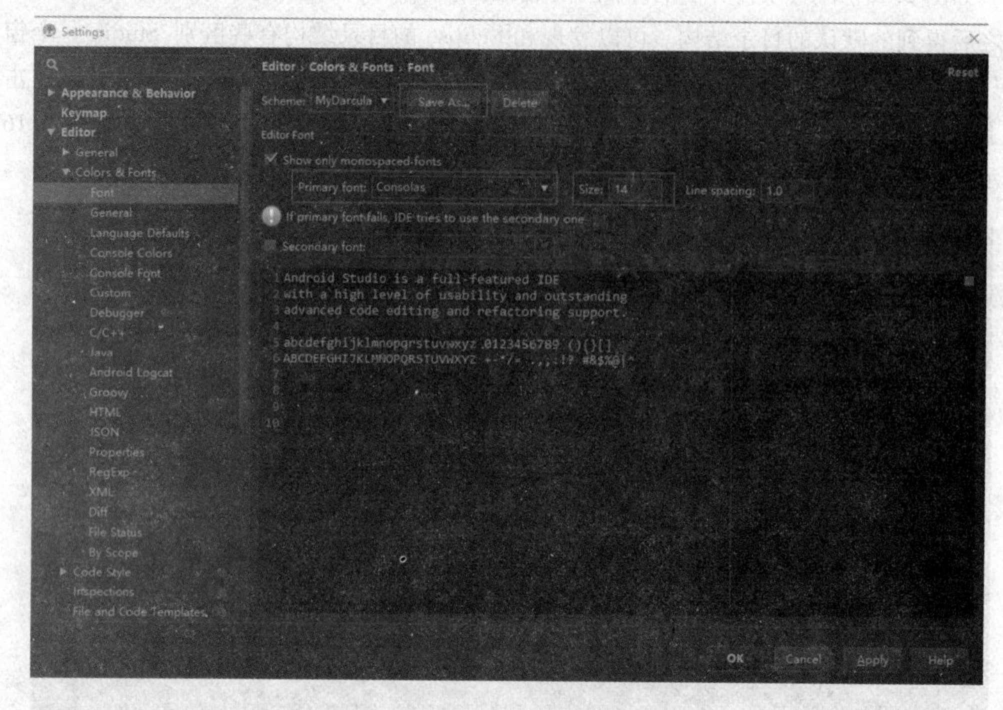

图 2.17　编辑区字体偏好设置界面

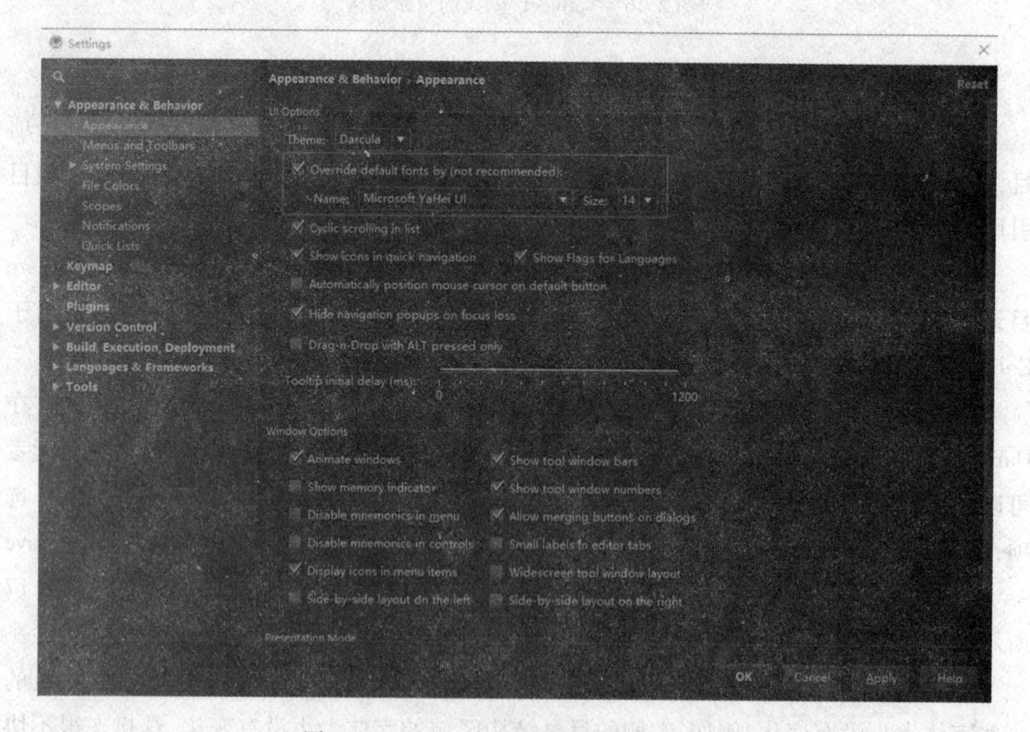

图 2.18　Studio 默认的字体偏好设置界面

2.2.3　运行应用程序

在 Android Studio 环境下运行程序时，和 Eclipse 中比较像，点击菜单栏的绿色箭头直接运行。Android Studio 默认安装会启动模拟器，如果想让应用程序安装到真机上，可以按照图 2.19 所示的方式进入配置界面，在下拉菜单中选择 Edit Configurations，在配置界面中选择提示或者是 USB 设备，配置完成后，下次执行应用程序就会看到如图 2.20 所示的选择执行设备界面。

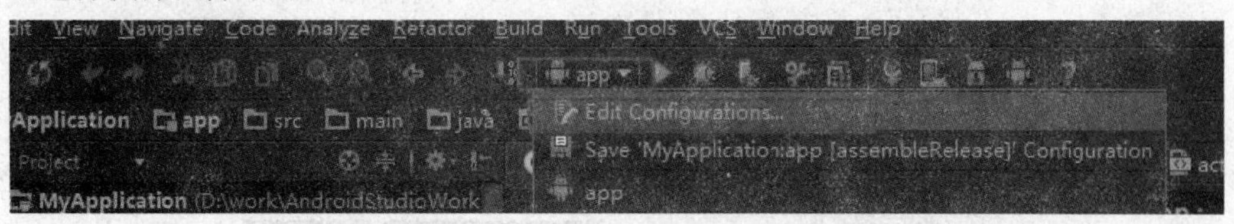

图 2.19　配置执行设备

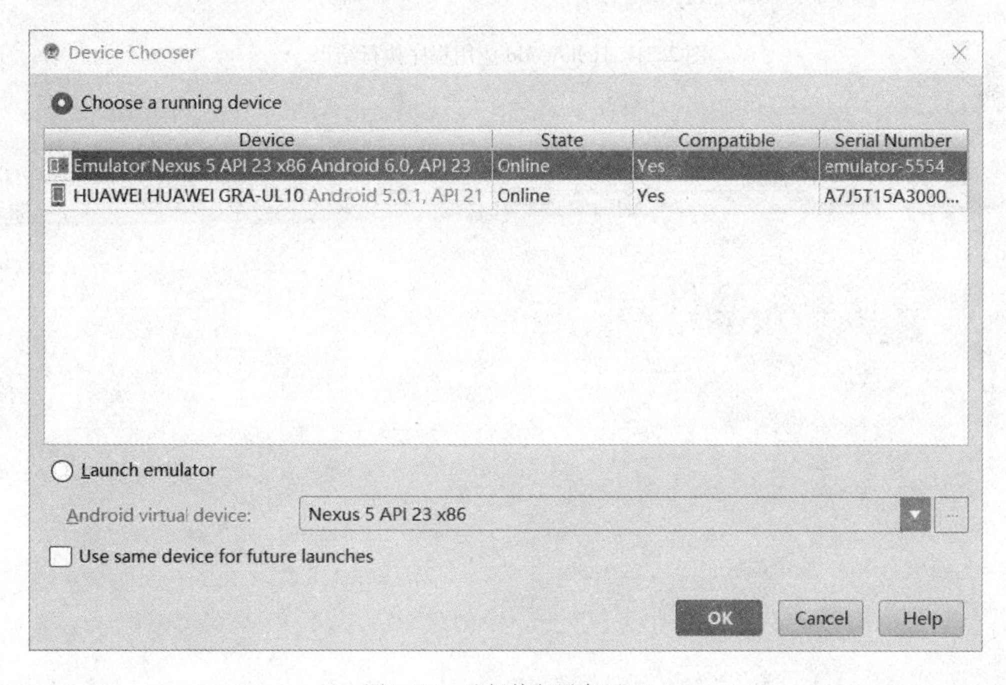

图 2.20　选择执行设备界面

图 2.21 中的(a)和(b)分别给出了 HelloWorld 应用程序在真机和虚拟机上的执行结果。

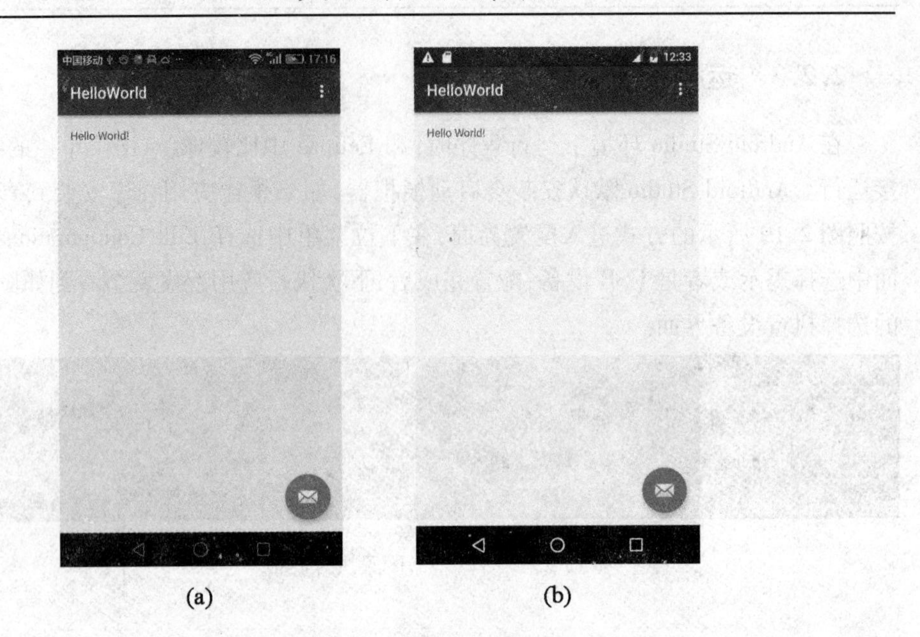

(a) (b)

图 2.21　HelloWorld 应用程序执行结果

第3章 UI设计语言 Material Design

3.1 Material Design 简介

2014 年 6 月的 Google 开发者大会上，Google 针对 Android 应用的 UI 设计方向提出一个重要的理念，那就是 Material Design。Material Design 不是一种系统界面设计风格，而是一种设计语言，它包含了系统界面风格、交互、UI 等。此外，对于 Google 来说，Material Design还有着非常重要的意义，就是打造一个横跨所有设备的统一的设计语言，包括手机、桌面端、可穿戴设备等。这个理念在遵循原有设计规则的基础上，加入了很多新的设计元素和界面技术，Material Design 进一步体现了 Google 的创新意识。

3.1.1 Material Design 目标

Material Design 的目标是创造一种富含创新理念和技术的设计语言，并构建一套用以统一设备尺寸的底层系统。作为移动平台的底层系统，支持多种交互方式（语音、鼠标、键盘等），遵循移动设计的设计原则。Material Design 的设计目标如图 3.1 所示。

图 3.1 Material Design 设计目标

3.1.2 Material Design 设计原则

1. 通过隐喻来体现实体感

将合理的空间布局与系统化的动画效果结合起来，加强实体的隐喻效果。在用手对客观事物进行感知的时候，让人深刻的体验是与众不同的触感。交互设计的展示应该以客观的物理规律为基础，在设计中对实体的轮廓和表面的描述应该更遵从实体本身的视觉感受,熟悉的感知可以引导用户更快地认知、理解这个设计。在此基础之上,对于一个实物的多样性设计才能更清晰准确的达到设计目的。光影效果、材质感、运动规律是诠释实体运动规律、交互方式、空间关系的关键点,在二维屏幕的展示上,实体的空间关系、组合方式及运动形式可以通过光影效果的展示变得更显著和准确。

2. 色彩鲜明、形象生动、设计考究

在新的视觉设计语言中,参考了传统印刷的设计模式,比如平面设计中的排版、网格、空间、比例、调色、图形等因素。在设计过程中对于这些因素上的投入会使 UI 更突出视觉层次、视觉意图和视觉重点,这也符合 UCD 的设计理念。相比没有原则和目标的设计,用户对颜色鲜明、图像精美、版面整齐的界面更有好感。

3. 意图明显的动画效果

动画可以有效地指引用户完成交互过程,准确的暗示动画的目的。在进行动画设计时,需要注意的是针对用户行为而设计动画,并尽量使动画出现在独立的场景中。而动画效果的展示应遵从平滑运动、连续变化,并且这些变化应该更符合用户的心理期待。一个合适的动画除了需要考虑吸引用户,同时要保持清爽、优美的系统的整体体验。

3.2 Material Design 的环境

3.2.1 Material Design 三维世界

Material Design 在 UI 界面设计上,将原有的二维平面拓展到一个三维的空间,在这个空间中的每一个控件对象都有 X,Y,Z 三维坐标属性,X 轴与手机屏幕宽平行,Y 轴与手机屏幕长平行,Z 轴垂直于屏幕。在空间布局中,每一个空间都在 XY 平面占有一定布局空间,在 Z 轴上有一定的厚度,其厚度单位为 1 DP。在页面布局上,Z 轴用来描述控件的层次,而不是简单的视角。Material Design 的三维世界如图 3.2 所示。

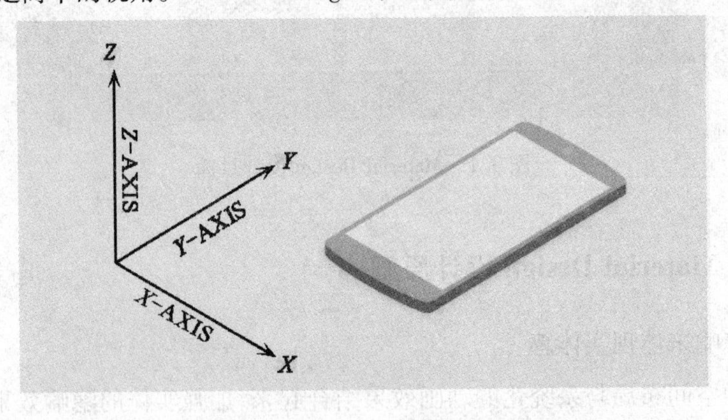

图 3.2　Material Design 三维世界

3.2.2　光影关系

Material Design 在光影关系上定义了两种光源，直射光源和散射光源，在设计过程中，直射光源将作为主光源投射出一个定向的阴影，散射光源从各个角度投射出柔和的阴影效果。阴影的定义是光源光线所照射不到的 *XY* 平面区域，给人的感觉就如同每个控件，因为在 *Z* 轴上厚度的差异而形成了具有真实感的阴影效果。光的投影和阴影如图 3.3 所示。

图 3.3　直射光投射的阴影、散射光投射的阴影、直射光和散射光混合投影

在 Material Design 设计中，控件的材质、属性、行为是固定的，这不但更利于设计者做出准确的设计，也是 Material Design 的基本思想之一。

3.3　Material Design 的特性

3.3.1　Material Design 的物理特性

控件具有变化的长宽尺寸和均匀的厚度。Material Design 化的控件应该有可变的宽高尺寸，有固定不变的厚度尺寸。在 *XY* 平面上是随意变化的，在 *Z* 轴上的高度为1 DP。Material Design 的正确体现及错误体现如图 3.4 所示。

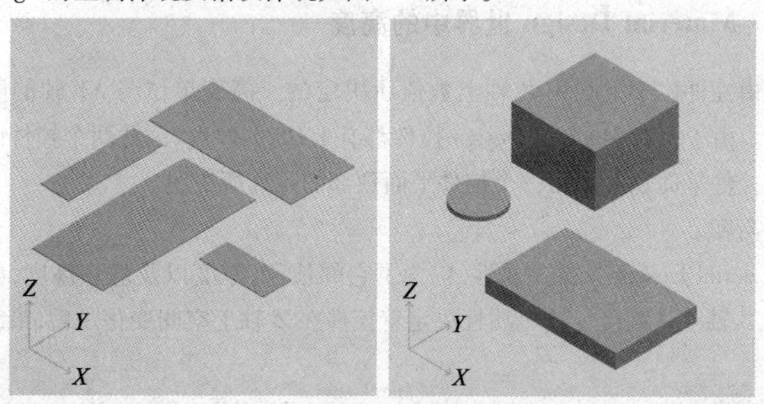

(a)为Material Design的正确体现　(b)为Material Design的错误体现

图 3.4　Material Design 的正确体现及错误体现

3.3.2 Material Design 的变化

Google 在 Material Design API 中提出材料在设计中是可以变化的,并针对变化的特性,加入推荐情况与不推荐情况的对比视频,引导设计者实现 Material Design 设计。设计者在设计过程中首先应该明确材料是实物。不同的材料在一个空间中有可能存在阴影,阴影描述材料元素之间的相对高度,它是由于材料元件之间的相对高度(Z 轴位置)而自然产生的。材料能展示任何形状和颜色。内容的展示能够独立于材料,但要被限制在材料的范围里,内容的行为可以不依赖其容器材料的行为。输入事件不能穿过材料,输入事件只影响材料的前景。利用不同的高度区分材料元件是防止多个材料元件同时占用相同空间点的一个方法。材料仅沿着它的水平面增长和收缩,但决不能弯曲或折叠。几片材料能合在一起组成一片材料,当材料被割开时,它还能自己复原。例如,从一片材料中移除了一部分,这一片材料将再次变为一块完整的材料。材料能被割开,还能再度恢复完整。

3.3.3 Material Design 的移动

材料在设计中是可以移动的。材料可以在环境中的任何地方自动产生或消失。材料可以沿任何轴移动,Z 轴产生运动一般都是用户与材料交互而产生的。

3.4 Material Design 的高度和阴影

Material Design 的控件是由统一的材质构成,这种材质与现实生活有相似的性质,如不同的两个控件可以堆积或粘贴在一起,但是不能互相穿透或融合,对象的本身塑造了自己的阴影。如此设计的好处在于,设计中融入现实事物的行为或属性,这对用户认知和理解设计是有帮助的。高度和光影就是 Material Design 的控件设计的两个基础。

3.4.1 Material Design 世界中的高度

高度是由控件位于空间中 Z 轴上数值所决定的。高度单位与 XY 轴的度量单位相同,都是 DP。由于所有 Material Design 控件都有 1 DP 的厚度,因此两个控件的相对高度可以由一个控件平面顶部到另一个控件平面顶部的距离所决定。

1. 静止高度

一个 Material Design 控件的属性,包含了它的长宽、厚度以及静止高度,静止高度表示在空间的 Z 轴默认高度。这个属性决定着控件在 Z 轴上空间变化之后,最终会恢复到 Z 轴位置。

2. 组件高度

某一个控件的静止高度在移动应用上应该是一个固定的常量,比如 MENU 的高度为

8 DP,那么不论它在 QQ 移动应用中还是陌陌移动应用中都是 8 DP。但是如果一个控件出现在不同的移动平台上,那么它的静态高度是应该取决于这个移动平台的环境。比如大尺寸 TV 相比手持移动端应该有更深的层次。Material Design 控件 Z 轴高度差异导致控件阴影效果不同如图 3.5 所示。

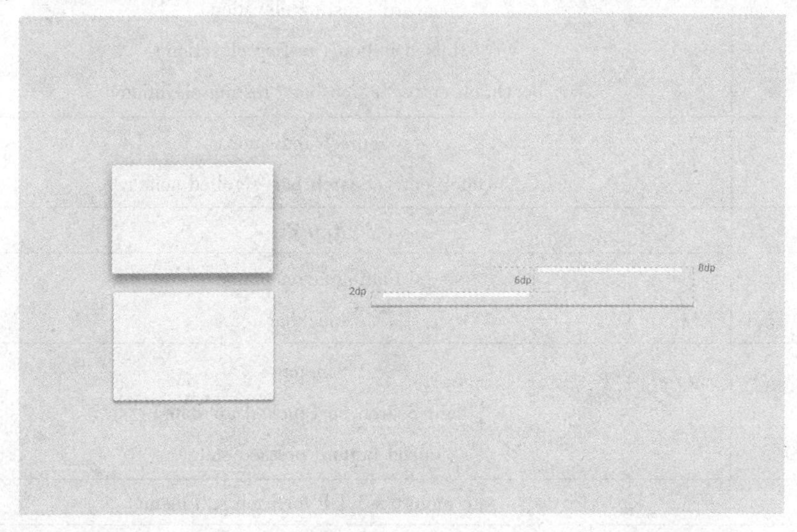

图 3.5　Material Design 控件 Z 轴高度差异导致控件阴影效果不同

3. 感应高度与动态高度偏移

一些控件拥有感应高度,与用户交互过程中通过高度变化产生反馈。比如用户在进行按压、输入或其他事件时这些控件的感应高度发生了变化,这种变化的目标高度就是动态高度偏移,它与这个控件的静止高度有关。高度的变化在某一类型的事件和控件上是持续发生的,比如按压控件时,控件在高度上的变化形态和过程都是相似的。

4. 避免高度冲突

控件在感应高度和静止高度之间移动的过程中可能会接触其他控件。如果直接穿过则违反了 Material Design 不可交叉的原则。因此,让两个控件在一个变化过程中彼此穿透的设计是错误的,没有任何一种形式可以让控件之间的运动产生这种冲突,不论是在控件基础上还是在布局基础上。对于控件基础来说,如果在设计过程中遇到这种难题,即表现形式无法避免控件间的穿透。被穿透的控件,可以在穿透前移动出冲突区域。比如,浮动按钮可以在用户触发卡片控件效果前消失或移出屏幕。而针对布局基础来说,需要在设计布局的过程中将能够产生冲突的概率降到最低。比如,将浮动动作按钮,置于卡片控件之外的一定范围内,避免原操作中所可能产生的冲突。对于 Android 各类常用控件,Material Design 设计给出在 Z 轴的位置,见表 3.1。

表 3.1　Material Design 中的控件在 *Z* 轴的位置

Z 层	控件类型
1	switch
2	card（resting elevation） Ralsed button（resting elevation） Quick entry/Search bar（resting elevation）
3	redresh indicator Quick entry/Search bar(scrolled state)
4	App Bar
6	Flating acton button snackbar
8	menu card Search bar(picked up state) ralsed button(pressed state)
9	sub menu(+1 DP for each sub menu)
12	Flating acton button(resting elevation)
16	Nav drawer Right drawer bottom sheet
24	Dialog picker

5. 控件高度比较

常用控件的静止高度和动态高度示意图，如图 3.6 所示。

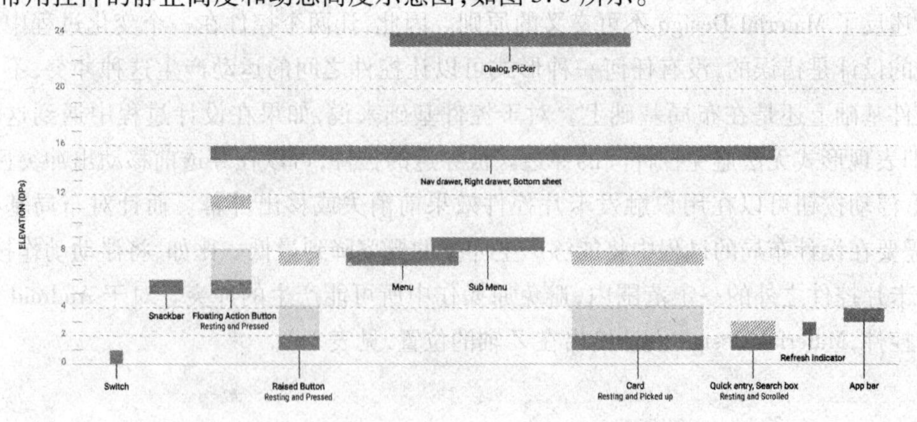

图 3.6　常见控件的静止高度和动态高度示意图

一个包含卡片和 FAB 应用布局的实例与它在 Z 轴上元素高度的横截面，如图 3.7 所示。

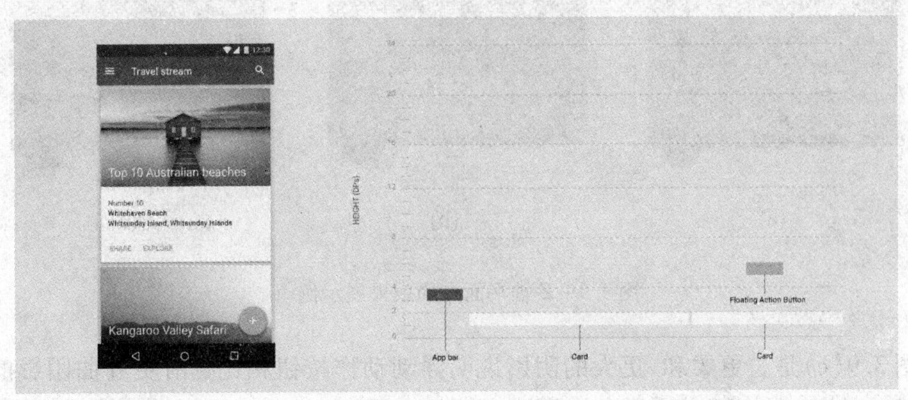

图 3.7　卡片和 FAB 应用布局实例与它在 Z 轴高度分布图

一个包含开放导航抽屉的应用布局实例与它在 Z 轴上元素高度的横截面，如图 3.8 所示。

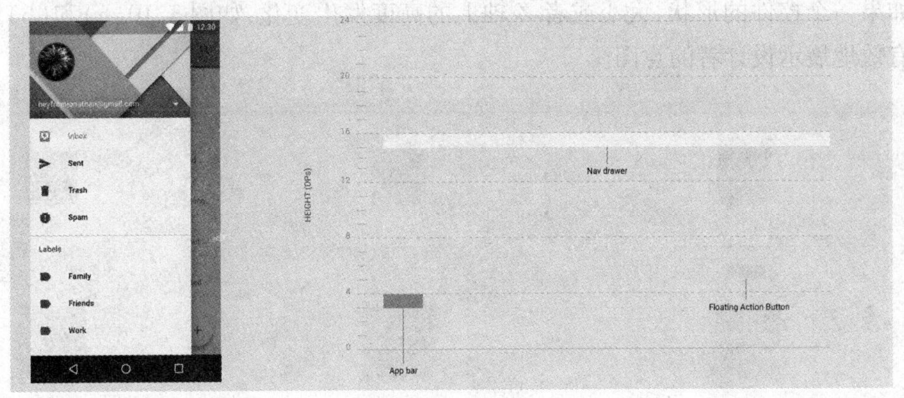

图 3.8　开放导航抽屉应用布局实例与它在 Z 轴高度分布图

3.4.2　Material Design 世界中的阴影

在平面中展示对象控件的布局深度或控件在 Z 轴上的平面层次变化是通过对象阴影的变化来实现的。阴影是区别对象在不同 Z 轴平面上显示效果的唯一表现方式。

如果展示一个平面，在该平面中的三个控件是不同 Z 轴平面的布局效果，那么图 3.9 中的三个例子，最确切的表达方式是图 3.9(c)，下面给出分析。

图 3.9(a)否。一旦没有了阴影，没有什么可以标示浮动动作按钮是从背景层分离出来的。

图 3.9(b)否。卷曲的阴影说明浮动动作按钮与"蓝层"(blue sheet)是两个分离开来的元素。然而，由于它们的阴影非常的相似以至于会被误认为它们在相同高度上。

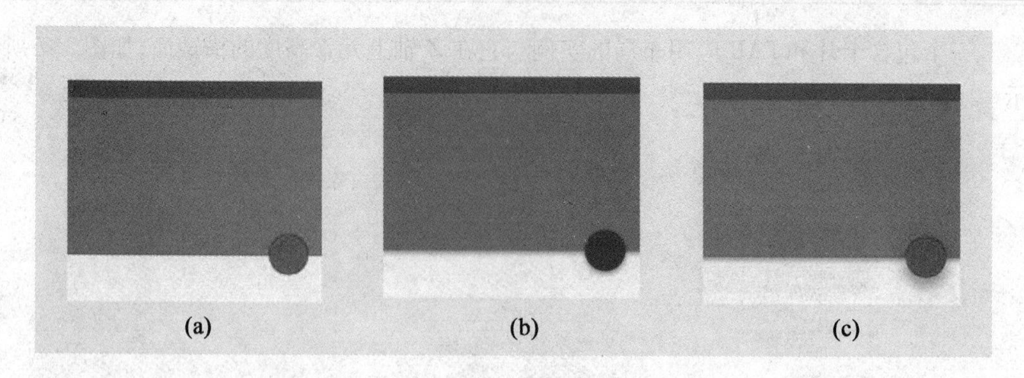

图 3.9　Z 轴平面布局效果展示例一

图 3.9(c)是。更柔和、更大的阴影说明浮动动作按钮相比拥有更卷曲阴影的"蓝层"(blue sheet)处于更高的高度之上。

阴影不仅展示了布局中控件在 Z 轴上所在平面层次,也用于展示控件在 Z 轴上正反方向的运动过程,在运动过程中,构成动画效果的每一帧或每一组帧中,控件的变化都伴随着阴影的变化。

如果一个控件的形状、大小或者 Z 轴上的高度发生变化,如图 3.10(a)和(b)所示,才能有效地展示设计者的意图。

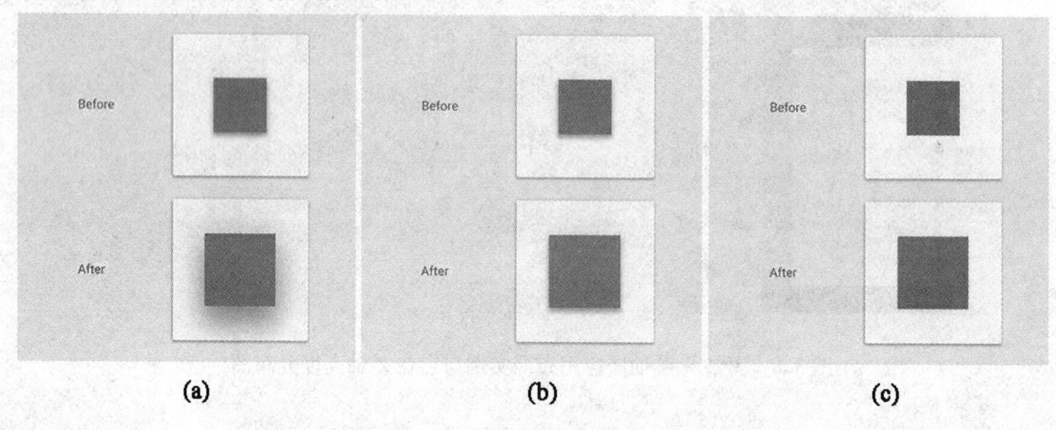

图 3.10　Z 轴平面布局效果展示例二

图 3.10(a)是。当某一个对象的高度增加时其阴影会变得更柔和、更大,当其高度减小时阴影会变得更卷曲。

图 3.10(b)是。在这一实例中,连贯的阴影帮助用户明白某一个对象看起来好像是它的高度在增加其实是它的形状在改变。

图 3.10(c)否。如果没有一个阴影来说明高度,那么就不能明确一个方形到底是它的自身尺寸在增加还是它的高度在增加。

1. 元素参考阴影

下面的元素阴影应被用于标准参考。如果在说明中涉及任何关于下面的参考阴影和元素阴影的不同情况出现,那么都归于参考阴影。

2. 应用条(4 DP)

应用条控件 Z 轴参考标准展示图如图 3.11 所示。

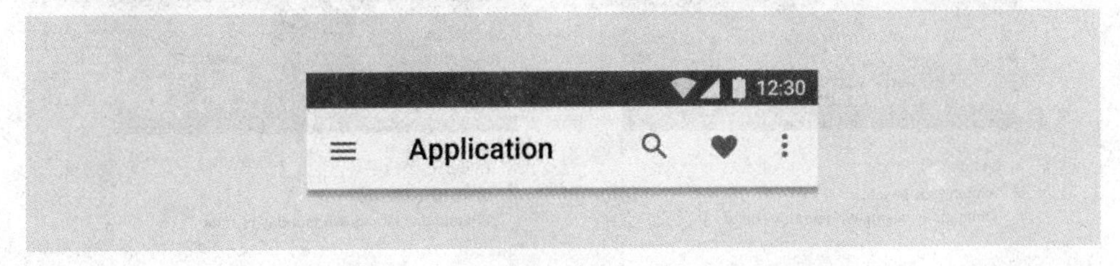

图 3.11　应用条控件 Z 轴参考标准展示图

3. 浮动按钮(静态:2 DP,敲击状态:8 DP)

浮动按钮控件静态、敲击状态 Z 轴参考标准展示图如图 3.12 所示。

图 3.12　浮动按钮控件静态、敲击状态 Z 轴参考标准展示图

4. 浮动动作按钮(FAB)(静态:6 DP,敲击状态:12 DP)

浮动动作按钮控件静态、敲击状态 Z 轴参考标准展示图如图 3.13 所示。

图 3.13　浮动动作按钮控件静态、敲击状态 Z 轴参考标准展示图

5. 卡片(静态:2 DP,选中状态:8 DP)

卡片控件静态、选中状态 Z 轴参考标准展示图如图 3.14 所示。

图 3.14　卡片控件静态、选中状态 Z 轴参考标准展示图

6. 菜单和子菜单(菜单:8 DP,子菜单:9 DP)(子菜单比直接父菜单 Z 轴增加 1 DP)

菜单控件与其子菜单交互状态 Z 轴参考标准展示图如图 3.15 所示。

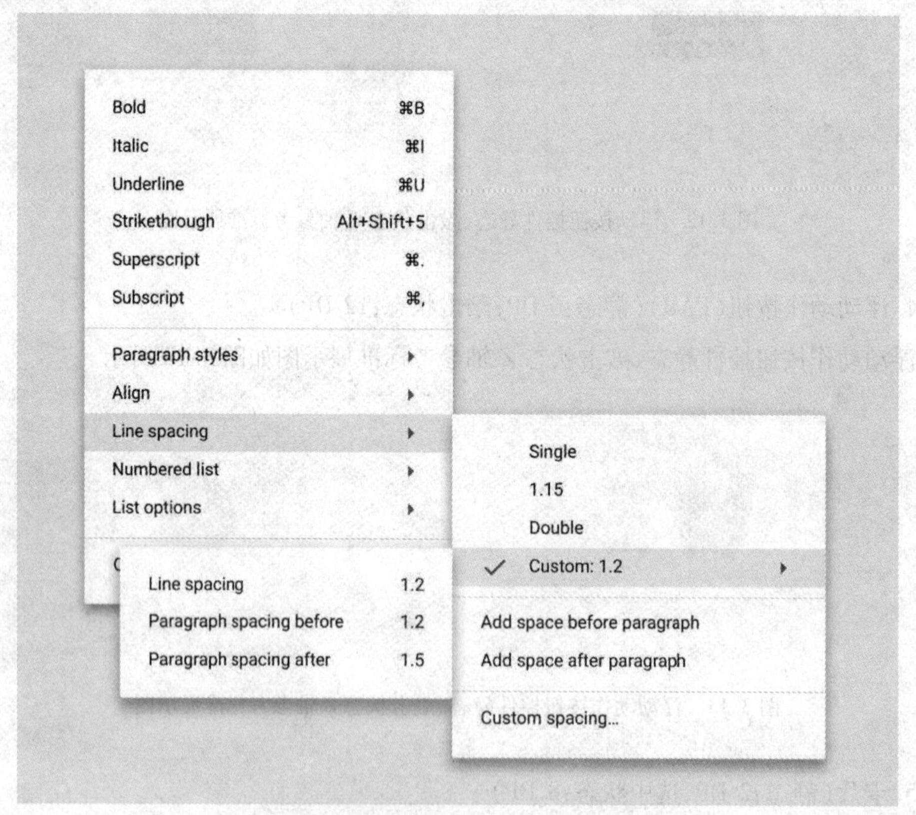

图 3.15　菜单控件与其子菜单交互状态 Z 轴参考标准展示图

7. 对话框(24 DP)

对话框控件 Z 轴参考标准展示图如图 3.16 所示。

图 3.16 对话框控件 Z 轴参考标准展示图

8. 导航抽屉(16 DP)

导航抽屉控件 Z 轴参考标准展示图如图 3.17 所示。

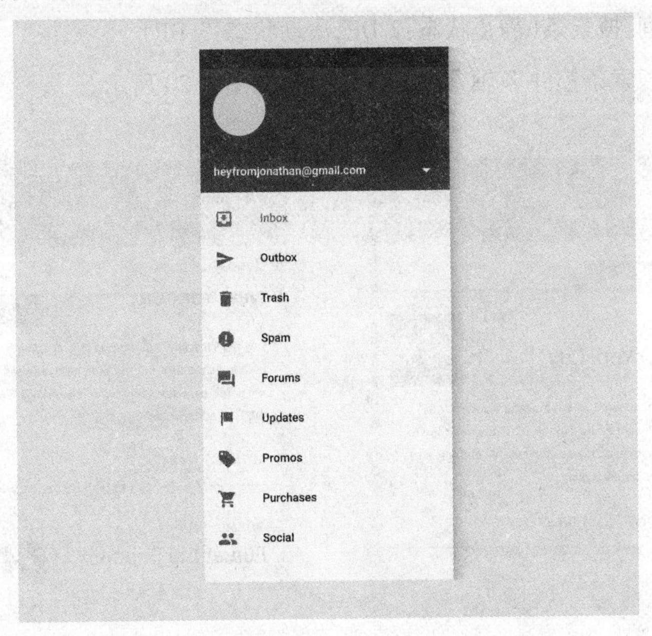

图 3.17 导航抽屉控件 Z 轴参考标准展示图

9. 底部菜单(16 DP)

底部菜单控件 Z 轴参考标准展示图如图 3.18 所示。

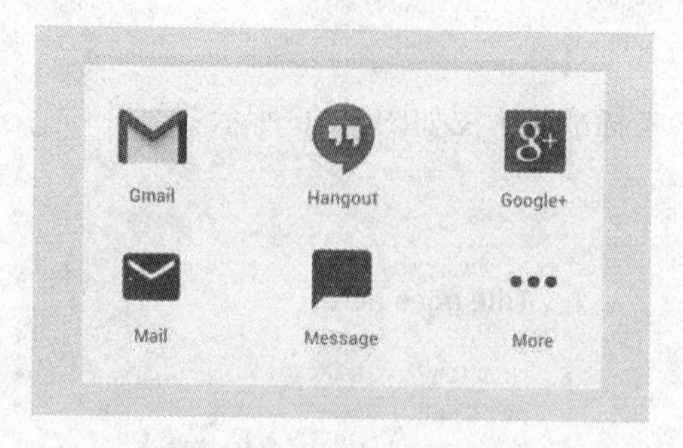

图 3.18　底部菜单控件 *Z* 轴参考标准展示图

10. 刷新按钮(3 DP)

刷新按钮控件 *Z* 轴参考标准展示图如图 3.19 所示。

图 3.19　刷新按钮控件 *Z* 轴参考标准展示图

11. 快速查询/搜索条(静止状态:2 DP,滚动状态:3 DP)

快速查询/搜索条控件 *Z* 轴参考标准展示图如图 3.20 所示。

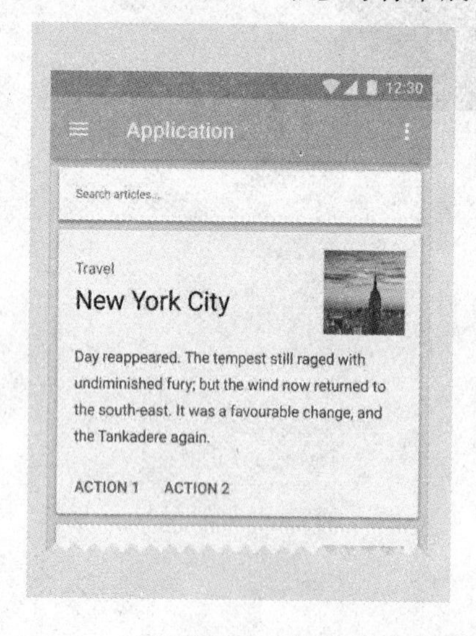

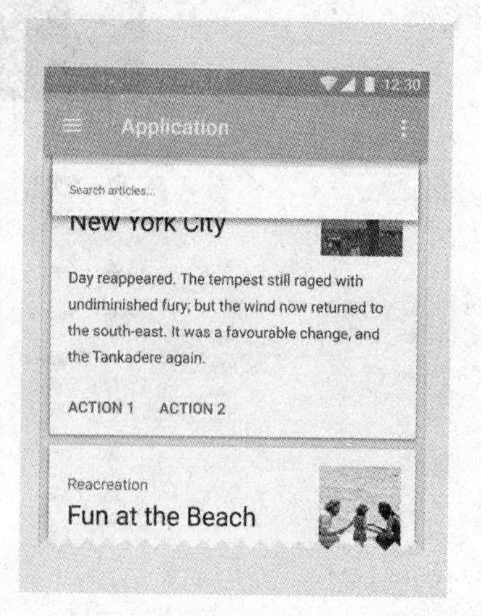

图 3.20　快速查询/搜索条控件 *Z* 轴参考标准展示图

12. SnackBar(6 DP)

SnackBar 控件 *Z* 轴参考标准展示图如图 3.21 所示。

图 3.21　SnackBar 控件 Z 轴参考标准展示图

13. 切换按钮(1 DP)

切换按钮控件 Z 轴参考标准展示图如图 3.22 所示。

图 3.22　切换按钮控件 Z 轴参考标准展示图

3.4.3　Material Design 世界的对象关系

1. 对象层次

构建一个应用中的布局对象或集合中的对象关系,能帮助用户对平台的认知。Material Design 建议,所有对象都是依靠父子关系来定义布局中层级体系中的包含关系,通过兄弟关系来定义同一层级中的相邻关系。注意事项:子元素是父元素的下一级元素。一个对象可能是系统的子元素或其他对象元素的子元素。需要注意每一个对象只有一个父元素,每一个对象可能会有任意数量的子元素。子元素继承父元素的部分变化属性,比如移动属性(位置、循环、高度等)。兄弟元素之间层级属性是相等的。例外的是,如果以根元素作为父元素的时候,比如主界面中的元素,它们可以自主移动而不参考父元素。浮动按钮不参与内容的转动。除了浮动按钮还包括边侧导航抽屉、动作条、对话栏。

父子层级中所处的关系决定了它与对象之间的交互方式。比如,子元素与其父元素在 Z 轴上是紧邻的,期间不能插入其他对象,在一个卡片布局中,所有卡片之间都是同层级的兄弟关系。在交互过程中,尽管只针对一个卡片进行拖动,但整个卡片列表中的兄弟元素是同步移动的。它们从属于正卡片集合,有部分相同的移动属性。

2. 对象高度

对象高度的设计不但取决于设计者对于布局内容层次的定义,也需要考虑到对象是否要相对于其他对象自主移动,也就是之前所提到的对象之间的关系。

3.5 Material Design 的布局设计基础

3.5.1 布局准则

Material Design 的布局设计思想源于传统的印刷设计，给人以实际生活中的纸页质感和纸张的行为和逻辑，它采用了很多印刷设计中的元素，比如基准线等。而 Material Design 布局设计的目的在于能够将所展示的内容更符合 UCD 的设计思想，并且可以按比例适用于不同尺寸的屏幕，开发出易于扩展的 App。在布局设计过程中，运用视觉元素、结构网格、行距规则来实现跨越屏幕尺寸的统一外观。而布局和视觉上的统一可以构建一个识别度高的跨平台产品，不但提高了产品自身品牌价值，也使产品更容易被用户使用。

1. 页面制作

在 Material Design 中，应用在屏幕中所展示的每个像素点，都是由应用在页面上绘制出来的。一般来说，一个布局是由多层页面构成的，系统会默认为 App 绘制很多元素，比如状态栏、系统栏等。但这些并不包含在页面设计中，可以把它们简单考虑成系统的一部分，而设计者所做的布局页面设计是在系统下方的。

页面设计：如果两个页面存在一个布局中，并且他们都存在相同 Z 轴的平面中，那么它们相接的边就会有一条边界线，而这个边界线会随着两个页面相对于屏幕的位置变化而同步移动。水平边界线与垂直边界线如图 3.23 所示。

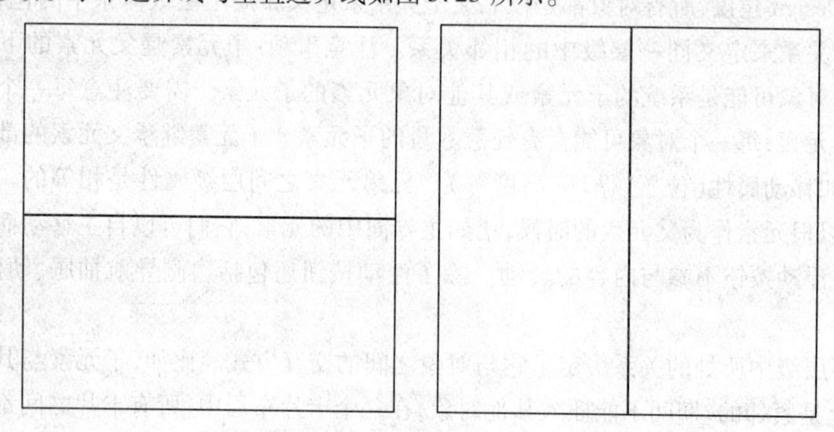

图 3.23　水平边界线与垂直边界线

而两个 Z 轴不同的页面在重叠时会产生分层效果，所以它们在 Z 轴的平面上的变化和移动是独立的，可以互不影响。水平边界与垂直边界的分层效果如图 3.24 所示。水平边界线与垂直边界线如图 3.25 所示。

图3.24　水平边界与垂直边界的分层效果

图3.25　水平边界线与垂直边界线

2. 页面工具栏

工具栏是用于展现应用相关操作的条形页面，通常出现在应用的顶端，在其内容的两侧包含了工具集合。左侧的工具集合一般是抽屉菜单或返回上一页的箭头，而针对当前内容页面上的业务操作多数情况放在右侧。

在交互的过程中，工具栏左右边的操作工具集合不应该因另一个页面的加入而被分离开，工具栏因交互所剩余的宽度小于所加入的页片宽度。

工具栏经常在别的页面上形成一个叠层用来显示与工具栏操作相关的内容。当页面工具栏的下方滚动时，工具栏卡在页面的入口点，阻止该页面完全穿过另一端。新页片宽度要小于原页片宽度，且不要分割原页片布局内容如图3.26所示。工具栏高度变化时不可穿越、超越原页片高度（遮盖）如图3.27所示。

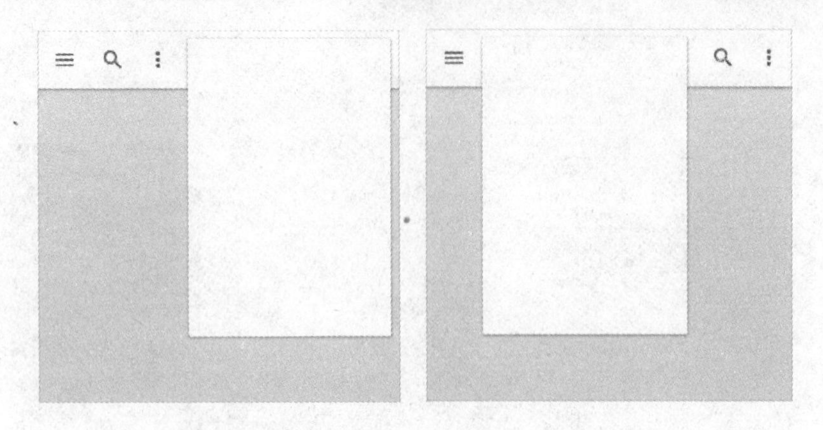

图 3.26　新页片宽度要小于原页片宽度,且不要分割原页片布局内容

图 3.27　工具栏高度变化时不可穿越、超越原页片高度(遮盖)

工具栏也可以与另一个页面由开始的缝合状态演变成叠起来之后形成的层阶。这种叠加形式上的变形称为瀑布。工具栏高度变化时不可穿越、超越原页片高度(组合推移)如图 3.28 所示。

图 3.28　工具栏高度变化时不可穿越、超越原页片高度(组合推移)

工具栏也可以保持它本身的缝合线，就像两个页面一起移动一样推离出屏幕。工具栏高度保持不变时与原页面一起推移如图 3.29 所示。

图 3.29　工具栏高度保持不变时与原页面一起推移

最后，工具栏可以被 Z 轴高度高于它的页片覆盖如图 3.30 所示。

图 3.30　工具栏可以被 Z 轴高度高于它的页片覆盖

工具栏有一个标准的高度，但也可以更高。当更高时，操作键可以放在工具栏的最顶端或最底端。超过标准高度的工具栏布局设计如图 3.31 所示。

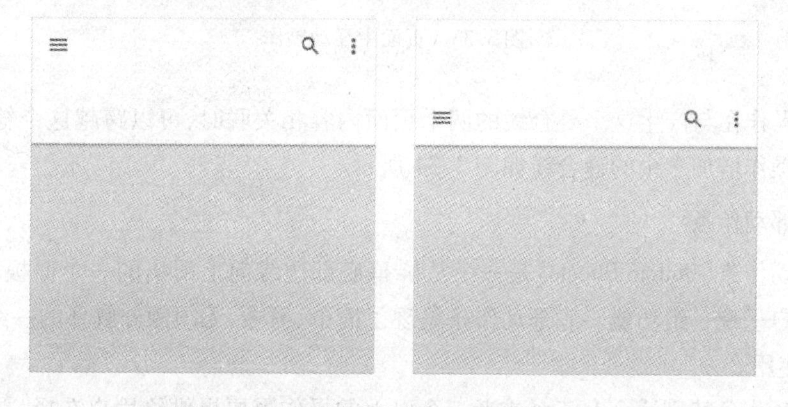

图 3.31　超过标准高度的工具栏布局设计

工具栏布局的高度是可变的如图 3. 32 所示。当改变尺寸时,它们会在最大和最小(标准)的高度之间调整(界定阈值)。

图 3. 32　工具栏布局的高度是可变的

3. 浮动操作

浮动操作是一个与工具栏分离的圆形页片,页面中浮动操作如图 3. 33 所示。浮动操作代表在当前情境下的独立提升操作。当与产生这个层阶(step)的页面内容相关联时,它可以跨越这个层阶。

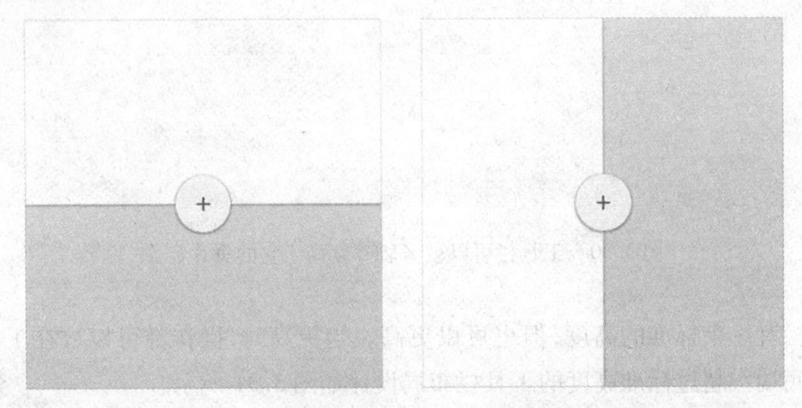

图 3. 33　页面中浮动操作

浮动操作在与产生这个叠合线的两个页面内容相关联时,可以跨越这个缝合线。不要为浮动操作增加多余的缝合线如图 3. 34 所示。

4. 底部动作条

底部动作条(Bottom Sheets)是一个从屏幕底部边缘向上滑出的一个面板,使用这种方式向用户呈现一组功能。底部动作条呈现了简单、清晰、无须额外解释的一组操作。

(1)使用。

底部动作条特别适合有三个或者三个以上的操作需要提供给用户选择,并且不需要对操作有额外解释的情景。如果只有两个或者更少的操作，需要详加描述的，可以考虑使用菜单(Menu)或者对话框替代。

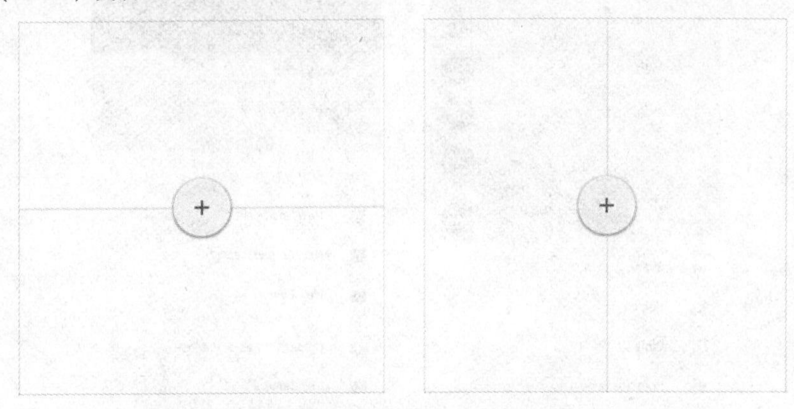

图3.34　不要为浮动操作增加多余的缝合线

底部动作条可以是列表样式的或宫格样式的。宫格布局可以增加视觉的清晰度。可以使用底部动作条展示和其 App 相关的操作，比如作为进入其他 App 的入口(通过 App 的 icon 进入)。

(2)内容。

在一个标准的列表样式的底部动作条中，每一个操作应该有一句描述和一个左对齐的 icon。如果需要的话，可以使用分隔符对这些操作进行逻辑分组，为分组添加标题或者副标题。一个可以滚动的宫格样式的底部动作条，可以用来包含标准的分享操作。

(3)行为。

显示底部动作条的时候，动画应该从屏幕底部边缘向上展开。根据上一步的内容，向用户展示上一步的操作之后能够继续操作的内容，并提供模态[1]的选择。点击其他区域会使得底部动作条伴随下滑的动画关闭掉。如果这个窗口包含的操作超出了默认的显示区域，这个窗口需要滑动。滑动操作应当向上拉起这个动作条的内容，甚至可以覆盖整个屏幕。当窗口覆盖整个屏幕的时候，需要在上部的标题栏左侧增加一个收起按钮。

(4)规格。

以下的字体、颜色和区域规格都是提供给手机 App 使用。如何合理地安排各种组件的摆放位置，使其看上去整体划一、赏心悦目，使用起来随心所欲、职责明确是界面布局的目标。移动终端的控件种类丰富，很多控件的使用方法和适用范围各异。因此设计上的指导和规律的遵循是必不可少的。下面展示几个 Android 界面效果对应其布局规格设计图的案例。底部动作条展示示意图如图3.35所示。单行文本和图标列表与其规格设计如图3.36所示。带有标题的单行文本和图标列表与其规格设计如图3.37所示。包含跳转到其他程序入口的标准宫格样式的底部动作条规格设计如图3.38所示。

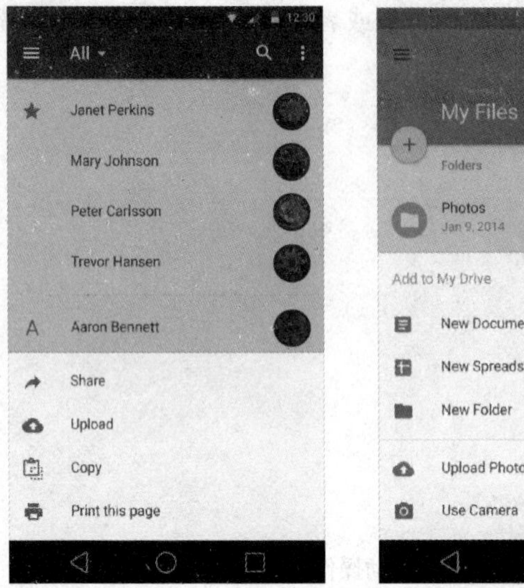

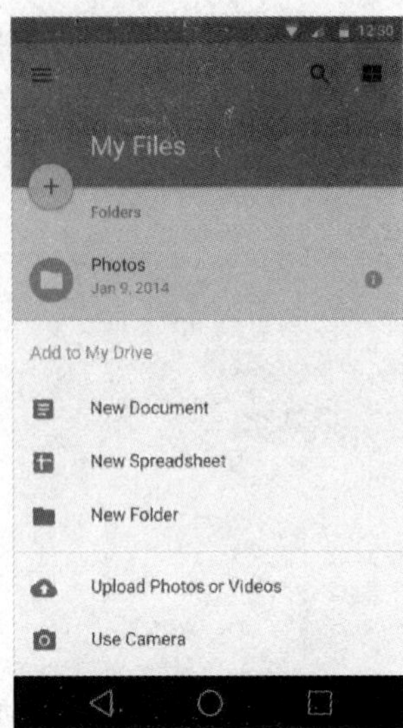

图 3.35　底部动作条展示示意图

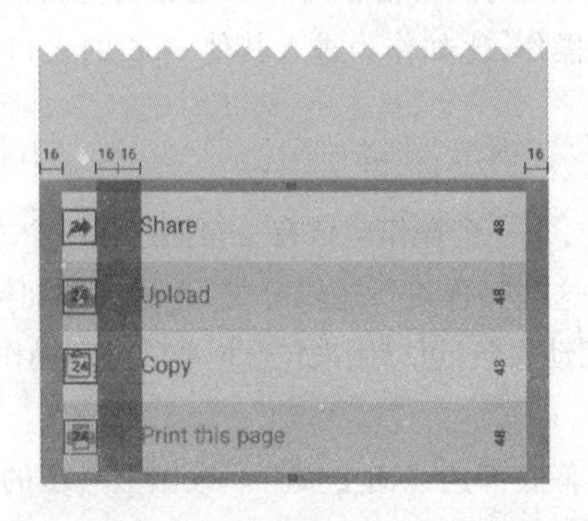

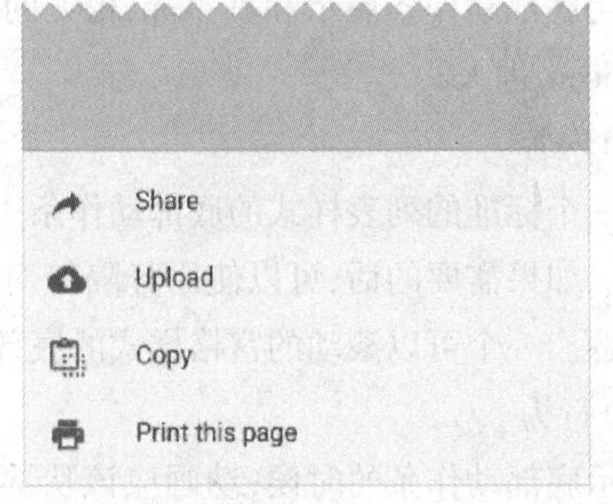

图 3.36　单行文本和图标列表与其规格设计

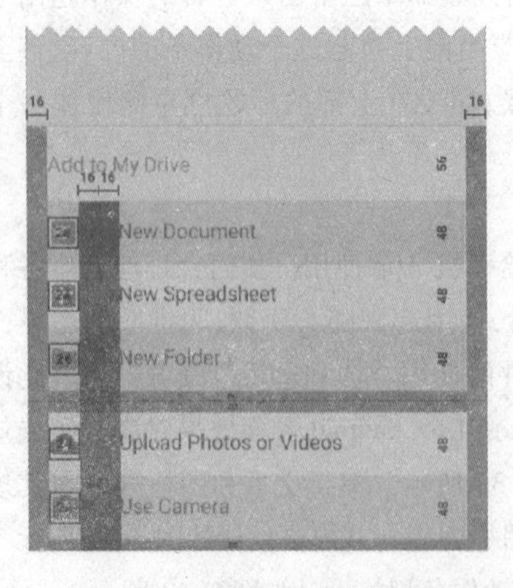

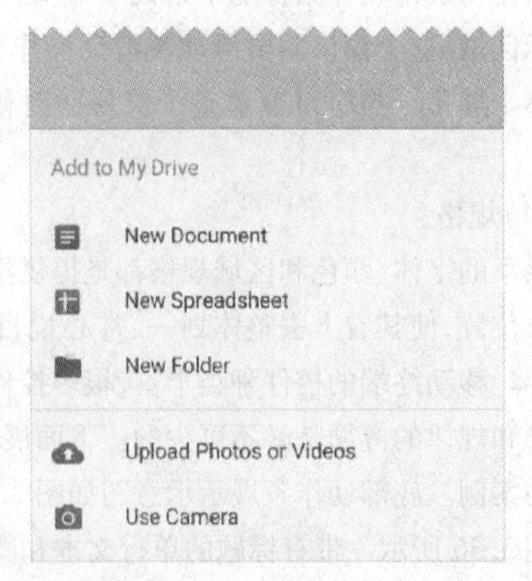

图 3.37　带有标题的单行文本和图标列表与其规格设计

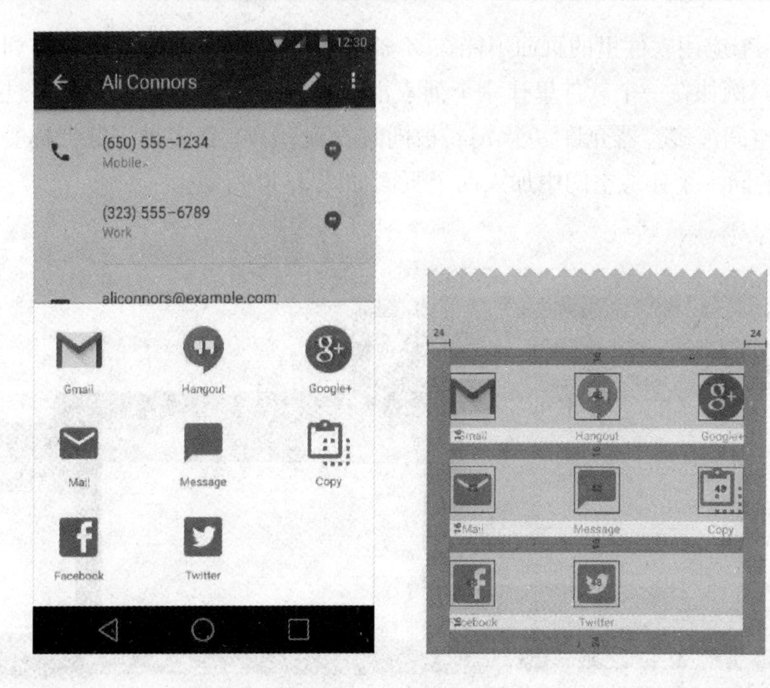

图 3.38　包含跳转到其他程序入口的标准宫格样式的底部动作条规格设计

(5)模态。

模态的对话框需要用户必须选择一项操作后才会消失，比如 Alert 确认等；而非模态的对话框并不需要用户必须选择一项操作才会消失，比如页面上弹出的 Toast 提示。

5. 自适应准则

当设计跨设备布局的时候，网格行为结合了固定的、黏性的、流畅的策略。下面有几种自适应准则。

(1)遵循人的习惯。

(2)更大的屏幕不等于更大的认知能力。

(3)线条长度应该是适宜的。

(4)考虑到角距离。

(5)允许空白，不要局限于固定的工具栏。

在多重层次等级结构中使用策略，例如屏幕层级和卡片层级。桌面模版演示了这些网格规则的几个自适应界面。跨平台的自适应布局如图 3.39 所示。

6. 维度

维度在 dps 中深度是可被测量的，就像 X 轴和 Y 轴。然而，在 Z 轴坐标空间里去考虑元素的优先级是更有效的，而不只是依据绝对的、固定的位置。

(1)一个概念模型。

在一个高层次级别内，每个 App 都可以被认为是放置在一个独立的空间或容器，这样就意味着一个应用软件里的页面不能在 Z 轴空间插入另外一个页面，操作和元件是独立在 App 中。例如在一个软件里让一个列表滑动消失不会导致那个列表穿过另一个不相关 App 的空间。多容器允许多个 App 被同时看到，例如，在多种浏览器标签里。不要在一个 Z 轴的同一个独特空间中加入两个页面如图 3.40 所示。

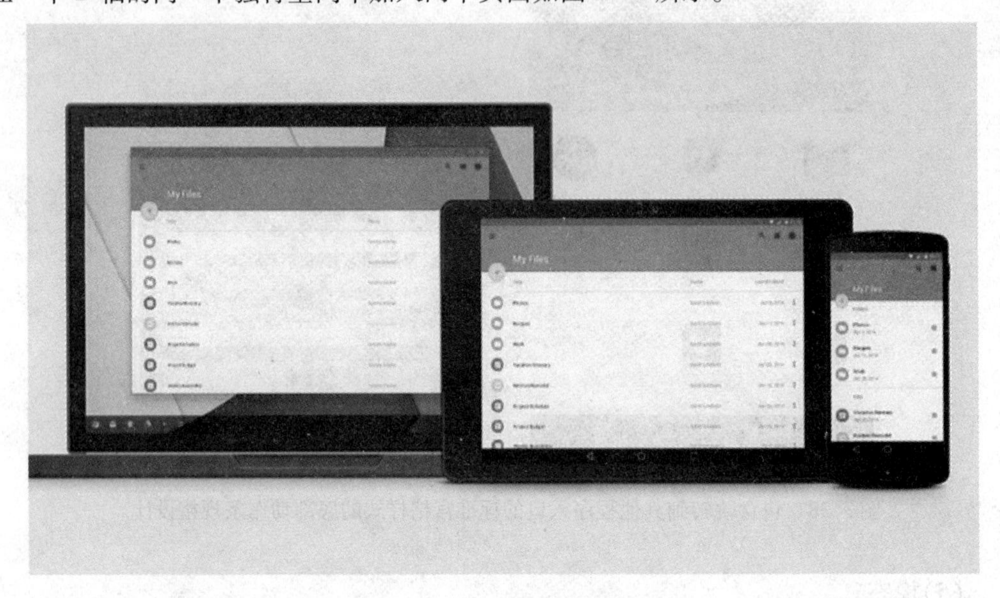

图 3.39　跨平台的自适应布局

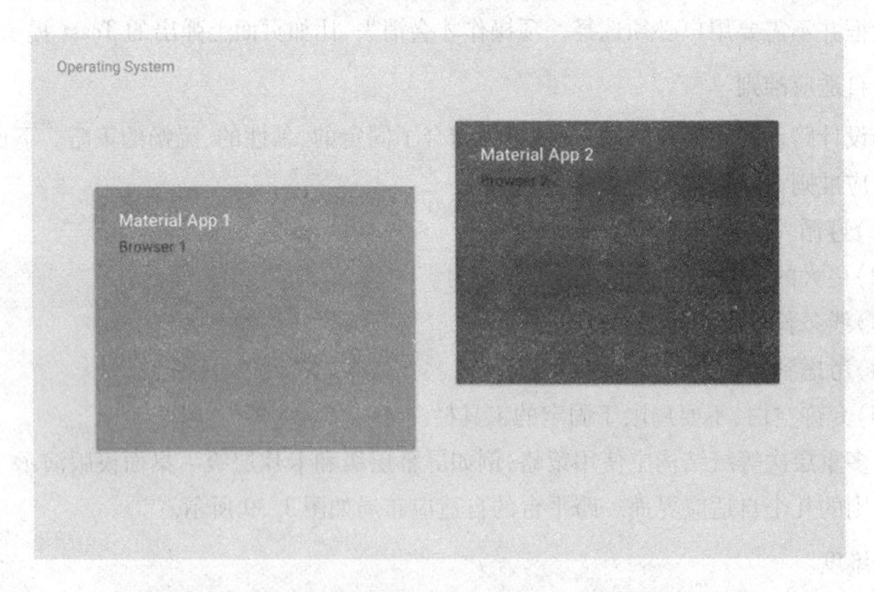

图 3.40　不要在一个 Z 轴的同一个独特空间中加入两个页面

在一个特定的 App 里，根据 Z 轴主要和次要的层阶(step)，很多元素都是相对放置的。例如，一个按钮的聚焦状态是次要的层阶，而它的按下状态是一个主要的层阶。其他元素在 App 的 Z 轴里有固定的优先级,意味着不管那些元素相对于 Z 轴的位置,它们总是位于其他元素上面或者下面。控件元素在 Z 轴空间中的层阶差异可能是相对的也可能是绝对的如图 3.41 所示。例如,浮动操作按钮总是在内容和工具栏之上,不管这个 App 可能会用到多少个页面。

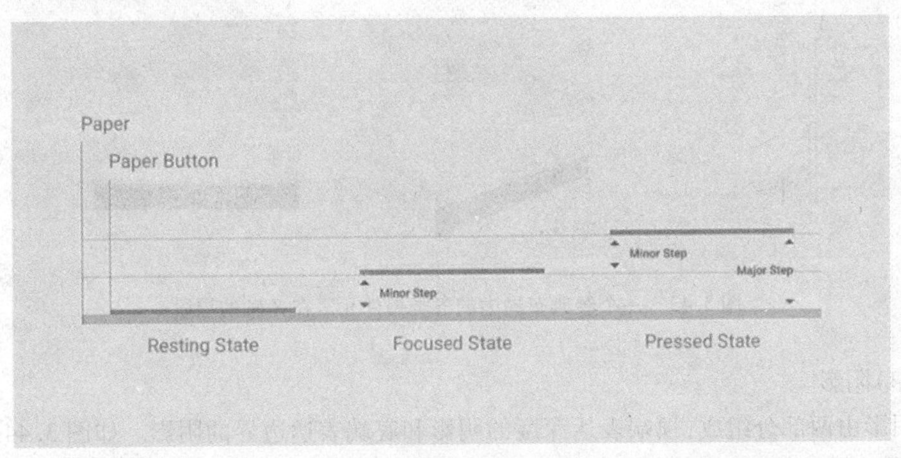

图 3.41　控件元素在 Z 轴空间中的层阶差异可能是相对的也可能是绝对的

系统元件,比如状态栏和系统对话框,存在于一个单独的系统空间里,在所有 App 容器的上方和下方。控件元素的 Z 轴层阶设计需考虑到情境如图 3.42 所示, 系统元素有可能不出现在某一个 App 里(如在熄灯模式中),但当系统元素存在时,它们在空间上具有相对的优先权。这可确保一个系统对话框总出现在当前 App 的上面。

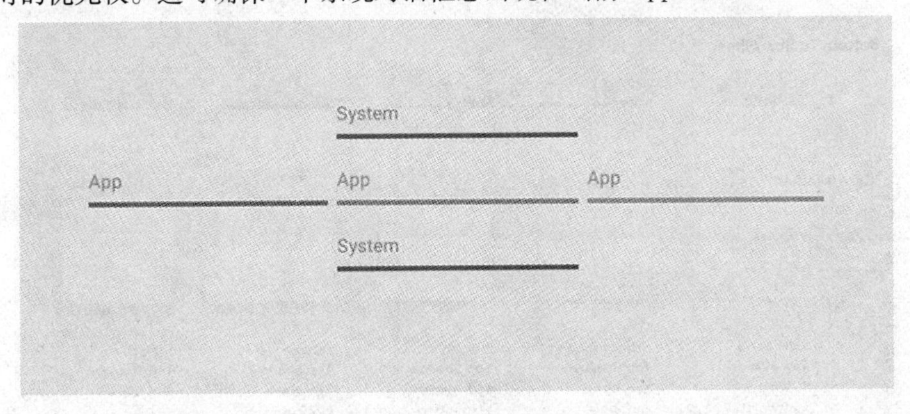

图 3.42　控件元素的 Z 轴层阶设计需考虑到情境

(2)布局注意事项。

深度不仅仅是装饰。优先考虑元素的 Z 轴空间,不是绝对的位置。App 中的深度应该表达层级和其重要性,并且帮助用户关注手头的任务。一个经典布局中的各类控件元素在 Z 轴的层阶如图 3.43 所示。

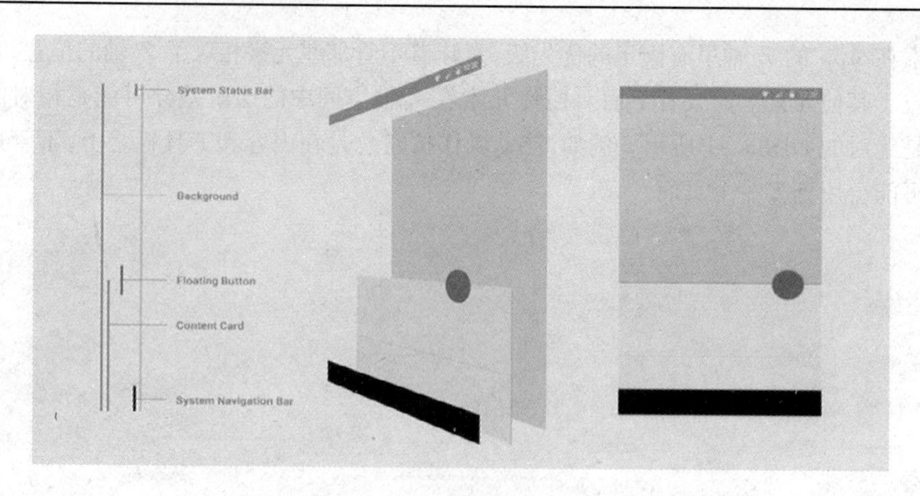

图 3.43　一个经典布局中的各类控件元素在 Z 轴的层阶

(3)阴影。

阴影由两部分组成:顶端表达深度的阴影和底端表达边界的阴影。如图 3.44 中列举了常见控件在 Z 轴不同的层阶上阴影效果图。

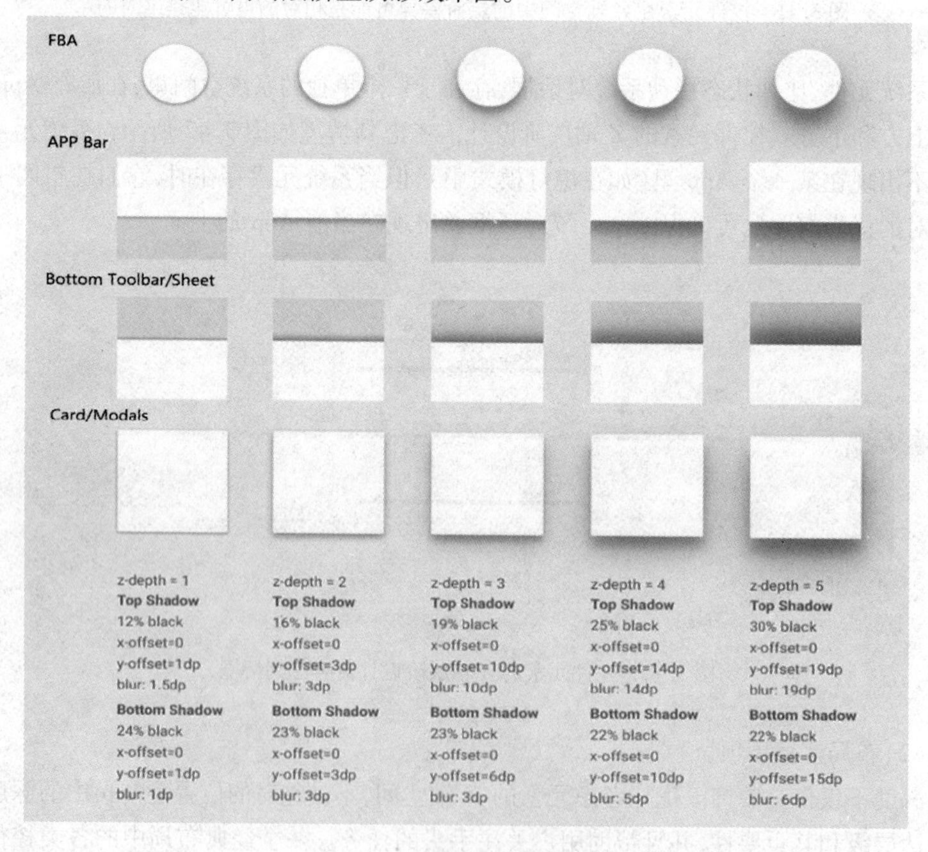

图 3.44　常见控件元素在 Z 轴不同的层阶上阴影效果图

3.5.2　单位和度量

1. 像素密度(DPI)

每英寸的像素数被称为“像素密度”。高密度的屏幕比低密度的屏幕像素更高。因此用户界面元素(如按钮)在低密度屏幕上显示较大而在高密度屏幕上显示较小。每英寸的像素或者屏幕分辨率,是指在一个特定显示中的像素数。

$$\text{DPI} = \sqrt{(\text{横向分辨率}^2 + \text{纵向分辨率}^2)}/\text{屏幕尺寸}$$

在设计过程中,设计师应设计多尺寸的素材应对不同的屏幕密度,使应用支持多个屏幕,为支持 Android 系统的测量单位而提供更多的资源类型。因为拥有实际屏幕尺寸高度的按钮在不同 DPI 屏幕所包含的像素数量不同。高 DPI 密度屏幕与低 DPI 密度屏幕中按钮展示效果图如图 3.45 所示。

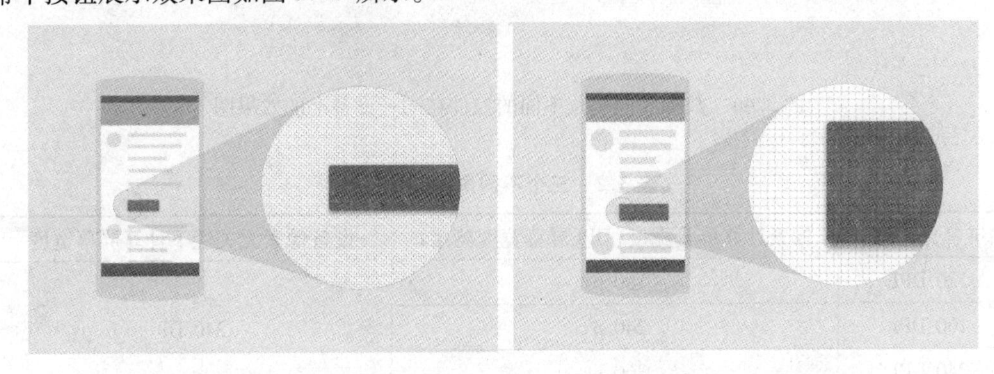

图 3.45　高 DPI 密度屏幕与低 DPI 密度屏幕中按钮展示效果图

2. 密度独立像素(DP/DIP)

“密度独立”是指在屏幕上用不同的密度来统一的显示用户界面元素。密度独立像素是灵活的单位,能够扩展到任何屏幕上统一的维度。数据相同单位不同的控件在同一设备上的效果图如图 3.46 所示。当开发一个 Android 应用程序时,使用密度独立像素在屏幕上用不同的密度来显示统一的元素。

例如三个不同屏幕的属性见表 3.2,屏幕宽度都是 1.5 英寸,但有不同的屏幕分辨率,那么屏幕宽度是相同的 240 DP,也就是说它们有相同的 DP。三个不同屏幕的属性见表 3.2。

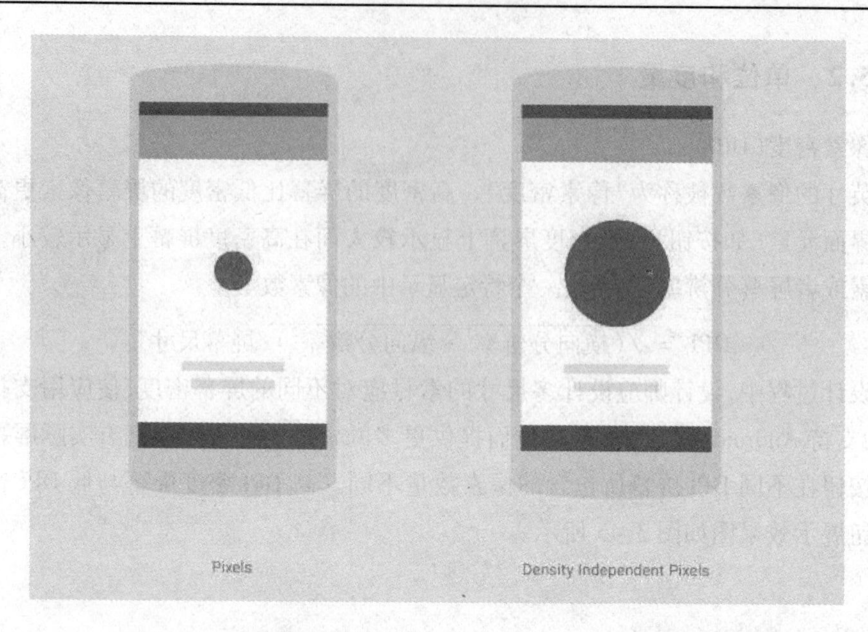

图 3.46　数据相同单位不同的控件在同一设备上的效果图

表 3.2　三个不同屏幕的属性

屏幕分辨率	像素计算屏幕宽度(DPI 屏幕宽度英寸)	设备像素无关性下计算屏幕宽度
120 DPI	180 px	240 DP
160 DPI	240 px	
240 DPI	360 px	

1 DP 和 160 DPI 屏幕的一个物理像素相等。计算 DP 的方法

DP =(宽度像素 ×160)/ DPI

在编写 CSS 时,使用 PX。DP 只需要用于开发 Android。

3. 可扩展像素(SP)

在 Android 系统开发程序时,可扩展的像素(SP)提供和 DP 一样的功能,但只是用在字体上。一个 SP 的默认值和 DP 上的默认值一样。SP 和 DP 之间的主要区别在于 SP 保留着用户的字体设置。具有较大文本设置的用户可以看到字体大小与文本大小的偏好匹配。

4. 为 DP 设计布局

在设计屏幕布局时,计算 DP 元素的度量

DP =(宽度像素 ×160)/ DPI

例如,在 320 DPI 的分辨率有一个 32 ×32 像素的图标为 16 ×16 DP。

5. 图像缩放

通过运用这些比例,图像可以缩放到不同的屏幕分辨率的屏幕上,并且看起来效果都一样,见表 3.3。

表 3.3　不同尺寸设备屏幕中图像大小对应关系

分辨率	DPI	像素比	屏幕尺寸(像素)
xxxhDPI	640	4.0	400 × 400
xxhDPI	480	3.0	300 × 300
xhDPI	320	2.0	200 × 200
hDPI	240	1.5	150 × 150
mDPI	160	1.0	100 × 100

3.5.3　度量与边距

1. 基准网格

所有组件都与间隔为 8 DP 的基准网格对齐。排版/文字(Type)与间隔为 4 DP 的基准网格对齐。在工具条中的图标同样与间隔为 4 DP 的基准网格对齐。这些规则适用于移动设备、平板设备以及桌面应用程序。布局中基准网格示意图如图 3.47 所示。

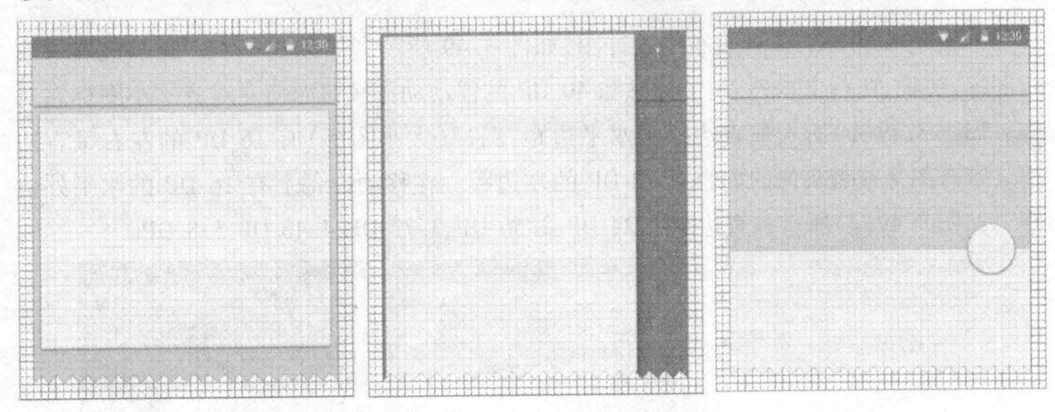

图 3.47　布局中基准网格示意图

2. 边框与间距

(1)移动设备。

移动设备布局模板包含了多种多样的屏幕和信息,这些信息描述了边框与间距如何应用于屏幕边界和元素。下面是一组 Inbox 列表布局设计图如图 3.48 所示。如图 3.48(a)所示该屏幕演示图标、头像和两行文本的列表如何左对齐,以及一个 56 DP 的浮动动作按钮和文本如何右对齐。如图 3.48(b)所示垂直边框和水平外边距,左右各有 16 DP 的垂直边框。带有图标或者头像的内容有 72 DP 的左边距。在移动设备上有 16 DP 的水平外边距。如图 3.48(c)所示垂直边距 1.24 DP、2.56 DP、3.48 DP、4.72 DP。

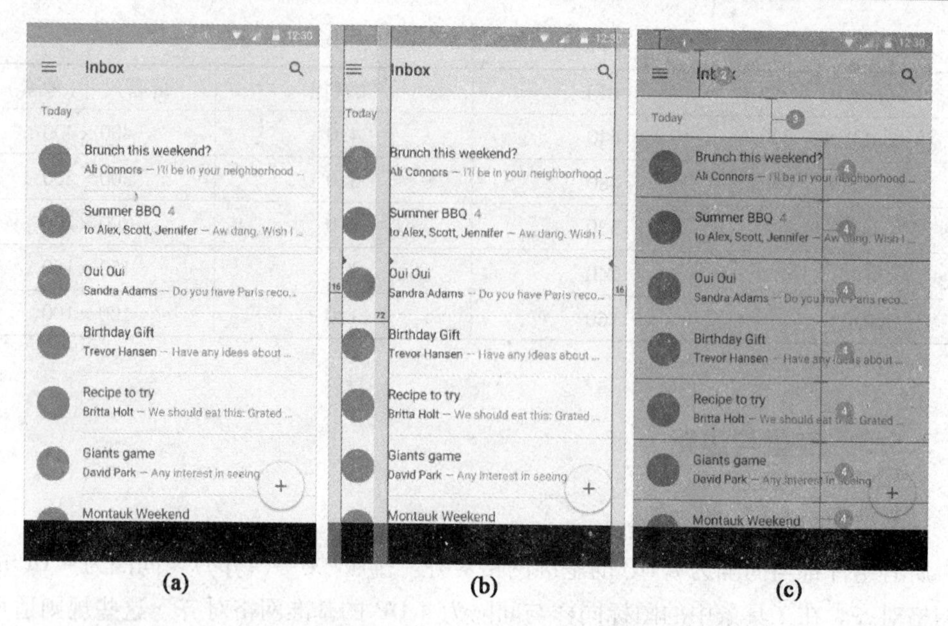

图 3.48　Inbox 列表布局设计图

下面是一组 MyFile 列表布局设计图，如图 3.49 所示。如图 3.49(a)所示该屏幕演示图标、头像、两行文本列表、子标题和 40 DP 的浮动动作按钮如何左对齐。小图标右对齐。如图 3.49(b)所示垂直边框和水平边距，图标(大小图标)有 16 DP 的左右垂直边框。带有图标或者头像的内容有 72 DP 的左边距。在移动设备上有 16 DP 的水平外边距。如图 3.49(c)所示垂直边距 1.24 DP、2.56 DP、3.72 DP、4.48 DP、5.8 DP。

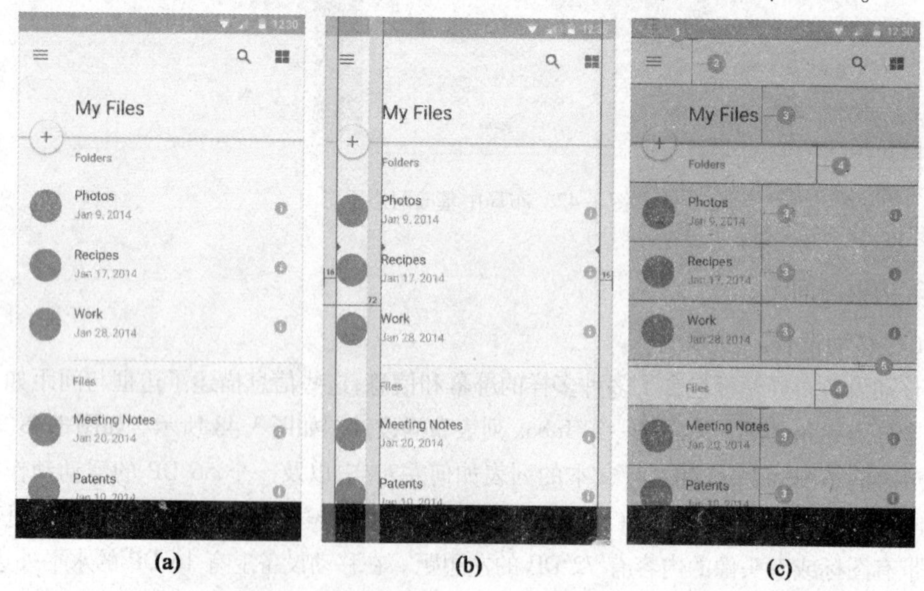

图 3.49　MyFile 列表布局设计图

下面是一组 Ali Connors 列表布局设计图如图 3. 50 所示。如图3. 50(a)所示该屏幕演示图标如何左对齐，以及图标和一个 56 DP 的浮动动作按钮如何右对齐。如图 3. 50(b)所示垂直边框和水平边距，图标有 16 DP 的左垂直边框。带有图标或头像的内容有 72 DP 的左边距，32 DP 的右边距(考虑到 56 DP 的圆形浮动动作按钮)。这样圆形浮动动作按钮下的图标也对齐了。在移动设备上有 16 DP 的水平外边距。如图 3. 50(c)所示垂直边距 1. 24 DP、2. 56 DP、3. 8 DP、4. 72 DP。

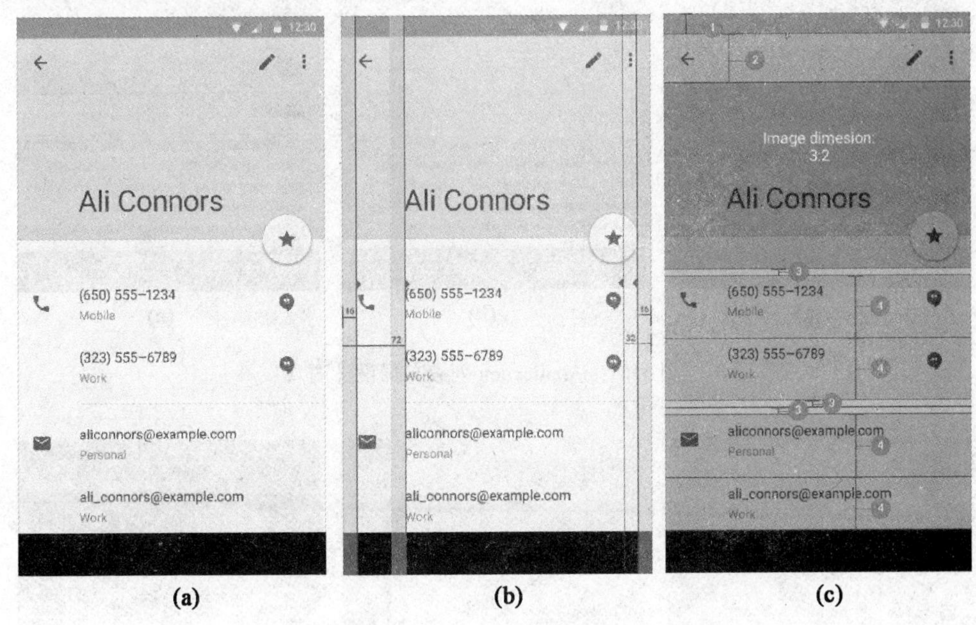

图 3. 50　Ali Connors 列表布局设计图

下面是一组 Application 列表布局设计图如图 3. 51 所示。如图 3. 51(a)所示该屏幕演示图标、头像和文本如何左对齐，浮动动作按钮、图标和文本如何右对齐。如图 3. 51(b)所示垂直边框和水平边距，图标有 16 DP 的左右垂直边框。带有图标或头像的内容区域左对齐，距左边界 72 DP。在移动设备上有 16 DP 的水平边距。如图 3. 51(c)所示垂直边距 1. 24 DP、2. 56 DP、3. 48 DP、4. 8 DP。

下面是一组 Gmail 列表布局设计图如图 3. 52 所示。如图 3. 52(a)所示该屏幕演示了侧边导航菜单的宽度，以及图标、头像和文本如何左对齐，小图标如何右对齐。如图 3. 52(b)所示垂直边框和水平边距，图标距侧边导航菜单的左右边界分别有 16 DP 的垂直边框。带有图标或者头像的内容距侧边导航菜单的左边界 72 DP。侧边导航菜单的宽度等于屏幕的宽度减去动作条的高度，即在本例中距屏幕右侧 56 DP 的宽。在移动设备上有 16 DP 的水平外边距。如图 3. 52(c)所示垂直边距 1. 48 DP、2. 8 DP、3. 56 DP。

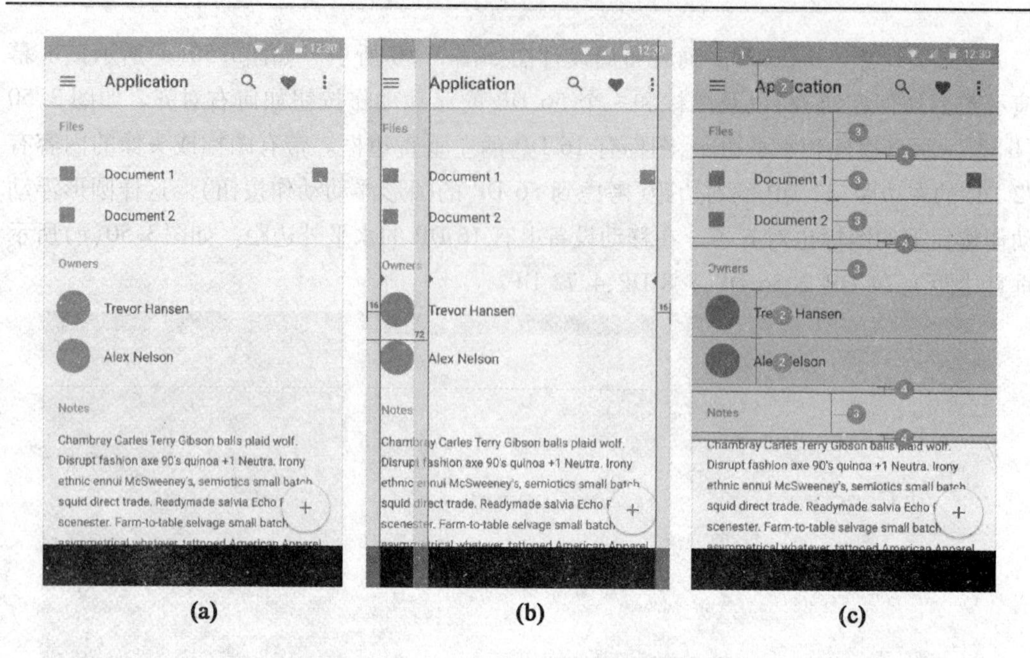

图 3.51　Application 列表布局设计图

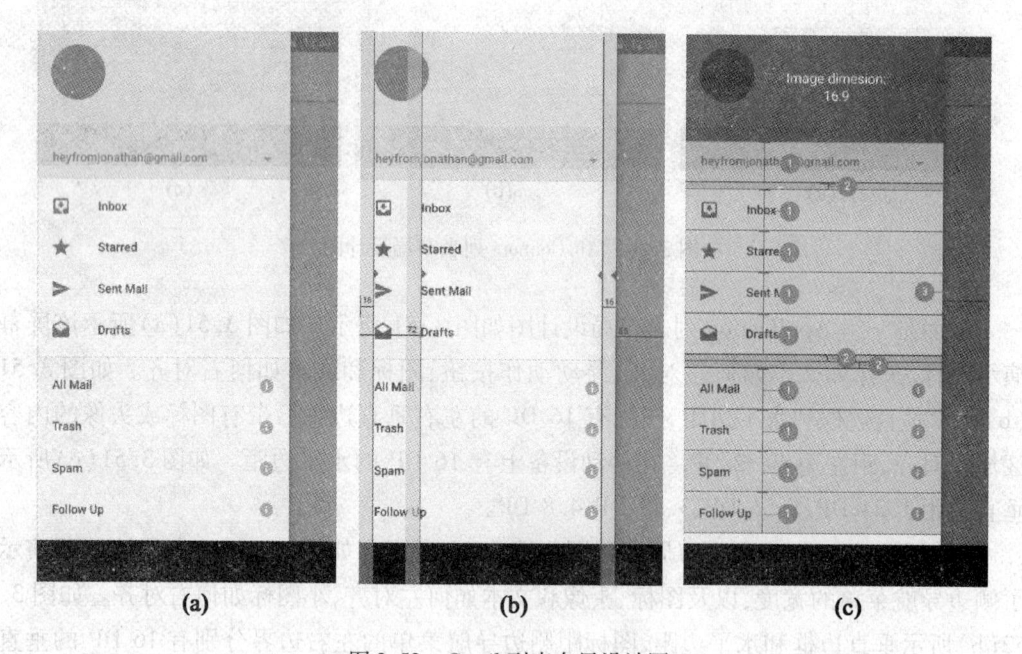

图 3.52　Gmail 列表布局设计图

(2)平板设备。

Material Design 的 API 中对平板设备布局模板提供了 14 种不同的屏幕，显示了边框和边距如何应用于屏幕的边界和元素，这里不做详细介绍，感兴趣的读者可以通过官方 API 中的 Material Design 链接获取。

3. 比率边框

应用于移动设备屏幕的宽度、移动设备、平板设备以及桌面应用程序中 UI 元素的宽度应遵循一定的设计比例。下面是一组页片中控件的宽度、高度设计比例的示例图如图 3.53 所示。其中图 3.53(a)是屏幕中控件宽度比例,图 3.53(b)是子页片中的控件宽度比例。

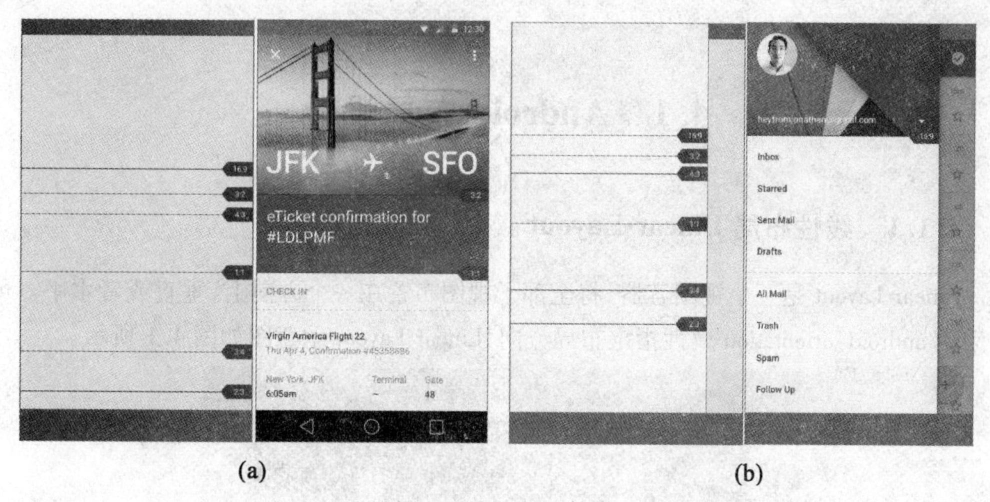

图 3.53　页片中控件的宽度、高度设计比例示意图

4. 触摸目标尺寸

触摸目标尺寸如图 3.54 所示,最小的触摸目标尺寸是 48 DP。在布局中,当为图标(24 DP)或者头像(40 DP)设置边距时,注意触摸目标不能重叠。

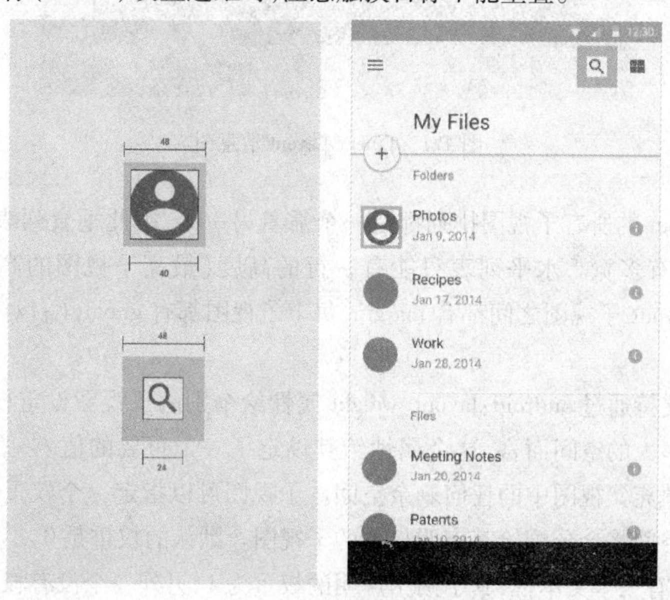

图 3.54　触摸目标尺寸示意图

第4章　Android 界面设计基础

4.1　Android 布局设计

4.1.1　线性布局 Linear Layout

Linear Layout 是一个视图容器,将全部子视图布置在一个方向上,垂直或者水平。可以采用 android:orientation 属性指定布局方向,Linear Layout 示意图如图 4.1 所示。

图 4.1　Linear Layout 示意图

Linear Layout 的所有子视图排列都是一个靠着另一个,因此垂直列表每行仅仅有一个子视图,不管有多宽。水平列表只能有一行的高度(最高子视图的高度加上边距距离)。Linear Layout 子视图之间都有 margin,每个子视图都有 gravity(右对齐、中间对齐或左对齐)。

线性布局支持通过 android:layout_weight 属性给个别的子视图设定权重。就一个视图在屏幕上占多大的空间而言,这个属性给其设定了一个重要的值。一个大的权重值,允许它扩大到填充父视图中的任何剩余空间。子视图可以指定一个权重值,然后视图组剩余的其他的空间将会分配给其声明权重的子视图。默认的权重是 0。

例如,如果有三个文本框,其中两个声明的权重为 1,另外一个没有权重,没有权重第三个文本字段不会增加,只会占用其内容所需的面积,其他两个同样的会扩大以填补剩余的空间。在三个文本域被测量后,如果第三个字段给定的权重为2(而不是0),那么它现在的声明比其他的更重要,所以它得到一半的空间,而前两个平均分配剩余的空间。

```
<? xml version = "1.0" encoding = "utf-8"? >
<LinearLayout xmlns:android = "http://schemas.android.com/apk/res/android"
    android:layout_width = "fill_parent"
    android:layout_height = "fill_parent"
    android:paddingLeft = "16dp"
    android:paddingRight = "16dp"
    android:orientation = "vertical" >
    <EditText
        android:layout_width = "fill_parent"
        android:layout_height = "wrap_content"
        android:hint = "@string/to" />
    <EditText
        android:layout_width = "fill_parent"
        android:layout_height = "wrap_content"
        android:hint = "@string/subject" />
    <EditText
        android:layout_width = "fill_parent"
        android:layout_height = "0dp"
        android:layout_weight = "1"
        android:gravity = "top"
        android:hint = "@string/message" />
    <Button
        android:layout_width = "100dp"
        android:layout_height = "wrap_content"
        android:layout_gravity = "right"
        android:text = "@string/send" />
</LinearLayout>
```

4.1.2　相对布局 Relative Layout

Relative Layout 是一个视图容器,显示所有子视图在相对的位置。Relative Layout 示意图如图4.2所示。每个子视图的位置可以通过相对于其他兄弟视图(例如,在另一个子视图的左边或者下面)的位置进行说明,或者在 Relative Layout 区域(与底部对齐或者中间偏左)的相对位置。

图 4.2 Relative Layout 示意图

Relative Layout 能够消除嵌套视图容器并保持布局层次扁平化,这可以改善应用的性能,因此它是一个设计用户界面的强有力工具。如果发现自己正在使用一些嵌套的 Linear Layout,可以用一个单独的 Relative Layout 来替换它们。

Relative Layout 允许子视图通过相对于父视图的位置或者相对于彼此的位置(通过 ID 属性)这样的方式来说明它们的位置。可以通过这些方式排列两个元素:左右排列、上下排列、中间并排、中间偏左。在默认的情况下,所有子视图被绘制在布局的左上角,这样必须利用各种可以从 Relative Layout. Layout Params 中获得的布局属性,来定义每个子视图的位置。

在 Relative Layout 中,对于子视图来说一些可以从 Relative Layout. Layout Params 中获得的布局属性包括以下几个值:

android:layout_alignParentTop:如果属性值是"true",那么就让这个子视图的上边界与父视图的上边界重合。

android:layout_centerVertical:如果属性值是"true",那么就把这个子视图绘制在父视图的垂直方向的中间。

android:layout_below:这个子视图的上边界要放置在其相对视图(在属性值中以资源 ID 指定)的下边。

android:layout_toRightOf:这个子视图的左边界要放置在其相对视图(在属性值中以资源 ID 指定)的右边。

每一个布局属性的值或者是一个布尔值,用来说明其能否处于相对于父视图(即 RelativeLayout)的某个相对位置,或者是一个资源 ID,用来通过指定其相对的兄弟视图来说明应该被绘制在相对于其兄弟视图的某个位置。

在的 XML 布局文件中,相对于布局中的其他视图的依赖关系可以按照任意顺序说明。例如,可以声明视图 1 在视图 2 的下面,即使视图 2 在层次模型中最后被声明。下面这个例子示范了这一场景。

```
<?xml version="1.0" encoding="utf-8"?>
<RelativeLayout xmlns:android="http://schemas.android.com/apk/res/android"
    android:layout_width="fill_parent"
    android:layout_height="fill_parent"
    android:paddingLeft="16 DP"
    android:paddingRight="16 DP" >
    <EditText
        android:id="@+id/name"
        android:layout_width="fill_parent"
        android:layout_height="wrap_content"
        android:hint="@string/reminder" />
    <Spinner
        android:id="@+id/dates"
        android:layout_width="0 DP"
        android:layout_height="wrap_content"
        android:layout_below="@id/name"
        android:layout_alignParentLeft="true"
        android:layout_toLeftOf="@+id/times" />
    <Spinner
        android:id="@id/times"
        android:layout_width="96 DP"
        android:layout_height="wrap_content"
        android:layout_below="@id/name"
        android:layout_alignParentRight="true" />
    <Button
        android:layout_width="96 DP"
        android:layout_height="wrap_content"
        android:layout_below="@id/times"
        android:layout_alignParentRight="true"
        android:text="@string/done" />
</RelativeLayout>
```

4.1.3 列表视图 List View

List View 是一个视图容器,其用来显示一列可以滚动的子项。List View 示意图如图

4.3 所示,通过一个适配器,可以自动地将列表项插入进列表,这个适配器从数据源(例如数组或者数据库查询)中获取内容,并且将每一个子项的结果转化成一个放置进列表的子视图。

图 4.3 List View 示意图

为了避免查询时阻塞应用的主线程,一个标准的方法是采用 CursorLoader 以异步任务的方式查询 Cursor。当 CursorLoader 接收到 Cursor 结果时,LoaderCallbacks 接收到一个回调函数 onLoadFinished(),在使用新的 Cursor 更新 Adapter 时,列表视图接着显示结果。

虽然 CursorLoader APIs 在 Android3.0(API Level 11)中首次出现,但是当应用运行在之前的低版本系统中时,也可以通过应用中可能使用的 Support Library 获得。

下面这个例子采用 ListActivity,是一个 List View 作为唯一默认布局元素的活动。向 Contacts Provider 提出查询请求,以此获得名字和电话的列表。

为了采用 CursorLoader 来为列表视图动态的载入数据,这个活动实现了 LoaderCallbacks 接口。

```
public class ListViewLoader extends ListActivity
        implements LoaderManager. LoaderCallbacks < Cursor > {
    SimpleCursorAdapter mAdapter; //用来显示列表数据的适配器
    static final String[] PROJECTION = new String[] {ContactsContract. Data. _ID,
            ContactsContract. Data. DISPLAY_NAME}; //存储联系人信息
    static final String SELECTION = "((" +
            ContactsContract. Data. DISPLAY_NAME + " NOTNULL) AND (" +
            ContactsContract. Data. DISPLAY_NAME + " ! = '' ))"; //选择条件
  @ Override
    protected void onCreate(Bundle savedInstanceState) {
        super. onCreate(savedInstanceState);
```

```
    ProgressBar progressBar = new ProgressBar(this); //创建用于显示列表载
        入的进度条
    progressBar.setLayoutParams(new LayoutParams(LayoutParams.WRAP_CON-
        TENT,LayoutParams.WRAP_CONTENT, Gravity.CENTER));
    progressBar.setIndeterminate(true);
    getListView().setEmptyView(progressBar);
    ViewGroup root = (ViewGroup) findViewById(android.R.id.content);
    root.addView(progressBar); // 将进度条添加到布局的根部
    // For the cursor adapter, specify which columns go into which views
    String[] fromColumns = {ContactsContract.Data.DISPLAY_NAME};
    int[] toViews = {android.R.id.text1}; // The TextView in simple_list_item_1
    // Create an empty adapter we will use to display the loaded data.
    // We pass null for the cursor, then update it in onLoadFinished()
    mAdapter = new SimpleCursorAdapter(this, android.R.layout.simple_list_
                item_1, null, fromColumns, toViews, 0);
    setListAdapter(mAdapter);
    // Prepare the loader.  Either re-connect with an existing one,
    // or start a new one.
    getLoaderManager().initLoader(0, null, this);
}
// Called when a new Loader needs to be created
public Loader<Cursor> onCreateLoader(int id, Bundle args) {
    // Now create and return a CursorLoader that will take care of
    // creating a Cursor for the data being displayed.
    return new CursorLoader(this, ContactsContract.Data.CONTENT_URI,
            PROJECTION, SELECTION, null, null);
}
// Called when a previously created loader has finished loading
public void onLoadFinished(Loader<Cursor> loader, Cursor data) {
    // Swap the new cursor in.  (The framework will take care of closing the
    // old cursor once we return.)
    mAdapter.swapCursor(data);
}
// Called when a previously created loader is reset, making the data unavailable
public void onLoaderReset(Loader<Cursor> loader) {
```

```
        // This is called when the last Cursor provided to onLoadFinished( )
        // above is about to be closed.  We need to make sure we are no
        // longer using it.
        mAdapter. swapCursor(null);
    }

    @ Override
    public void onListItemClick(ListView l, View v, int position, long id) {
        // Do something when a list item is clicked
    }
}
```

注意:该样例向 Contacts Provider 执行了一个查询,因此,想要代码顺利执行,就必须在应用的清单文件中添加 READ_CONTACTS 权限:

```
<uses - permission android:name = "android. permission. READ_CONTACTS" />
```

4.1.4 网格视图 Grid View

Grid View 是一个视图容器,用来在两个维度的可滚动的网格中显示子项。Grid View 示意图如图 4.4 所示。采用 ListAdapter 可以自动地将网格项插入进布局。

图 4.4 Grid View 示意图

在这个例子中,将创建一个缩略图的网格。当选择一个子项时,一个浮动框消息将显示选择图片的位置。

1. 创建一个 HelloGridView 的新工程

2. 搜集一些喜欢的图片,将这些图片文件保存到项目的 res/drawable/目录中

3. 打开 res/layout/main. xml 文件,插入下面代码

```
<? xml version = "1.0" encoding = "utf - 8"? >
```

```
<GridView xmlns:android = "http://schemas.android.com/apk/res/android"
    android:id = "@ +id/gridview"
    android:layout_width = "fill_parent"
    android:layout_height = "fill_parent"
    android:columnWidth = "90 DP"
    android:numColumns = "auto_fit"
    android:verticalSpacing = "10 DP"
    android:horizontalSpacing = "10 DP"
    android:stretchMode = "columnWidth"
    android:gravity = "center"
/>
```

这个 Grid View 将填充整个屏幕。属性的含义是相当明显。

4. 打开 HelloGridView. java,并且将下面的代码插入 onCreate( )方法中

```
public void onCreate(Bundle savedInstanceState) {
    super.onCreate(savedInstanceState);
    setContentView(R.layout.main);
    GridView gridview = (GridView) findViewById(R.id.gridview);
    gridview.setAdapter(new ImageAdapter(this));
    gridview.setOnItemClickListener(new OnItemClickListener() {
        public void onItemClick(AdapterView<?> parent, View v, int position,
long id) {
            Toast.makeText(HelloGridView.this, "" + position, Toast.LENGTH_
SHORT).show();
        }
    });
}
```

将 main. xml 布局设置成内容视图之后,采用 findViewById(int)从布局中获得了 Grid View。然后 setAdapter( )方法将自定义的适配器 ImageAdapter 作为网格中所有子项显示的数据源。下一步创建 ImageAdapter。

当网格中的子项被点击时为了做些事情,一个新的接口 AdapterView. OnItemClickListener 调用了 setOnItemClickListener( )方法。这个匿名实例定义了 onItemClick( )回调方法去显示 toast 对象,这个对象显示了被选中的子项(在一个真实的场景中,位置能够被用来获得全尺寸的图片进而去执行其他任务)的索引位置(从 0 开始)。

5. 创建一个继承 BaseAdapter 的新类 ImageAdapter

```
public class ImageAdapter extends BaseAdapter {
```

```
private Context mContext;
public ImageAdapter(Context c) {
    mContext = c;
}
public int getCount() {
    return mThumbIds.length;
}
public Object getItem(int position) {
    return null;
}
public long getItemId(int position) {
    return 0;
}
// create a new ImageView for each item referenced by the Adapter
public View getView(int position, View convertView, ViewGroup parent) {
    ImageView imageView;
    if (convertView == null) {
        // if it's not recycled, initialize some attributes
        imageView = new ImageView(mContext);
        imageView.setLayoutParams(new GridView.LayoutParams(85, 85));
        imageView.setScaleType(ImageView.ScaleType.CENTER_CROP);
        imageView.setPadding(8, 8, 8, 8);
    } else {
        imageView = (ImageView) convertView;
    }
    imageView.setImageResource(mThumbIds[position]);
    return imageView;
}
// references to our images
private Integer[] mThumbIds = {
        R.drawable.sample_2, R.drawable.sample_3,
        R.drawable.sample_4, R.drawable.sample_5,
        R.drawable.sample_6, R.drawable.sample_7,
        R.drawable.sample_0, R.drawable.sample_1,
        R.drawable.sample_2, R.drawable.sample_3,
```

```
        R.drawable.sample_4, R.drawable.sample_5,
        R.drawable.sample_6, R.drawable.sample_7,
        R.drawable.sample_0, R.drawable.sample_1,
        R.drawable.sample_2, R.drawable.sample_3,
        R.drawable.sample_4, R.drawable.sample_5,
        R.drawable.sample_6, R.drawable.sample_7
    };
}
```

首先,实现一些必要的继承自 BaseAdapter 的方法。构造函数和 getCount()是显而易见的。正常来说,getItem(int)应该返回适配器中被指定的实际对象,但是在这个例子它被忽略了。同样,getItemId(int)应该返回子项的行 ID,但在这不需要。

getView 是第一个必须的方法。这个方法为每个加入到 ImageAdapter 的图片创建了一个新的 View。当这个方法被调用之后,一个 View 被返回,其通常来说是一个可回收的对象(在这之后至少可以被调用一次),这样如果这个对象是空的,就可以去查看。如果它是空的,一个 ImageView 可以通过期望的图片显示属性实例化和配置。

setLayoutParams(ViewGroup.LayoutParams) 设置视图的宽度和高度,这个函数确保无论画布的大小,可以根据情况去调整和裁剪每张图片去适应这些尺寸。

setScaleType(ImageView.ScaleType)表明(如果必要)图片应该按照中心去裁剪。

setPadding(int, int, int, int)定义四周的内边距(注意:如果图片具有不同的宽高比,当它不能匹配给定的尺寸去适应 ImageView 时,那么较小的内边距将引起较大的图片裁剪)。

如果传入 getView 的 View 不为空,那么利用可回收 View 对象实例化本地ImageView。

在 getView 方法的最后,将 position 整数传入方法,将用于从 mThumbIds 数组中选择图片,mThumbIds 数组是 ImageView 的图片数据源集合。

剩下的内容是用来定义画布资源的 mThumbIds 数组。

6. 执行应用程序

通过调整 GridView 和 ImageView 元素的属性,来测试它们的行为。例如,不采用 setLayoutParams(ViewGroup.LayoutParams),而试着使用 setAdjustViewBounds(boolean)。

4.2 Android 控件设计

在一个 Android 应用中,所有的用户界面元素都是采用 View 和 ViewGroup 对象创建的。View 是一个在与用户交互的屏幕上绘制某些事物的对象。ViewGoups 是一个包含其他 View(或 ViewGroup)对象的对象,用来定义接口的布局。

Android 提供了一批 View 和 ViewGroup 子类,这些子类为程序员提供了常用的输入控制(例如按钮和文本域)和各种布局模型(例如线性或相对布局)。

View 层次树示意图如图 4.5 所示,用一个包含 View 和 ViewGroup 对象的层次模型,可以为应用中的每个组件定义用户界面。每一个视图容器都是一个不可见容器,其用来组织子视图,而子视图可以是一个输入控制,也可以是其他的被用来绘制 UI 某些部分的部件。这个层次树可以根据程序员的需要变得很简单或者很复杂(但是简单的层次树对性能来说是最好的)。

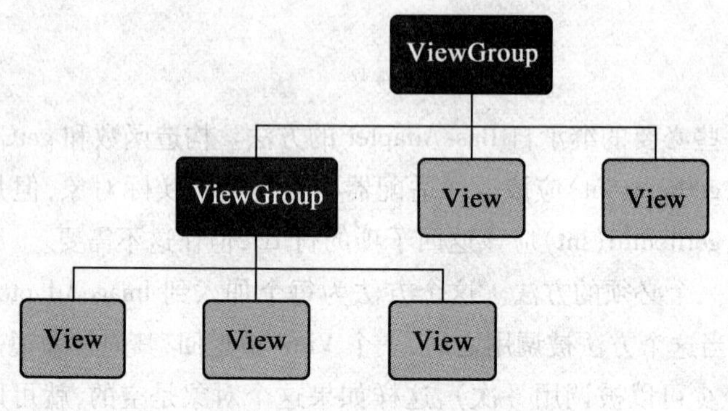

图 4.5 View 层次树示意图

为了声明布局,可以采用代码实例化一个 View 对象并创建一个树,但是最简单、最有效的方式是采用一个 XML 文件定义布局。XML 为布局提供了可读的结构,类似于 HTML。

用来描述某一视图的 XML 元素的名称与它所表示的 Android 类对应。这样一个 <TextView> 元素将在 UI 中生成一个 TextView ,而一个 <LinearLayout> 元素创建一个 LinearLayout 视图容器。

例如,一个包含文本视图和按钮的简单垂直布局如下所示:

```
<?xml version="1.0" encoding="utf-8"?>
<LinearLayout xmlns:android="http://schemas.android.com/apk/res/android"
              android:layout_width="fill_parent"
              android:layout_height="fill_parent"
              android:orientation="vertical" >
    <TextView android:id="@+id/text"
              android:layout_width="wrap_content"
              android:layout_height="wrap_content"
              android:text="I am a TextView" />
    <Button android:id="@+id/button"
            android:layout_width="wrap_content"
            android:layout_height="wrap_content"
            android:text="I am a Button" />
</LinearLayout>
```

在应用中载入一个布局资源时,Android 实例化布局中的每个节点到一个运行对象中,能利用这个运行对象去定义额外的行为、查询对象状态或者修改布局。

不需要采用 View 和 ViewGroup 对象创建所有的 UI。Android 提供了一些应用组件,这些组件提供了一个标准的 UI 布局,对于这些标准的 UI 布局,只是简单的需要定义内容。这些 UI 组件均有一个独立的 APIs 集合,在其对应的文档中进行描述,例如 Action Bar、Dialogs 和 Status Notifications。

4.2.1　Android 文本输入框

1. 文本输入框 TextView/EditText 开发实例

TextView 视图用来向用户显示文本。这是最基本的视图,在开发 Android 应用程序时会频繁用到。除了最经常用到的 TextView 视图之外,还有其他一些频繁使用到的基础视图:Button 表示按钮的小部件;ImageButton 其与 Button 视图类似,不过它还显示图像;EditTex 是 TextView 视图的子类,允许用户编辑其文本内容。下面通过实例来介绍上述视图的使用方法。文本输入框实例如图 4.6 所示。

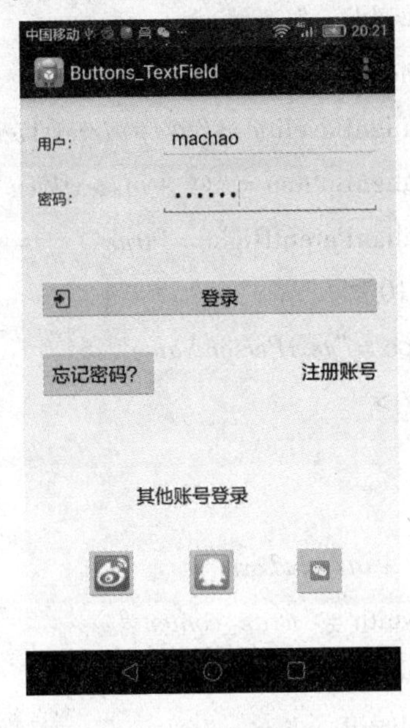

图 4.6　文本输入框实例

步骤 1:编辑布局文件 fragment_main. xml

```
<RelativeLayout … >
    <TextView
        android:id = "@ +id/textView3"
        android:layout_width = "wrap_content"
        android:layout_height = "wrap_content"
```

```
        android:layout_alignParentLeft = "true"
        android:layout_below = "@ +id/textView1"
        android:layout_marginTop = "33dp"
        android:text = "密码：" />
    <TextView
        android:id = "@ +id/textView1"
        android:layout_width = "wrap_content"
        android:layout_height = "wrap_content"
        android:layout_alignParentLeft = "true"
        android:layout_alignParentTop = "true"
        android:layout_marginTop = "18dp"
        android:text = "用户：" />
    <EditText
        android:id = "@ +id/editText2"
        android:layout_width = "wrap_content"
        android:layout_height = "wrap_content"
        android:layout_alignBaseline = "@ +id/textView1"
        android:layout_alignBottom = "@ +id/textView1"
        android:layout_alignParentRight = "true"
        android:ems = "10"
        android:inputType = "textPersonName" >
        <requestFocus />
    </EditText>
    <EditText
        android:id = "@ +id/editText1"
        android:layout_width = "wrap_content"
        android:layout_height = "wrap_content"
        android:layout_alignBaseline = "@ +id/textView3"
        android:layout_alignBottom = "@ +id/textView3"
        android:layout_alignLeft = "@ +id/editText2"
        android:layout_alignParentRight = "true"
        android:ems = "10"
        android:inputType = "textPassword" />
    <ImageButton
        android:id = "@ +id/imageButtonweixin"
```

```
    android:layout_width = "50dp"
    android:layout_height = "50dp"
    android:layout_alignParentBottom = "true"
    android:layout_alignRight = "@ +id/button1"
    android:layout_marginBottom = "32dp"
    android:layout_marginRight = "36dp"
    android:onClick = "sendMessage"
    android:scaleType = "centerCrop"
    android:src = "@drawable/weixin6" />
<TextView
    android:id = "@ +id/textView2"
    android:layout_width = "wrap_content"
    android:layout_height = "wrap_content"
    android:layout_above = "@ +id/imageButtonqq"
    android:layout_marginBottom = "36dp"
    android:layout_toRightOf = "@ +id/imageButtonweibo"
    android:gravity = "center_vertical|center"
    android:text = "其他账号登录"
    android:textSize = "18dp" />
<ImageButton
    android:id = "@ +id/imageButtonqq"
    android:layout_width = "50dp"
    android:layout_height = "50dp"
    android:layout_alignTop = "@ +id/imageButtonweixin"
    android:layout_centerHorizontal = "true"
    android:onClick = "sendMessage"
    android:scaleType = "centerCrop"
    android:src = "@drawable/qq" />
<ImageButton
    android:id = "@ +id/imageButtonweibo"
    android:layout_width = "50dp"
    android:layout_height = "50dp"
    android:layout_alignTop = "@ +id/imageButtonqq"
    android:layout_toRightOf = "@ +id/textView3"
    android:onClick = "sendMessage"
```

```
        android:scaleType="centerCrop"
        android:src="@drawable/weibo" />
    <Button
        android:id="@+id/button3"
        style="?android:attr/borderlessButtonStyle"
        android:layout_width="wrap_content"
        android:layout_height="wrap_content"
        android:layout_alignRight="@+id/button1"
        android:layout_centerVertical="true"
        android:onClick="sendMessage"
        android:text="注册账号" />
    <Button
        android:id="@+id/button1"
        android:layout_width="wrap_content"
        android:layout_height="wrap_content"
        android:layout_above="@+id/button3"
        android:layout_alignLeft="@+id/textView3"
        android:layout_alignRight="@+id/editText1"
        android:layout_marginBottom="27dp"
        android:drawableLeft="@drawable/login"
        android:minHeight="24dip"
        android:minWidth="32dip"
        android:onClick="sendMessage"
        android:text="登录" />
    <Button
        android:id="@+id/button2"
        android:layout_width="wrap_content"
        android:layout_height="wrap_content"
        android:layout_alignLeft="@+id/button1"
        android:layout_below="@+id/button1"
        android:onClick="sendMessage"
        android:text="忘记密码?" />
</RelativeLayout>
```

步骤2:设置监听器

```
public View onCreateView(LayoutInflater inflater, ViewGroup container, Bundle savedIn-
```

```
stanceState) {
    View rootView = inflater.inflate(R.layout.fragment_main, container, false);
    Button button01 = (Button) rootView.findViewById(R.id.button1);
    Button button02 = (Button) rootView.findViewById(R.id.button2);
    Button button03 = (Button) rootView.findViewById(R.id.button3);
    ImageButton buttonQq = (ImageButton) rootView.findViewById(R.id.imageButtonqq);
    ImageButton buttonWeixin = (ImageButton) rootView.findViewById(R.id.imageButtonweixin);
    ImageButton buttonWeibo = (ImageButton) rootView.findViewById(R.id.imageButtonweibo);
    View.OnClickListener listener = new View.OnClickListener() {
      public void onClick(View v) {
        switch(v.getId()) {
          case R.id.button1:
            Toast.makeText(getActivity(), "登录验证",
          Toast.LENGTH_SHORT).show();
            break;
          case R.id.button2:
            Toast.makeText(getActivity(), "重设密码",
          Toast.LENGTH_SHORT).show();
            break;
          case R.id.button3:
            Toast.makeText(getActivity(), "新用户注册",
          Toast.LENGTH_SHORT).show();
            break;
          case R.id.imageButtonqq:
            Toast.makeText(getActivity(), "QQ 账号", Toast.LENGTH_SHORT).show();
            break;
          case R.id.imageButtonweibo:
            Toast.makeText(getActivity(), "微博账号",
          Toast.LENGTH_SHORT).show();
            break;
          case R.id.imageButtonweixin:
            Toast.makeText(getActivity(), "微信账号",
          Toast.LENGTH_SHORT).show();
            break;
          }
```

```
        }
    };
    button01.setOnClickListener(listener);
    button02.setOnClickListener(listener);
    button03.setOnClickListener(listener);
    buttonQq.setOnClickListener(listener);
    buttonWeixin.setOnClickListener(listener);
    buttonWeibo.setOnClickListener(listener);
    return rootView;
}
```

2. 文本输入框 UI Material design 设计

文本框可以让用户输入文本。它们可以是单行的,带或不带滚动条;也可以是多行的,并且带有一个图标。点击文本框后显示光标,并自动显示键盘。除了输入文本框可以进行其他任务操作,如文本选择(剪切、复制、粘贴)以及数据的自动查找功能。

文本框可以有不同的输入类型。输入类型决定文本框内允许输入什么样的字符,有的可能会提示虚拟键盘并调整其布局来显示最常用的字符。常见的类型包括数字、文本、电子邮件地址、电话号码、个人姓名、用户名、URL、街道地址、信用卡号码、PIN 码以及搜索查询。

当用户与文本输入字段进行交互,用户在输入框进行文本信息输入时,光标会浮动在所输入文本的最右侧,如果文本内容宽度超过默认文本输入框宽度,文本内容会向左滚动,保持光标在最右侧,文本框输入信息时的光标提示如图 4.7 所示。

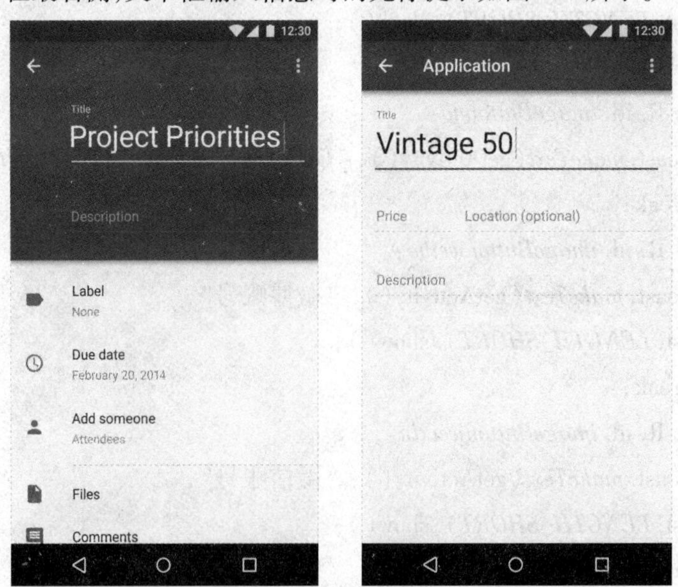

图 4.7　文本框输入信息时的光标提示

密度,当鼠标和键盘是主要输入方法时,测量可以被浓缩,以适应密集的布局。

颜色,文本字段应该反映产品的调色板。推荐以下颜色应用:

- 文本字段和文本光标:应用调色板的颜色,或对比颜色、文本字段和文本字段游标。
- 错误状态:使用对比色的错误状态,如温暖的色调(红色或橙色)。

一般浅色主题文本框如图4.8所示。

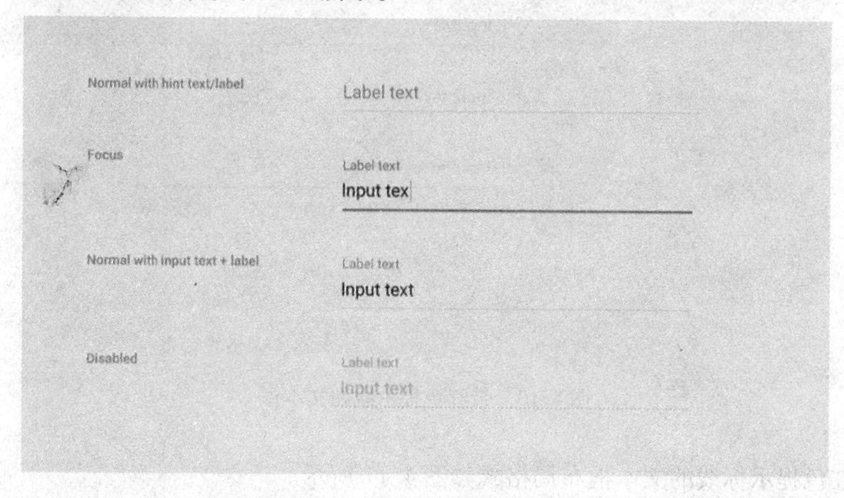

图4.8　浅色主题下的文本框

一般浅色主题格式,即文本框布局规格如图4.9所示。

图4.9　文本框布局规格

- 提示和输入字体:Roboto Regular 16 sp;
- 显示字体:Roboto Regular 12 sp;
- 输入框高度:72 DP;
- 文本顶部和底部填充:16 DP;
- 文本字段分隔填充:8 DP。

带红色提示标线主题如图4.10所示。

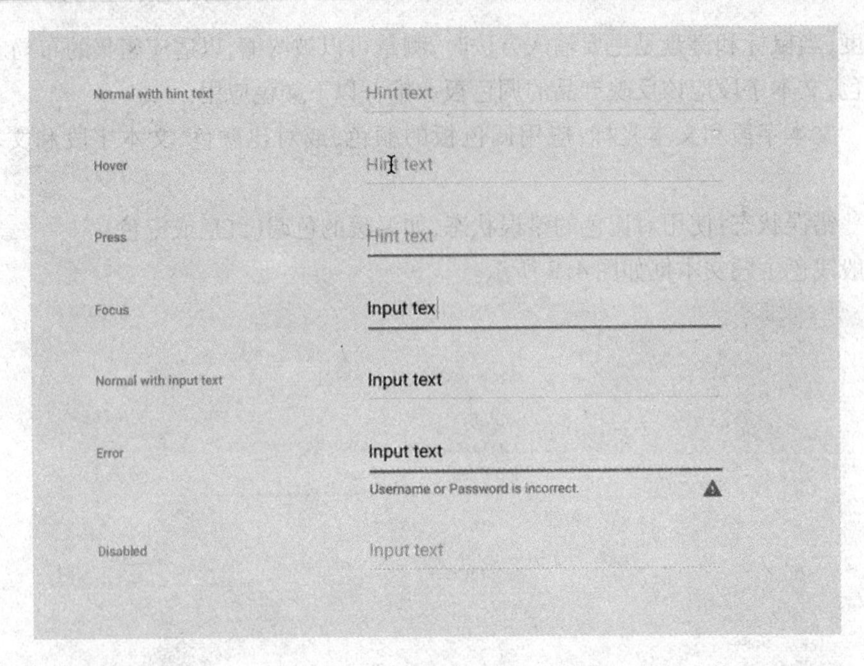

图 4.10　带红色提示线的文本框

带红色提示标线的文本框布局格式如图 4.11 所示。

图 4.11　带红色提示线的文本框布局规格

- 提示和输入字体:Roboto Regular 16 sp;
- 输入框高度:48 DP;
- 文本顶部和底部填充:16 DP;
- 文本字段分隔填充:8 DP。

带图标的浅色主题如图 4.12 所示。

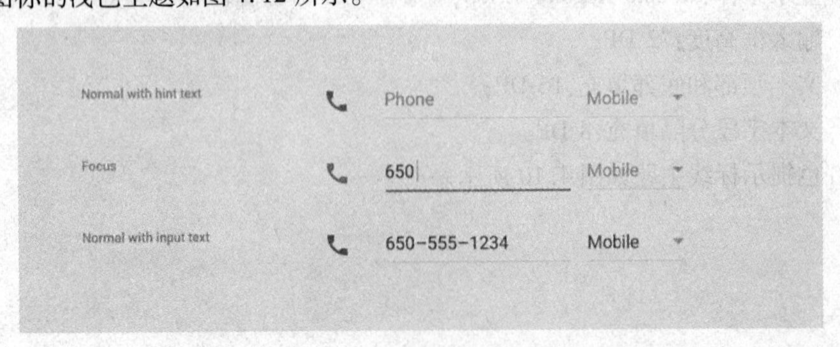

图 4.12　浅色主题下带图标的文本框

带图标的文本框布局规格如图 4.13 所示。

图 4.13　带图标的文本框布局规格

- 提示和输入字体:Roboto Regular 16 sp;
- 输入框高度:48 DP;
- 文本顶部和底部填充:16 DP;
- 文本字段分隔填充:8 DP;
- 图标大小:24 DP。

4.2.2　Android 按钮

1. 按钮 Checkboxes/Radio Buttons 开发实例

CheckBox 具有两个状态的特殊按钮类型:选中或未选中。

RadioGroup 和 RadioButton—RadioButton 有两个状态:选中或未选中。RadioGroup 用来把一个或多个 RadioButton 视图组合在一起,从而在该 RadioGroup 中只允许一个 RadioButton 被选中。下面通过实例来介绍它们的使用方法。单选按钮组与多选按钮组的示例如图 4.14 所示。

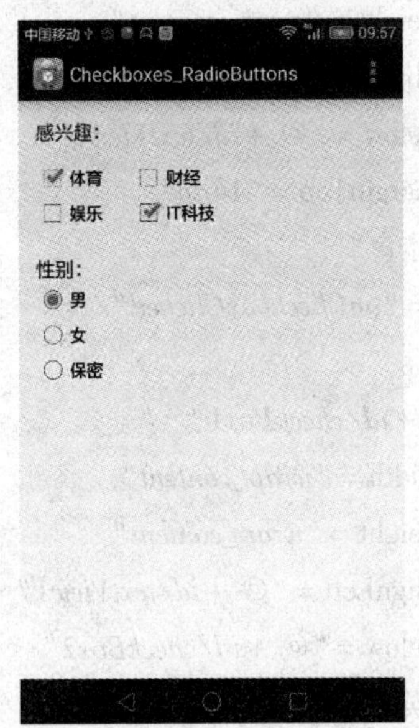

图 4.14　单选按钮组与多选按钮组的示例

步骤 1:编辑布局文件 fragment_main.xml

```
<RelativeLayout xmlns:android = "http://schemas.android.com/apk/res/android"
    xmlns:tools = "http://schemas.android.com/tools"
    android:layout_width = "match_parent"
    android:layout_height = "match_parent"
    android:paddingBottom = "@dimen/activity_vertical_margin"
    android:paddingLeft = "@dimen/activity_horizontal_margin"
    android:paddingRight = "@dimen/activity_horizontal_margin"
    android:paddingTop = "@dimen/activity_vertical_margin"
    tools:context = "com.example.checkboxes_radiobuttons.MainActivityMYMPlaceholder-
Fragment" >
    <TextView
        android:id = "@+id/textView1"
        android:layout_width = "wrap_content"
        android:layout_height = "wrap_content"
        android:text = "感兴趣:"
        android:textSize = "18dp" />
    <CheckBox
        android:id = "@+id/checkBox4"
        android:layout_width = "wrap_content"
        android:layout_height = "wrap_content"
        android:layout_alignLeft = "@+id/textView1"
        android:layout_below = "@+id/textView1"
        android:layout_marginTop = "14dp"
        android:text = "体育"
        android:onClick = "onCheckboxClicked"/>
    <CheckBox
        android:id = "@+id/checkBox1"
        android:layout_width = "wrap_content"
        android:layout_height = "wrap_content"
        android:layout_alignLeft = "@+id/textView1"
        android:layout_below = "@+id/checkBox2"
        android:text = "娱乐"
        android:onClick = "onCheckboxClicked"/>
    <CheckBox
        android:id = "@+id/checkBox2"
```

```
        android:layout_width = "wrap_content"
        android:layout_height = "wrap_content"
        android:layout_alignBaseline = "@ +id/checkBox4"
        android:layout_alignBottom = "@ +id/checkBox4"
        android:layout_marginLeft = "27dp"
        android:layout_toRightOf = "@ +id/checkBox4"
        android:text = "财经"
        android:onClick = "onCheckboxClicked" />
    <CheckBox
        android:id = "@ +id/checkBox3"
        android:layout_width = "wrap_content"
        android:layout_height = "wrap_content"
        android:layout_alignBaseline = "@ +id/checkBox1"
        android:layout_alignBottom = "@ +id/checkBox1"
        android:layout_alignLeft = "@ +id/checkBox2"
        android:text = "IT 科技"
        android:onClick = "onCheckboxClicked" />
    <TextView
        android:id = "@ +id/textView2"
        android:layout_width = "wrap_content"
        android:layout_height = "wrap_content"
        android:layout_alignLeft = "@ +id/checkBox1"
        android:layout_below = "@ +id/checkBox1"
        android:layout_marginTop = "22dp"
        android:text = "性别:"
        android:textSize = "18dp" />
    <RadioGroup
        android:id = "@ +id/radioGroup1"
        android:layout_width = "wrap_content"
        android:layout_height = "wrap_content"
        android:layout_alignLeft = "@ +id/textView2"
        android:layout_below = "@ +id/textView2" >
        <RadioButton
            android:id = "@ +id/radio0"
            android:layout_width = "wrap_content"
```

```
        android:layout_height = "wrap_content"
        android:checked = "true"
        android:text = "男"
        android:onClick = "onRadioButtonClicked" />
    <RadioButton
        android:id = "@ +id/radio1"
        android:layout_width = "wrap_content"
        android:layout_height = "wrap_content"
        android:text = "女"
        android:onClick = "onRadioButtonClicked" />
    <RadioButton
        android:id = "@ +id/radio2"
        android:layout_width = "wrap_content"
        android:layout_height = "wrap_content"
        android:text = "保密"
        android:onClick = "onRadioButtonClicked" />
  </RadioGroup>
</RelativeLayout>
```

步骤 2:设置监听器

```
public void onCheckboxClicked(View view) {
    // Is the view now checked?
    boolean checked = ((CheckBox) view).isChecked();
    // Check which checkbox was clicked
    switch(view.getId()) {
        case R.id.checkBox1:
            if (checked)
                // Put some meat on the sandwich
                Toast.makeText(getBaseContext(), "财经", Toast.LENGTH_
                SHORT).show();
            break;
        case R.id.checkBox2:
            if (checked)
                // Cheese me
                Toast.makeText(getBaseContext(), "娱乐", Toast.LENGTH_
                SHORT).show();
```

```
            break;
        case R.id.checkBox3:
            if (checked)
                // Cheese me
              Toast.makeText(getBaseContext(), "IT科技", Toast.LENGTH_
              SHORT).show();
            break;
        case R.id.checkBox4:
            if (checked)
                // Cheese me
                Toast.makeText(getBaseContext(), "体育", Toast.LENGTH_
                SHORT).show();
            break;
        // TODO: Veggie sandwich
    }
}
public void onRadioButtonClicked(View view) {
    // Is the button now checked?
    boolean checked = ((RadioButton) view).isChecked();
    // Check which radio button was clicked
    switch(view.getId()) {
        case R.id.radio0:
            if (checked)
                // Pirates are the best
                Toast.makeText(getBaseContext(), "男", Toast.LENGTH_
                SHORT).show();
            break;
        case R.id.radio1:
            if (checked)
                // Ninjas rule
                Toast.makeText(getBaseContext(), "女", Toast.LENGTH_
                SHORT).show();
            break;
        case R.id.radio2:
            if (checked)
```

```
                    // Ninjas rule
                    Toast.makeText(getBaseContext(), "保密", Toast.LENGTH_
                    SHORT).show();
                break;
        }
    }
```

2. 按钮 ToggleButtons 开发实例

ToggleButton 用一个灯光指示器来显示选中/未选中状态。下面通过实例来介绍它的使用方法。ToggleButton 开发示例如图 4.15 所示。

图 4.15　ToggleButton 开发示例

步骤 1:编辑布局文件 fragment_main.xml

```
<RelativeLayout xmlns:android = "http://schemas.android.com/apk/res/android"
    xmlns:tools = "http://schemas.android.com/tools"
    android:layout_width = "match_parent"
    android:layout_height = "match_parent"
    android:paddingBottom = "@dimen/activity_vertical_margin"
    android:paddingLeft = "@dimen/activity_horizontal_margin"
    android:paddingRight = "@dimen/activity_horizontal_margin"
    android:paddingTop = "@dimen/activity_vertical_margin"
    tools:context = "com.example.togglebuttons.MainActivityMYMPlaceholderFragment" >
    <TextView
```

```
        android:id="@+id/textView1"
        android:layout_width="wrap_content"
        android:layout_height="wrap_content"
        android:layout_alignBaseline="@+id/toggleButton1"
        android:layout_alignBottom="@+id/toggleButton1"
        android:layout_alignParentLeft="true"
        android:text="蓝牙"
        android:textSize="18dp" />
    <ToggleButton
        android:id="@+id/toggleButton1"
        android:layout_width="wrap_content"
        android:layout_height="wrap_content"
        android:layout_alignParentRight="true"
        android:layout_alignParentTop="true"
        android:text="ToggleButton" />
    <TextView
        android:id="@+id/textView2"
        android:layout_width="wrap_content"
        android:layout_height="wrap_content"
        android:layout_alignLeft="@+id/textView1"
        android:layout_below="@+id/toggleButton1"
        android:layout_marginTop="32dp"
        android:text="WiFi"
        android:textSize="18dp" />
    <Switch
        android:id="@+id/switch1"
        android:layout_width="wrap_content"
        android:layout_height="wrap_content"
        android:layout_alignBaseline="@+id/textView2"
        android:layout_alignBottom="@+id/textView2"
        android:layout_alignParentRight="true" />
</RelativeLayout>
```

步骤2:设置监听器

```
public static class PlaceholderFragment extends Fragment {
    @Override
```

```
public View onCreateView(LayoutInflater inflater, ViewGroup container,
        Bundle savedInstanceState) {
    View rootView = inflater.inflate(R.layout.fragment_main, container, false);
    ToggleButton toggle = (ToggleButton) rootView.findViewById(R.id.toggleButton1);
    toggle.setOnCheckedChangeListener(new CompoundButton.OnCheckedChan-
            geListener() {
        public void onCheckedChanged(CompoundButton buttonView, boolean is-
                Checked) {
                if (isChecked) {
                    // The toggle is enabled
                    Toast.makeText(getActivity(), "打开蓝牙", Toast.LENGTH_
                            SHORT).show();
                } else {
                    // The toggle is disabled
                    Toast.makeText(getActivity(), "关闭蓝牙", Toast.LENGTH_
                            SHORT).show();
                }
        }
    });
    Switch switchbutton = (Switch) rootView.findViewById(R.id.switch1);
    switchbutton.setOnCheckedChangeListener(new CompoundButton.OnChecked-
        ChangeListener() {
        public void onCheckedChanged(CompoundButton buttonView, boolean is-
                Checked) {
                if (isChecked) {
                    // The toggle is enabled
                    Toast.makeText(getActivity(), "打开 WiFi", Toast.LENGTH_
                            SHORT).show();
                } else {
                    // The toggle is disabled
                     Toast.makeText(getActivity(), "关 WiFi", Toast.LENGTH_
                            SHORT).show();
                }
        }
    });
```

```
        return rootView;
    }
}
```

3. 按钮 UI Material design 设计

按钮由文字或图标组成,文字及图标必须能让人轻易地和点击后展示的内容联系起来。

如图 4.16 所示,主要的按钮有三种:

图 4.16　悬浮响应按钮、浮动按钮、扁平按钮示意图

- 悬浮响应按钮(Floating action button),点击后会产生墨水扩散效果的圆形按钮。
- 浮动按钮(Raised button),常见的方形纸片按钮,点击后会产生墨水扩散效果。
- 扁平按钮(Flat button),点击后产生墨水扩散效果,和浮动按钮的区别是没有浮起的效果。

悬浮响应按钮、活动按钮、扁平按钮应用案例如图 4.17 所示。

颜色饱满的图标应当是功能性的,尽量避免把它们作为纯粹装饰用的元素。

按钮的设计应当和应用的颜色主题保持一致。

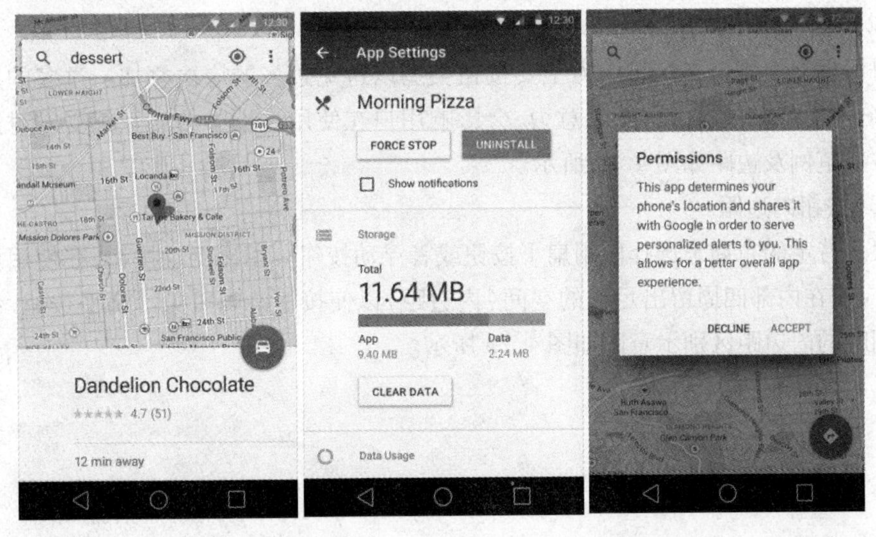

图 4.17　悬浮响应按钮、浮动按钮、扁平按钮应用案例

(1)选择容器中的主按钮类型。

按钮类型应该基于主按钮、屏幕上容器的数量以及整体布局来进行选择。对于如何选择不同类型按钮,可以参考如下准则。

- 功能考量:审视一遍按钮功能。它是不是非常重要而且应用广泛到需要用上悬浮响应按钮?
- 尺寸考量:基于放置按钮的容器以及屏幕上层次堆叠的数量来选择使用浮动按钮还是扁平按钮,而且应该避免过多的层叠。
- 布局考量:检查布局。一个容器应该只使用一种类型的按钮。只在比较特殊的情况下(比如需要强调一个浮起的效果)才应该混合使用多种类型的按钮。悬浮响应按钮、浮动按钮、扁平按钮层次图如图 4.18 所示。

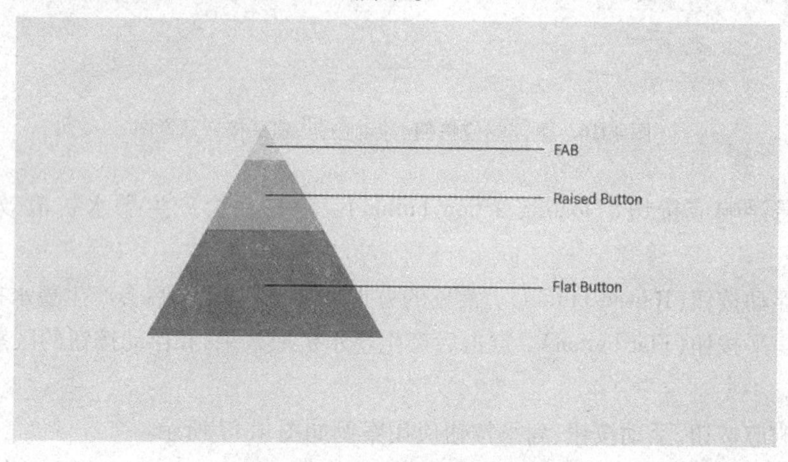

图 4.18　悬浮响应按钮、浮动按钮、扁平按钮层次图

(2)对话框中的按钮。

对话框中使用扁平按钮作为主要按钮类型以避免过多的层次叠加。过多的层次叠加,会分散用户对关键信息的注意力,会影响用户在使用过程中的交互感受。对话框中扁平按钮范例及边距如图 4.19 所示。

(3)按钮内边距。

根据特定的布局来选择使用扁平按钮或者浮动按钮。相比浮动按钮,在使用扁平按钮时,应该在内部四周留出足够的空间(内边距)以使按钮清晰可见。扁平按钮、浮动按钮使用时的内边距区别示意图如图 4.20 所示。

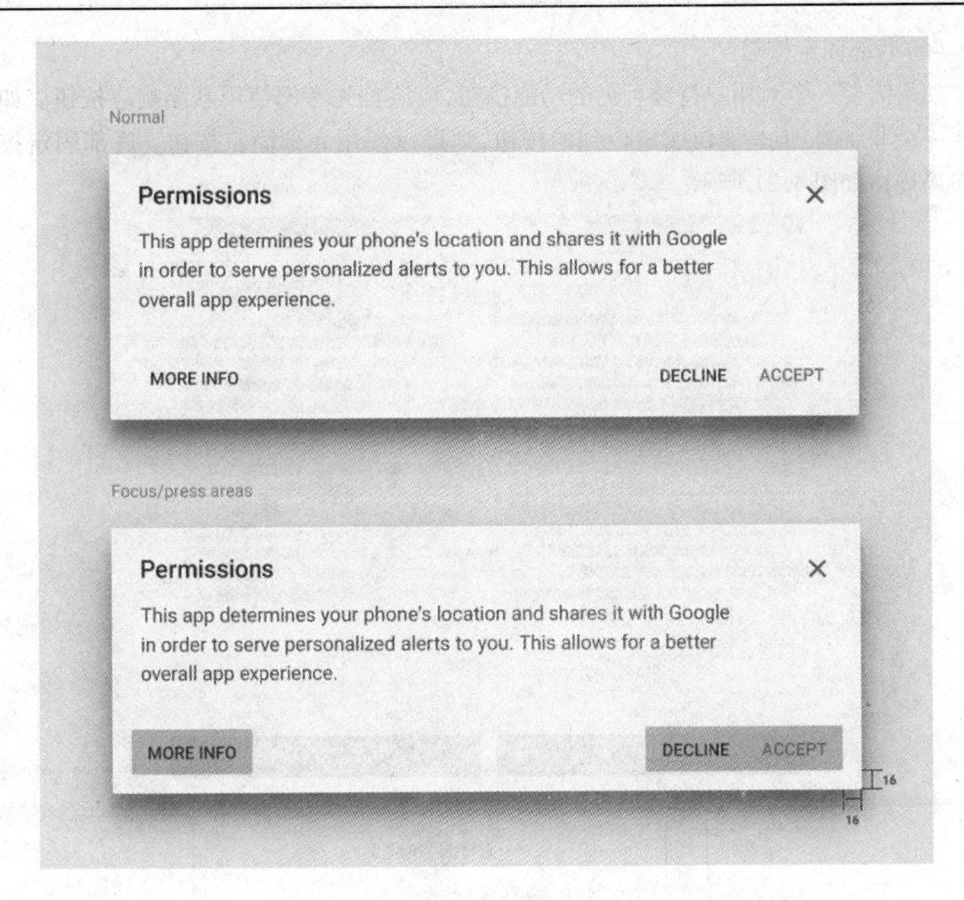

图 4.19　对话框中扁平按钮范例及边距

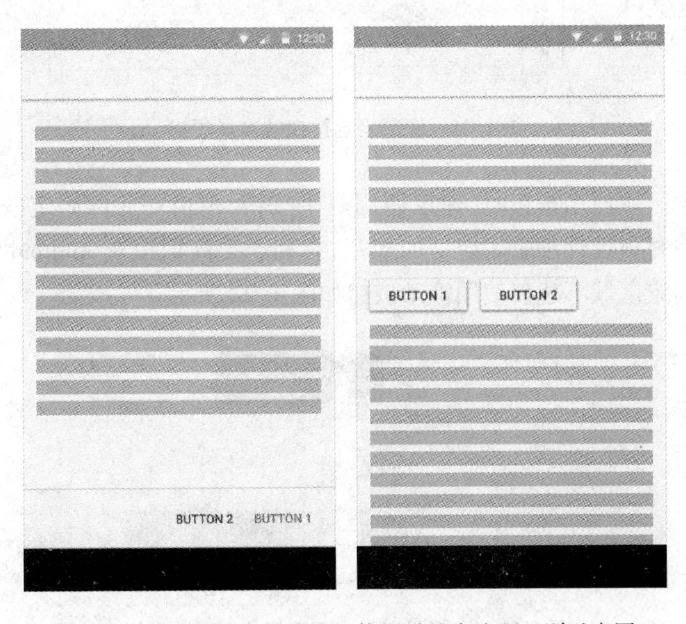

图 4.20　扁平按钮、浮动按钮使用时的内边距区别示意图

(4)底部固定按钮。

如果需要一个对用户持续可见的功能按钮,应该首先考虑使用悬浮响应按钮。如果需要一个非主要、但是能快速定位到的按钮,则可以使用底部固定按钮。底部固定按钮的布局规格如图 4.21 所示。

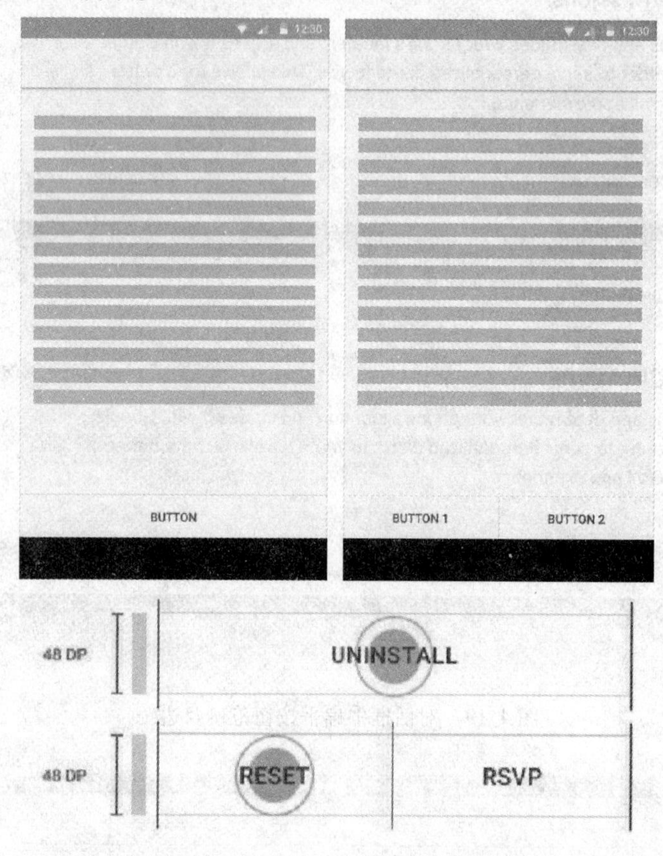

图 4.21 底部固定按钮的布局规格

在底部固定区域使用按钮时,建议使用扁平按钮,不可在底部固定按钮的区域内使用浮动按钮。在材料设计中采用统一的规范,有利于提高用户对 Android 平台 App 操作的认知。底部固定区域不建议使用浮动按钮如图 4.22 所示。

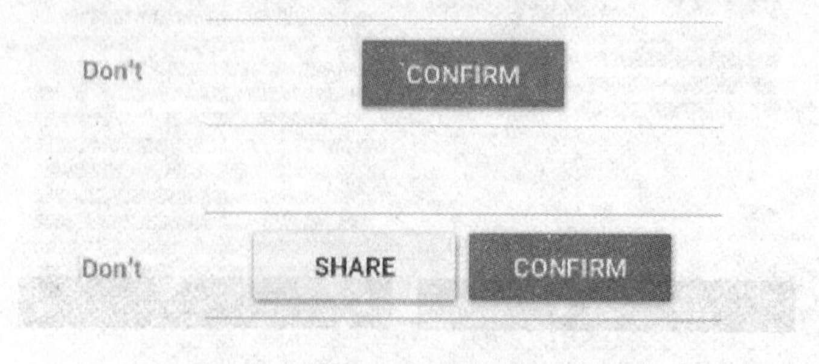

图 4.22 底部固定区域不建议使用浮动按钮

底部固定按钮也可以用在内容可拉动的对话框中，前提是要加上 divider。这样做的好处是在多项操作中给用户更多的确认机会。底部固定按钮应用实例如图 4.23 所示。

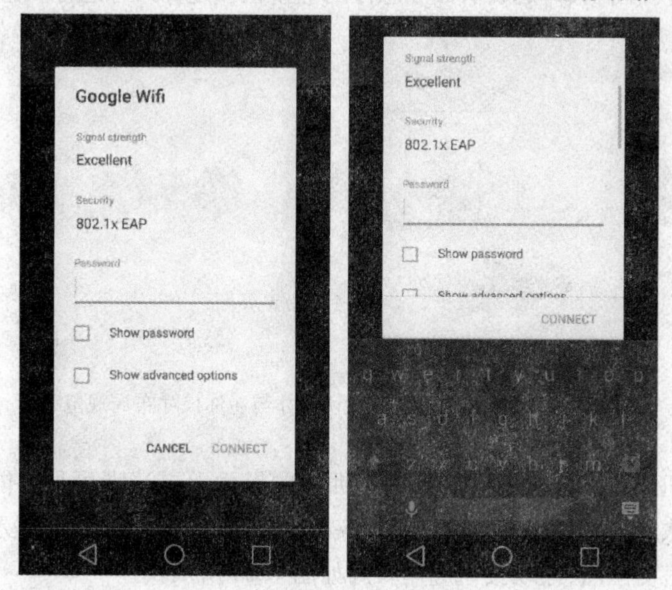

图 4.23　底部固定按钮应用实例

(5)主按钮的分类。

①悬浮响应按钮。悬浮响应按钮是促进动作里的特殊类型。是一个圆形的漂浮在界面之上的、拥有一系列特殊动作的按钮，这些动作通常和变换、启动以及它本身的锚点转换。悬浮响应按钮应用实例如图 4.24 所示。

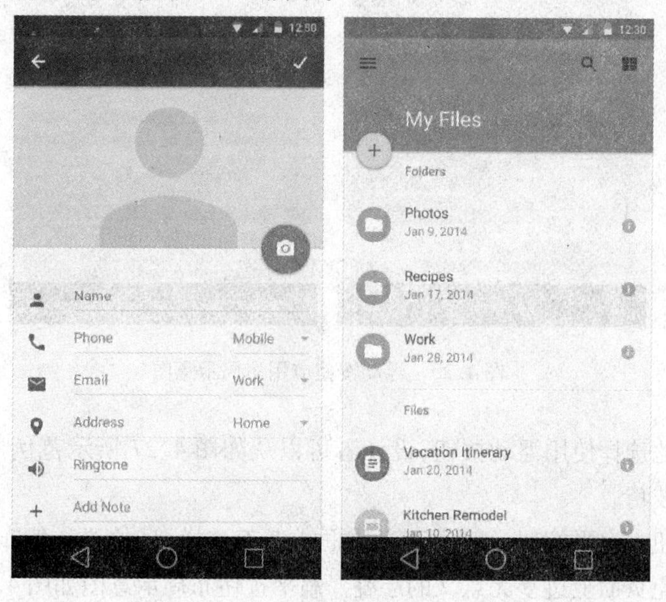

图 4.24　悬浮响应按钮应用实例

悬浮响应按钮有默认尺寸和迷你尺寸。迷你尺寸仅仅用于和屏幕上的其他元素制造视觉上的连续性。图 4.25 是默认尺寸悬浮响应按钮和迷你尺寸悬浮响应按钮的规格。

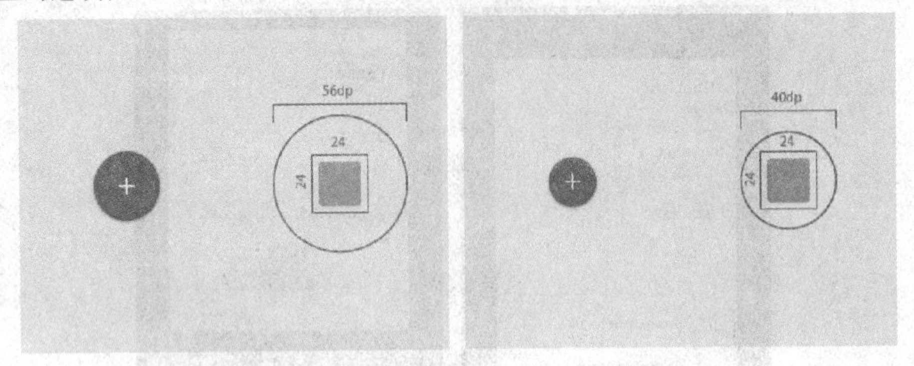

图 4.25　悬浮响应按钮默认尺寸与迷你尺寸布局规范

②浮动按钮。浮动按钮使按钮在比较拥挤的界面上更清晰可见。能给大多数扁平的布局带来层次感。这种层次感给用户以突出的视觉感官,所表达的提示信息会比扁平按钮带来的感官更强烈,浮动按钮应用布局如图 4.26 所示。

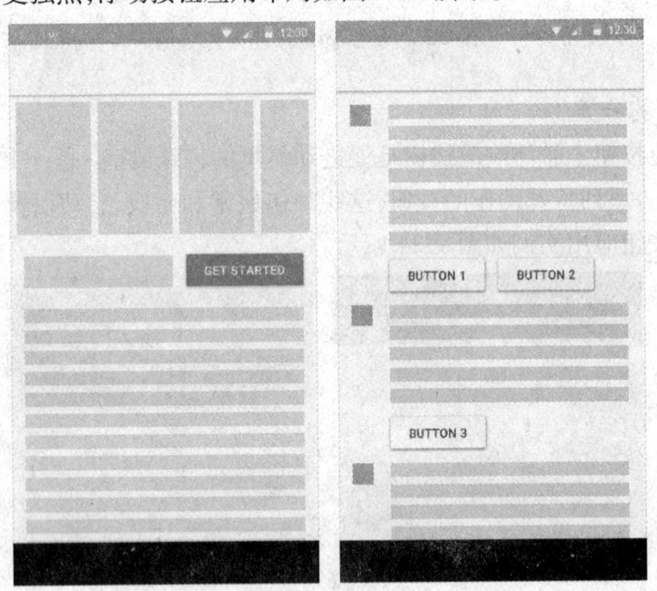

图 4.26　浮动按钮应用布局示意图

如何正确地选择使用浮动按钮,设计者可以从如图 4.27 所示范例的对比中发现浮动按钮的应用技巧。

③扁平按钮。扁平按钮一般用于对话框或者工具栏,且位置一般布局在指定区域,其特点是可避免页面上过多无意义的层叠。扁平按钮布局示意图如图 4.28 所示。

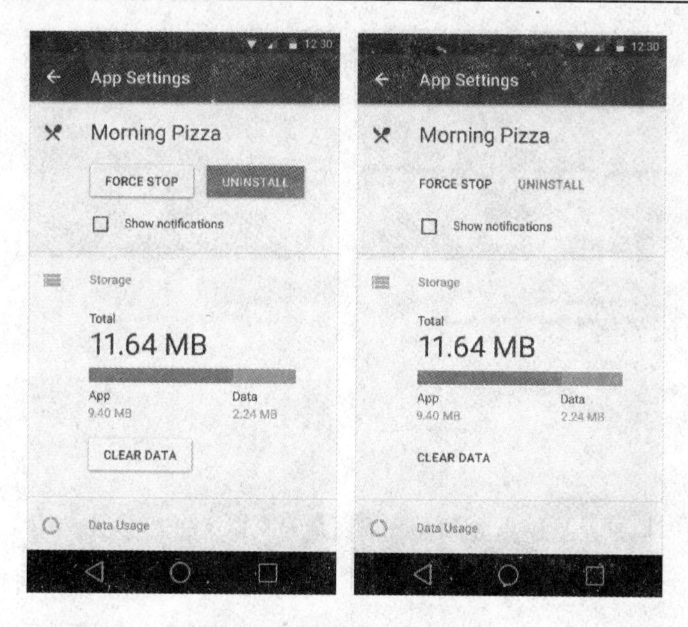

图 4.27　浮动按钮应用实例

图 4.28　扁平按钮布局示意图

扁平按钮应用范例，如图 4.29 所示，在容器中正确的使用扁平按钮有效改善浮动按钮过重的层次感。

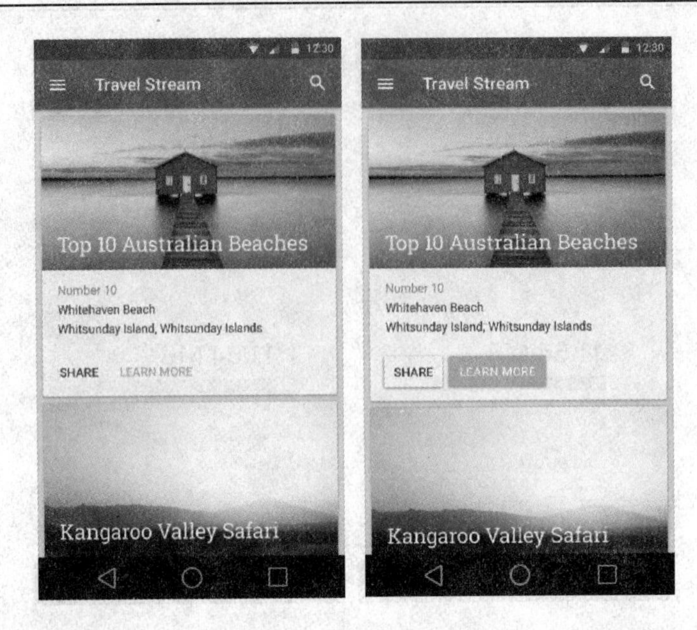

图 4.29　在容器中正确的使用扁平按钮有效改善浮动按钮过重的层次感

(6)其他类型的按钮。

图标开关。图标适合用在应用导航条或者工具条上,作为动作按钮或者开关。图标开关常用于应用程序栏、工具栏、操作按钮或切换。图标切换时,可能伴随响应产生有界或无界的水面涟漪效果,动画效果可以超出图标开关的触摸范围。图标开关应用示意图及范例如图 4.30 所示。

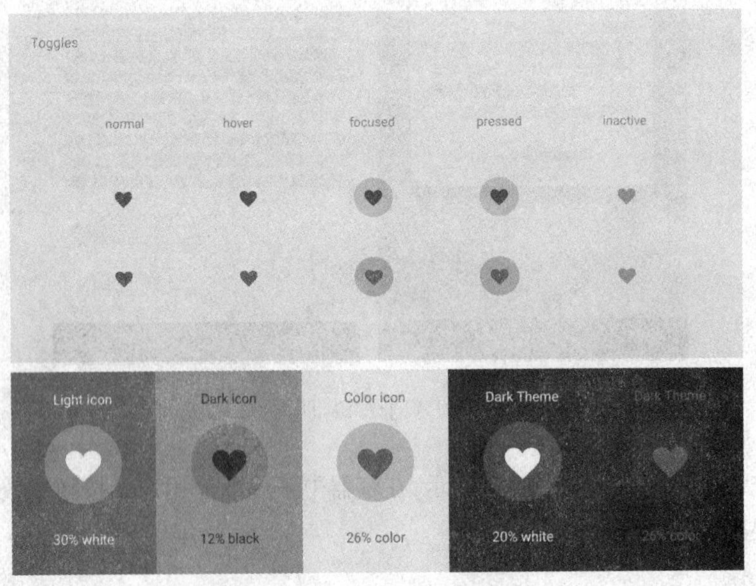

图 4.30　图标开关应用示意图及范例

(7)移动端下拉菜单按钮。

①下拉菜单按钮。下拉菜单按钮可以用来控制对象状态。一般会有两个甚至更多的状态。按钮会显示当前状态以及一个向下的箭头。按钮触发后，一个包含所有状态的菜单会在按钮周围弹出(通常都是在下方)。菜单中的状态通常会以字符、调色板、图标或者其他的形式呈现出来。点击任意一个状态将会改变按钮的状态显示。图 4.31 展示的是一个常见的带有列表式菜单的下拉菜单按钮。

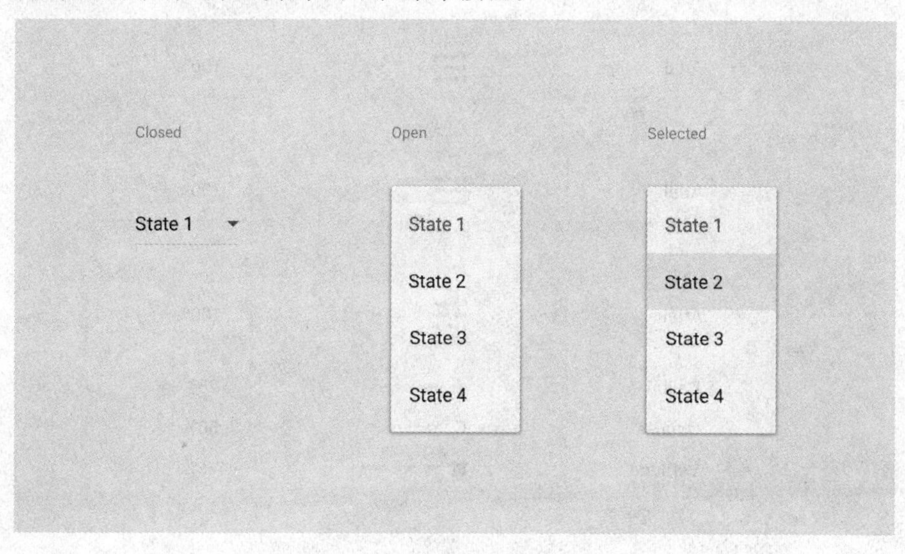

图 4.31　下拉菜单按钮布局示意图

②溢出下拉菜单按钮。这种类型的下拉菜单按钮不会显示当前状态,而是显示一个向下箭头或者一个默认菜单图标。点击后会弹出菜单。点击菜单中的任意一个选项将会引导到对应的设置页面。

③分段式下拉菜单按钮。分段式下拉菜单按钮有两个区域：当前状态和下拉箭头。点击当前状态会触发状态相应的动作。点击下拉箭头则会弹出所有状态菜单；点击任意一个状态会改变当前的状态。

④可编辑分段式下拉菜单按钮。可编辑分段式下拉菜单按钮的当前状态位置是可编辑的(例如用来选择文字大小的下拉菜单)。点击当前状态位置会触发相应的动作并且当前状态会变成可编辑。点击下拉箭头会显示所有状态。可编辑分段式下拉菜单按钮布局如图 4.32 所示。

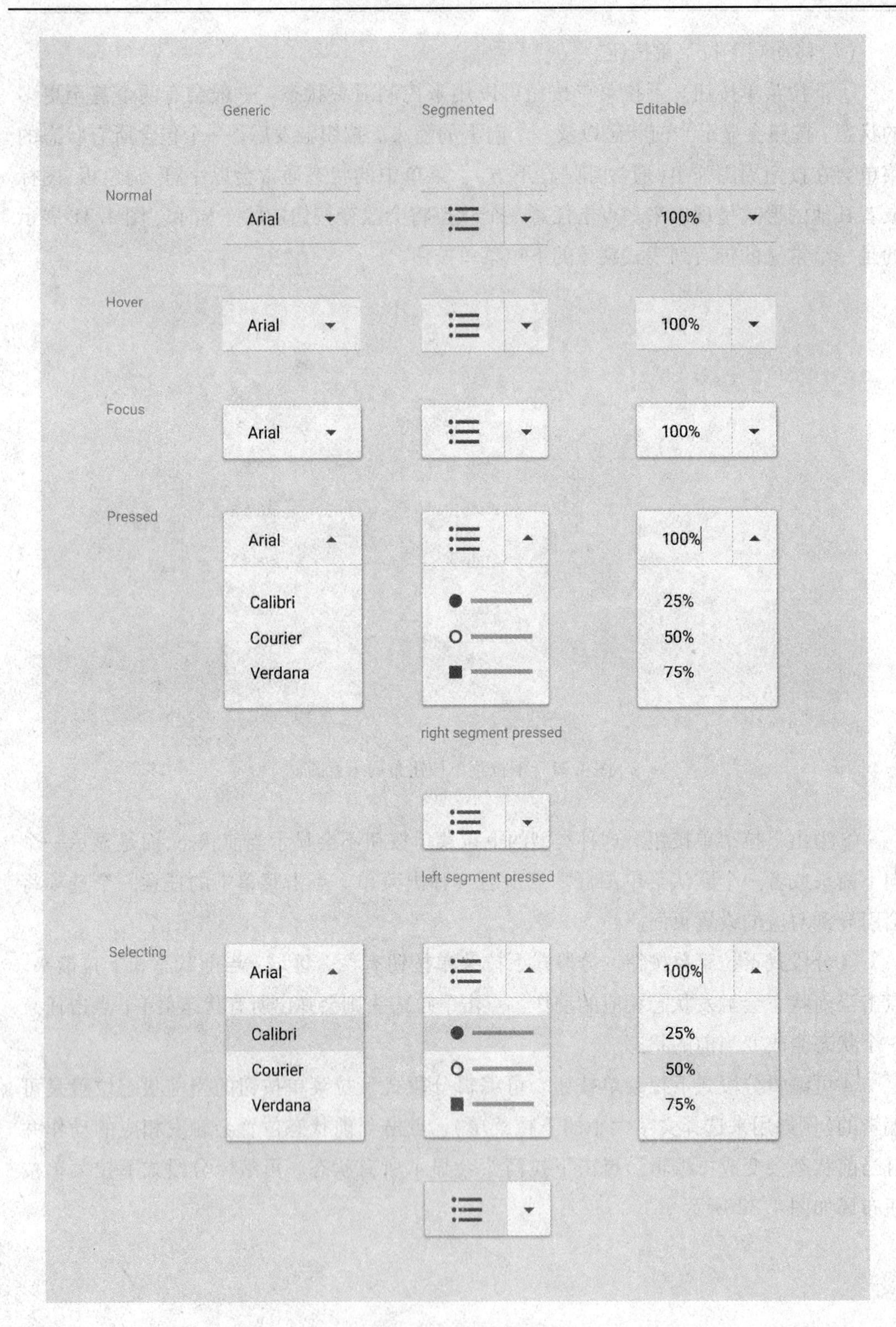

图 4.32　可编辑分段式下拉菜单按钮布局示意图

4.2.3　Android 列表

1. 列表 Spinners/ ListView 开发实例

SpinnerView 一次显示列表中的一项,并可以使用户在其中进行选择。下面通过实例来介绍它的使用方法。Spinner 控件应用示例如图 4.33 所示。

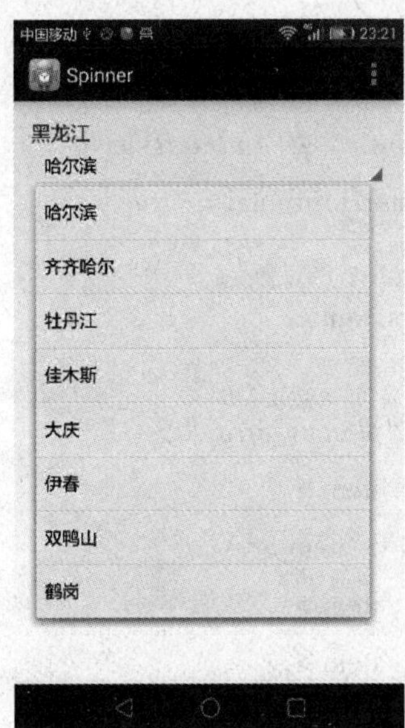

图 4.33　Spinner 控件应用示例

步骤 1:编辑布局文件 fragment_main. xml

```
<RelativeLayout xmlns:android = "http://schemas. android. com/apk/res/android"
    xmlns:tools = "http://schemas. android. com/tools"
    android:layout_width = "match_parent"
    android:layout_height = "match_parent"
    android:paddingBottom = "@ dimen/activity_vertical_margin"
    android:paddingLeft = "@ dimen/activity_horizontal_margin"
    android:paddingRight = "@ dimen/activity_horizontal_margin"
    android:paddingTop = "@ dimen/activity_vertical_margin"
    tools:context = "com. example. spinner. MainActivityMYMPlaceholderFragment" >
     <TextView
        android:id = "@ +id/textView1"
        android:layout_width = "wrap_content"
        android:layout_height = "wrap_content"
        android:layout_alignLeft = "@ +id/planets_spinner"
```

```
        android:layout_alignParentTop = "true"
        android:text = "黑龙江"
        android:textSize = "18dp" />
    <Spinner
        android:id = "@ +id/planets_spinner"
        android:layout_width = "fill_parent"
        android:layout_height = "wrap_content"
        android:layout_below = "@ +id/textView1"
        android:layout_centerHorizontal = "true" />
</RelativeLayout>
```

步骤2:编辑资源文件 strings. xml

```
<resources>
    <string - array name = "planets_array" >
        <item>哈尔滨</item>
        <item>齐齐哈尔</item>
        <item>牡丹江</item>
        <item>佳木斯</item>
        <item>大庆</item>
        <item>伊春</item>
        <item>双鸭山</item>
        <item>鹤岗</item>
    </string - array>
</resources>
```

步骤3:创建适配器

```
public static class PlaceholderFragment extends Fragment {
  @ Override
  public View onCreateView(LayoutInflater inflater, ViewGroup container,
        Bundle savedInstanceState) {
    View rootView = inflater.inflate(R.layout.fragment_main, container, false);
    Spinner spinner = (Spinner) rootView.findViewById(R.id.planets_spinner);
    // Create an ArrayAdapter using the string array and a default spinner layout
    ArrayAdapter<CharSequence> adapter = ArrayAdapter.createFromResource(getAc-
        tivity(), R.array.planets_array, android.R.layout.simple_spinner_item);
    // Specify the layout to use when the list of choices Appears
    adapter.setDropDownViewResource(android.R.layout.simple_spinner_dropdown_item);
```

```
        // Apply the adapter to the spinner
        spinner.setAdapter(adapter);
        return rootView;
    }
}
```

步骤 4:设置监听器

```
AdapterView.OnItemSelectedListener listener = new AdapterView.OnItemSelectedListener() {
    public void onItemSelected(AdapterView<?> parent, View view, int pos, long id) {
            // An item was selected. You can retrieve the selected item using
            // parent.getItemAtPosition(pos)
    Toast.makeText(getActivity(), String.valueOf(pos), Toast.LENGTH_SHORT).show();
            // Another interface callback
    }
    public void onNothingSelected(AdapterView<?> parent) {
    Toast.makeText(getActivity(), "Nothing", Toast.LENGTH_SHORT).show();
      }
};
spinner.setOnItemSelectedListener(listener);
```

ListView 一次显示列表中的多项,并可以使用户在其中进行选择。下面通过实例来介绍它的使用方法。ListView 控件应用示例如图 4.34 所示。

图 4.34　ListView 控件应用示例

步骤 1:编辑布局文件 fragment_main. xml

```
<RelativeLayout xmlns:android = "http://schemas. android. com/apk/res/android"
xmlns:tools = http://schemas. android. com/tools
android:layout_width = "match_parent"
android:layout_height = "match_parent"
android:paddingLeft = "@ dimen/activity_horizontal_margin"
android:paddingRight = "@ dimen/activity_horizontal_margin"
android:paddingTop = "@ dimen/activity_vertical_margin"
android:paddingBottom = "@ dimen/activity_vertical_margin"
tools:context = ". MainActivityFragment"
android:background = "#fffcfdff" >
<TextView
android:text = "@ string/hello_world"
android:layout_width = "wrap_content"
android:layout_height = "wrap_content"
android:id = "@ +id/textView" />
<ListView
android:layout_width = "wrap_content"
android:layout_height = "wrap_content"
android:id = "@ +id/MMlistView"
android:layout_below = "@ +id/textView"
android:layout_alignParentStart = "true" />
</RelativeLayout>
```

步骤 2:编辑列表中的项布局文件 list_main. xml

```
<? xml version = "1.0" encoding = "utf-8"? >
<LinearLayout xmlns:android = "http://schemas. android. com/apk/res/android"
    android:orientation = "horizontal"
    android:layout_width = "match_parent"
android:layout_height = "match_parent" >
<ImageView
    android:id = "@ +id/img"
    android:layout_width = "50dp"
android:layout_height = "50dp" />
     <LinearLayout
         android:orientation = "vertical"
```

```
    android:layout_width = "match_parent"
    android:layout_height = "match_parent" >
    <TextView
        android:layout_width = "wrap_content"
        android:layout_height = "wrap_content"
        android:textAppearance = "? android:attr/textAppearanceLarge"
        android:text = "Large Text"
        android:id = "@ +id/list_name" / >
    <TextView
        android:layout_width = "wrap_content"
        android:layout_height = "wrap_content"
        android:textAppearance = "? android:attr/textAppearanceMedium"
        android:text = "Medium Text"
        android:id = "@ +id/list_info" / >
  </LinearLayout >
</LinearLayout >
```

步骤 3:创建列表内容 HashMap

```
  private List < Map < String, Object > > getData( ) {
    List <Map <String, Object > > MMlist  = new ArrayList <Map <String, Object > >( );
    Map < String, Object > MMmap = new HashMap < String, Object > ( );
    MMmap. put( "name" ,"美玲" );
    MMmap. put( "info" ,"妮妮的妈妈。" );
    MMmap. put( "img" , R. drawable. a);
    MMlist. add( MMmap);
    MMmap = new HashMap < String, Object > ( );
    MMmap. put( "name" ,"凯琪" );
    MMmap. put( "info" ,"晴晴的妈妈。" );
    MMmap. put( "img" , R. drawable. b);
    MMlist. add( MMmap);
    MMmap = new HashMap < String, Object > ( );
    MMmap. put( "name" ,"宋馨" );
    MMmap. put( "info" ,"强强的妈妈。" );
    MMmap. put( "img" , R. drawable. c);
    MMlist. add( MMmap);
    MMmap = new HashMap < String, Object > ( );
```

```
        MMmap.put("name","芳晴");
        MMmap.put("info","文文的妈妈。");
        MMmap.put("img", R.drawable.d);
        MMlist.add(MMmap);
        MMmap = new HashMap<String, Object>();
        MMmap.put("name","米蒂");
        MMmap.put("info","壮壮的妈妈。");
        MMmap.put("img", R.drawable.e);
        MMlist.add(MMmap);
        MMmap = new HashMap<String, Object>();
        MMmap.put("name","丽莎");
        MMmap.put("info","琪琪的妈妈。");
        MMmap.put("img", R.drawable.f);
        MMlist.add(MMmap);
        MMmap = new HashMap<String, Object>();
        MMmap.put("name","思楠");
        MMmap.put("info","菲菲的妈妈。");
        MMmap.put("img", R.drawable.g);
        MMlist.add(MMmap);
        return MMlist;
    }
```

步骤4:配置列表适配器

```
package com.example.test.myApplication;
import android.support.v4.App.Fragment;
import android.os.Bundle;
import android.view.LayoutInflater;
import android.view.View;
import android.view.ViewGroup;
import android.widget.ListView;
import android.widget.SimpleAdapter;
import java.util.ArrayList;
import java.util.HashMap;
import java.util.List;
import java.util.Map;
public class MainActivityFragment extends Fragment {
```

```
    public MainActivityFragment() {
    }
    ListView mmlistView;
    @Override
    public View onCreateView(LayoutInflater inflater, ViewGroup container,
                             Bundle savedInstanceState) {
        View rootView = inflater.inflate(R.layout.fragment_main, container, false);
        mmlistView = (ListView)rootView.findViewById(R.id.MMlistView);
        SimpleAdapter mAdapter = new SimpleAdapter(this.getActivity(), getData(),
                R.layout.list_main,
                new String[]{"name","info","img"},
                new int[]{R.id.list_name,R.id.list_info,R.id.img});
        mmlistView.setAdapter(mAdapter);
        return rootView;
    }
//此处嵌入getData()方法
}
```

2. 列表UI Material design设计

列表作为一个集合,以垂直方向进行排列显示连续的单一元素,这些单一元素一般具有相同的属性和相应方法。

(1)用法。

列表由单一连续的列构成,该列又等分成相同宽度称为行(rows),行集合(rows)的子部分。行是单一项的容器。内容可以放入单一项中,并且可以改变展示样式。图4.35为列表控件展示示意图。

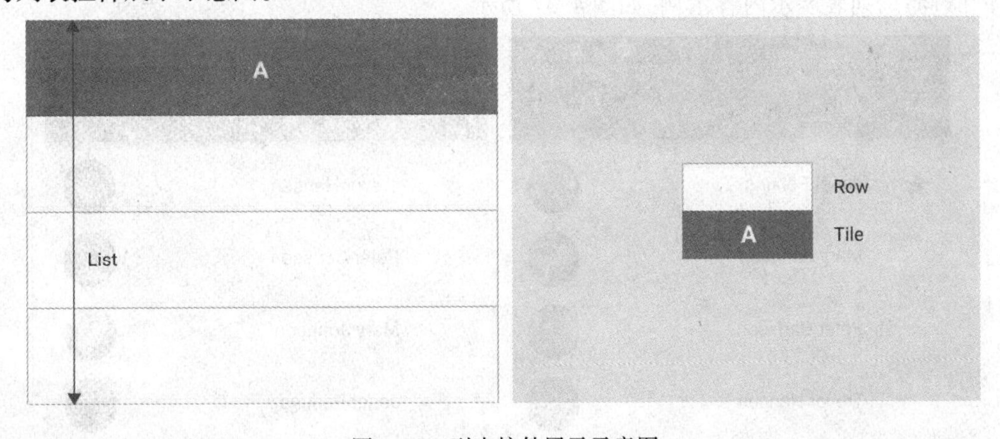

图4.35 列表控件展示示意图

列表最适合应用于显示同类的数据类型或者数据类型组,比如图片和文本,目标是区分多个数据类型数据或单一类型的数据特性,理解起来更加简单。如果有超过三行的文本需要在列表中显示,换用卡片(cards)代替。如果内容的主要区别来源于图片,换用网格列表(grid list)。

(2)密度。

当鼠标或键盘输入作为输入模式的时候,可以压缩内容的尺寸,以适合密集型布局。密集型布局示例如图 4.36 所示。

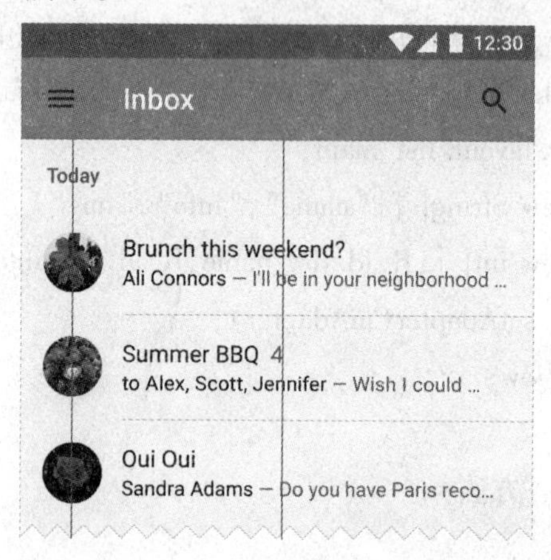

图 4.36　密集型布局示例

(3)行为。

- 滚动:只能垂直方向上滚动。
- 手势:每一个项的滑动动作应该是一致的。项可以在不用的列表之间进行移动(类似于移动文件到一个文件夹)用手指拖起一个项拖拽到一个新的列表中。
- 过滤和排序:列表中的项可以按日期、文件大小、按字母顺序或其他参数进行排序和过滤。列表展示内容示例,如图 4.37 所示。

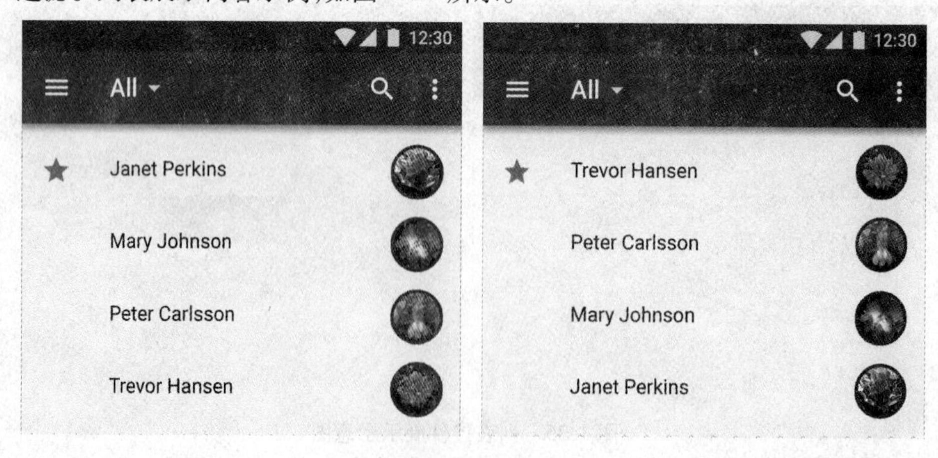

图 4.37　列表展示内容示例

(4)内容。

列表的项以一致的格式来显示一组相关的内容,为一致性的类型或者一组内容指定优先顺序来体现层次感以获取更好的可读性。比如,邮箱中的邮件在时间戳上强调头像和文本片段。这有助于使用者可以在一组内容中更容易地区分出要找的信息。列表项可以包含三行的文本,并且文本的字数可以在同一列表的不同项之间有所不同。要显示多于三行的文本,建议使用卡片。项的内容展示示例,如图 4.38 所示。

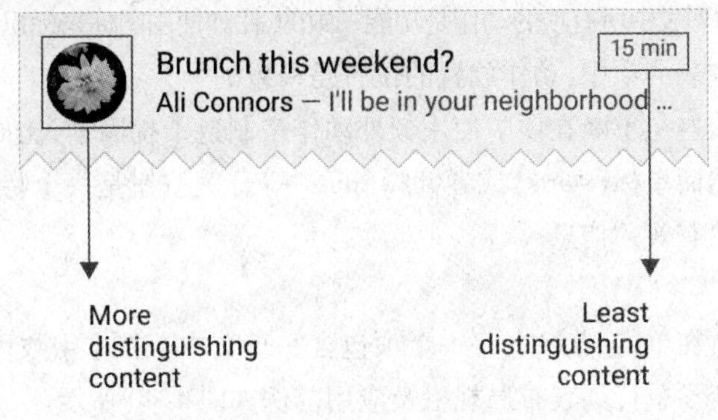

图 4.38　项的内容展示示例

下面给出列表中项的空间设计建议:

- 列表中的项空间大部分应用专用于主要的动作。
- 最显著的内容放在项最左侧。
- 如果项中有多行内容,将最重要的内容放在第一行。
- 将补充的动作放置在项的右边。

如图 4.39 所示,列表中项的空间设计示例。

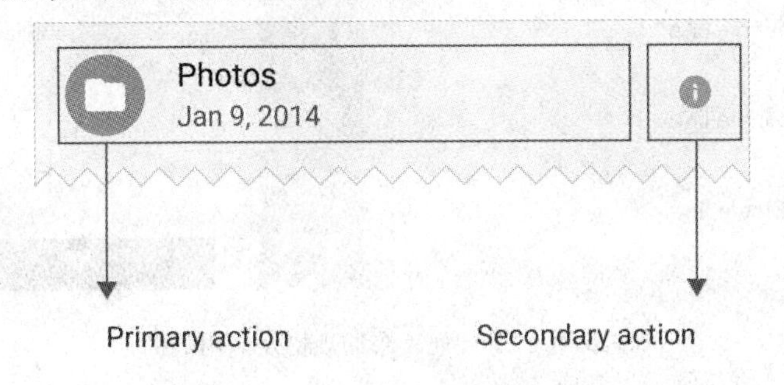

图 4.39　列表中项的空间设计示例

(5)动作。

动作包含主要动作和额外动作,比如播放、放大、删除和选择,是瞬时性的,并且通常不会在列表中弹出选项子菜单(动作溢出列表, action overflow)。动作可以打开一个随后的视图,如卡片或者悬浮卡片(hovercard)。

①主要动作。

- 充满整个项,因此不能通过图标、文本等元素呈现。
- 在特定的列表中所有项的动作是一致的。比如在指定的音乐列表中,项的主要内容是播放一首歌曲,或者在邮件列表中打开一封邮件来阅读。

②额外动作。

- 在项中通过图标、次要文本等来呈现出来。
- 在指定的列表中所有项的动作是功能一致的,比如使用图标来标识某人是否在线等。
- 在指定列表的项中,动作放置的位置是一致的。

③重复动作。避免不断在项中使用额外动作来制造干扰因素,比如在每个项中显示分享动作按钮。然而星标(starts)或者针脚(pins)等开关按钮是一个特例,因为它们通过显示状态来呈现出有效的信息。

(6)规格。

①单行列表。在单行列表中,每一个项包含一行文本。文本字数可以在同一列表的不同项间有所改变。单行列表布局规格及应用范例如图 4.40 所示。

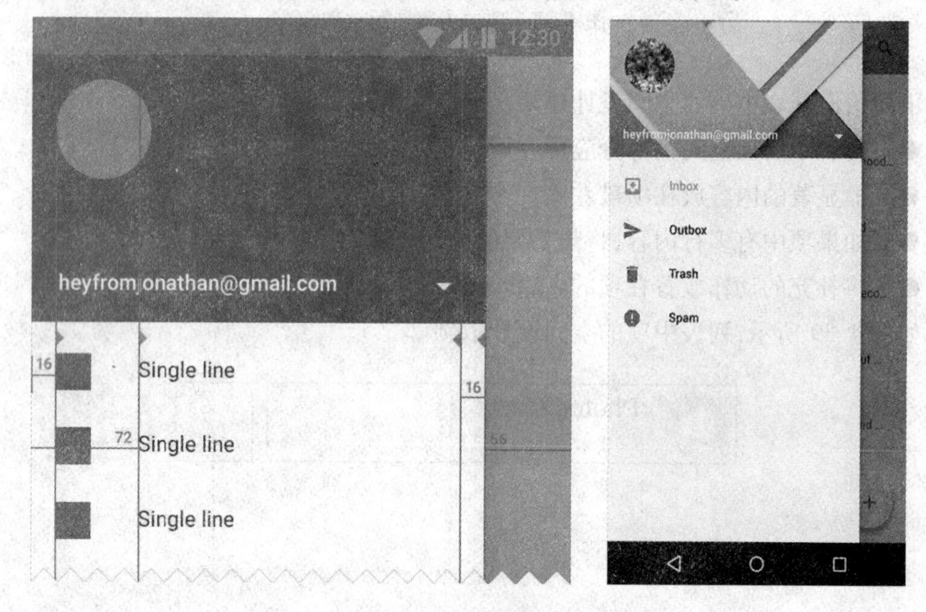

图 4.40　单行列表布局规格及应用范例

单行列表规格:

- 图标左填充:16 DP;
- 列表项左填充:72 DP;
- 列表右边的空白:16 DP;
- 列表的右边界:56 DP。

②双行列表。在双行列表中,每一个项包含两行文本。文本字数可以在同一列表的

不同项间有所改变。双行列表布局规格及应用范例如图 4.41 所示。

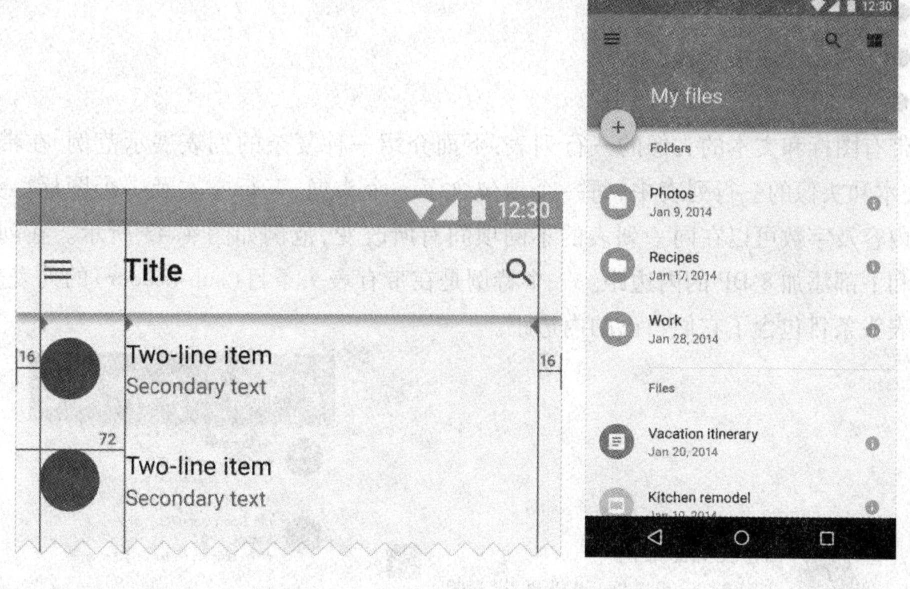

图 4.41　双行列表布局规格及应用范例

双行列表规格：

- 图标左填充：16 DP；
- 列表项左填充：72 DP；
- 列表右边的空白：16 DP。

③三行列表。在三行列表中，每一个项包含三行文本。文本字数可以在同一列表的不同项间有所改变。三行列表布局规格及应用范例如图 4.42 所示。

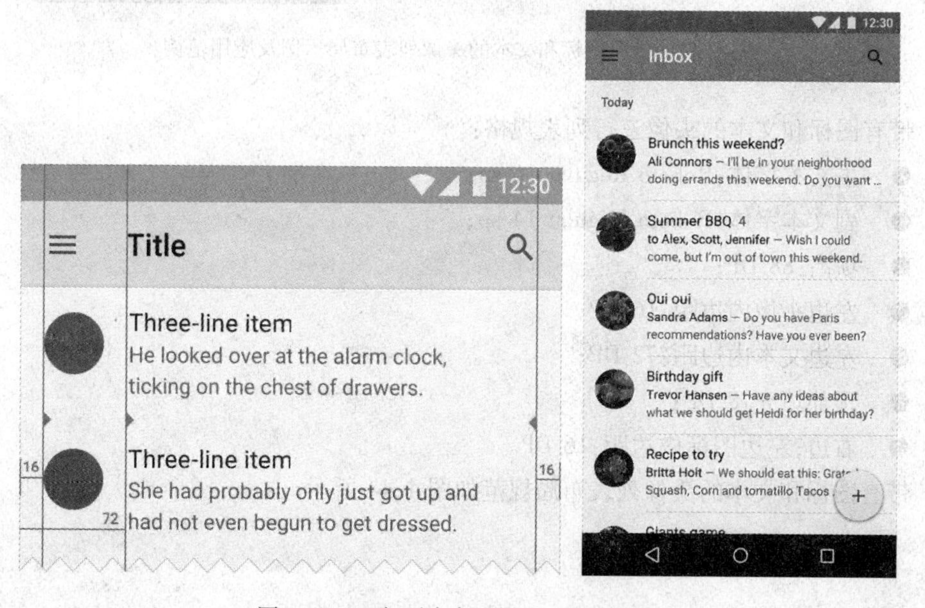

图 4.42　三行列表布局规格及应用范例

三行列表规格：

- 图标左填充:16 DP;
- 列表项左填充:72 DP;
- 列表右边的空白:16 DP。

带有图标和文本的头像的三行列表:下面介绍一种复杂的列表展示范例,在带有图标、文本和头像的三行列表中,每一个项包含了一个头像、三行文本及一个图标。头像、文本内容及字数可以在同一列表的不同项间有所改变,范例如图 4.43 所示。在列表的上部和下部添加 8 DP 的内边距。一个特例是在带有表头条目(sub-header)的列表上部,因为表头条目包含了它们自己的内边距。

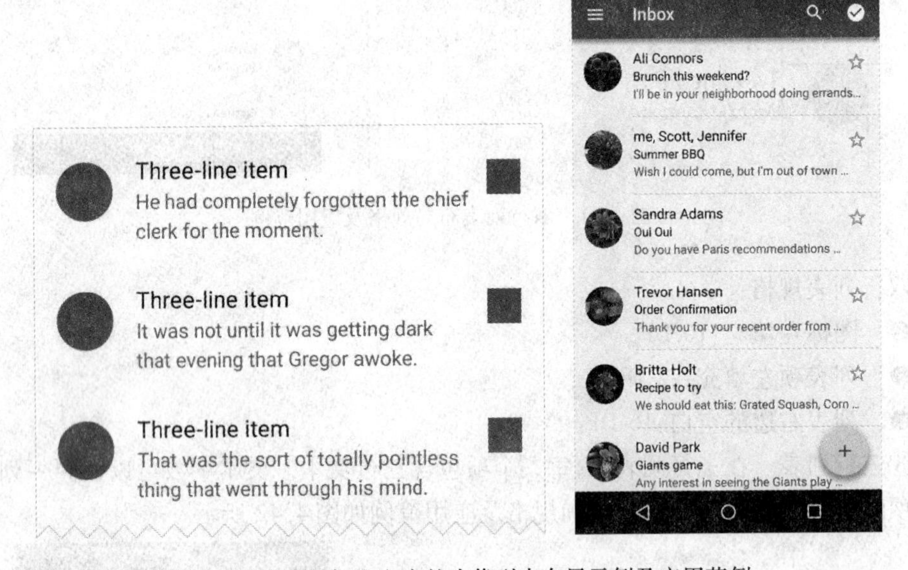

图 4.43　带有图标和文本的头像列表布局示例及应用范例

带有图标和文本的头像三行列表规格：

- 主文本字体:Roboto Regular 16 sp;
- 副文本字体:Roboto Regular 14 sp;
- 项高:88 DP;
- 左边头像内边距:16 DP;
- 左边文本内边距:72 DP;
- 顶部填充:8 DP;
- 右边,左边图标内边距:16 DP。

带有图标和文本的头像列表布局规范如图 4.44 所示。

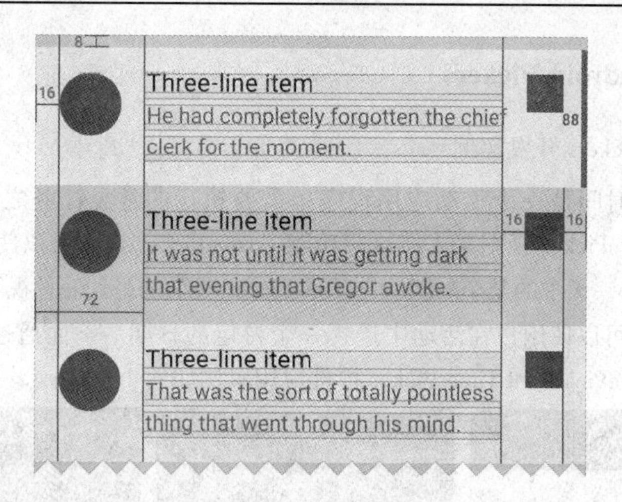

图 4.44　带有图标和文本的头像列表布局规范

带有图标和文本的头像密集三行列表规格：

- 主文本的字体：Roboto Regular 13 sp；
- 副文本字体：Roboto Regular 11 sp；
- 项高：76 DP；
- 左边头像内边距：16 DP；
- 左边文本内边距：72 DP；
- 顶部填充：4 DP；
- 右边，左边图标内边距：16 DP。

带有图标和文本的头像列表密集布局规范如图 4.45 所示。

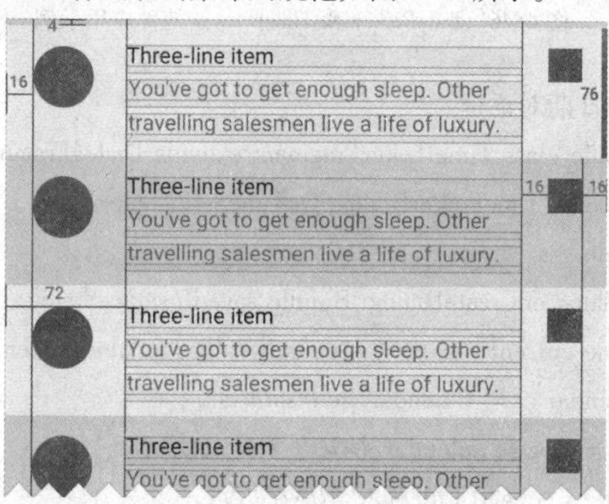

图 4.45　带有图标和文本的头像列表密集布局规范

4.2.4 Android Pickers

1. Android Pickers 开发实例

选择日期和时间是一个移动应用程序中需要执行的常见任务之一。Android 通过 TimePicker 和 DatePicker 视图来支持这一功能。TimePicker 视图可以使用户按 24 小时或 AM/PM 模式选择一天中的某个时间。与 TimePicker 类似的另外一种视图就是 DatePicker。利用 DatePicker,可以使用户在活动中选择一个特定的日期。下面通过实例来介绍它们的使用方法。DatePicker 和 TimerPicker 控件应用示例如图 4.46 所示。

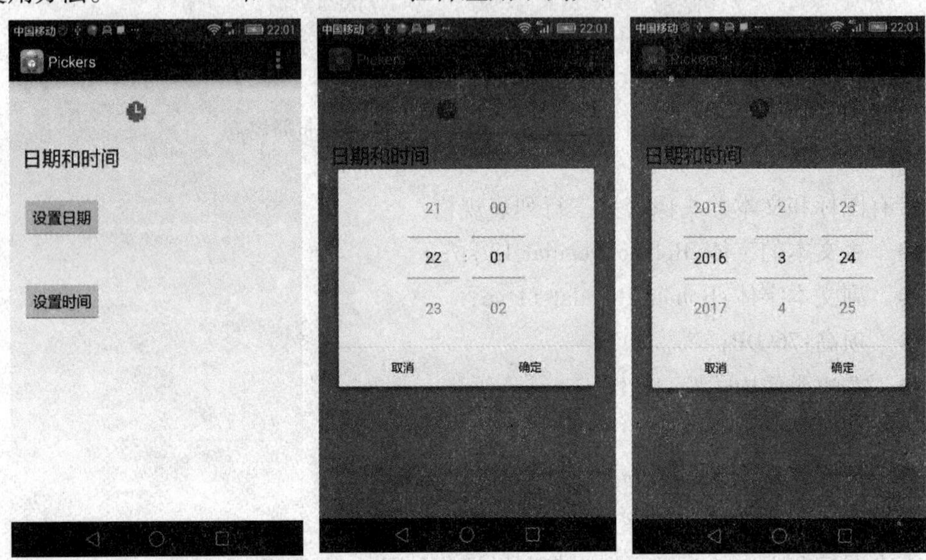

图 4.46　DatePicker 和 TimerPicker 控件应用示例

(1)创建时间和日期对话框。

```
public static class TimePickerFragment extends DialogFragment
  implements TimePickerDialog.OnTimeSetListener {
@Override
public Dialog onCreateDialog(Bundle savedInstanceState) {
// Use the current time as the default values for the picker
final Calendar c = Calendar.getInstance();
int hour = c.get(Calendar.HOUR_OF_DAY);
int minute = c.get(Calendar.MINUTE);
// Create a new instance of TimePickerDialog and return it
return new TimePickerDialog(getActivity(), this, hour, minute,
DateFormat.is24HourFormat(getActivity()));
}
```

```
        public void onTimeSet(TimePicker view, int hourOfDay, int minute) {
        // Do something with the time chosen by the user
        }
        }

        public static class DatePickerFragment extends DialogFragment
            implements DatePickerDialog.OnDateSetListener {
        @Override
        public Dialog onCreateDialog(Bundle savedInstanceState) {
        // Use the current date as the default date in the picker
        final Calendar c = Calendar.getInstance();
        int year = c.get(Calendar.YEAR);
        int month = c.get(Calendar.MONTH);
        int day = c.get(Calendar.DAY_OF_MONTH);
        // Create a new instance of DatePickerDialog and return it
        return new DatePickerDialog(getActivity(), this, year, month, day);
        }
        public void onDateSet(DatePicker view, int year, int month, int day) {
        // Do something with the date chosen by the user
        }
        }
```

(2)显示时间和日期对话框。

```
public View onCreateView(LayoutInflater inflater, ViewGroup container,
        Bundle savedInstanceState) {
    View rootView = inflater.inflate(R.layout.fragment_main, container, false);
    Button button01 = (Button) rootView.findViewById(R.id.button1);
    Button button02 = (Button) rootView.findViewById(R.id.button2);
    View.OnClickListener listener= new View.OnClickListener() {
        public void onClick(View v) {
            // Do something in response to button click
            switch(v.getId()) {
              case R.id.button1:
                  // Put some meat on the sandwich
                Toast.makeText(getActivity(), "日期", Toast.LENGTH_SHORT).show();
                  DialogFragment newFragment01 = new TimePickerFragment();
                  newFragment01.show(getActivity().getSupportFragmentManager(),
```

```
                "timePicker");
            break;
        case R.id.button2:
            // Cheese me
            Toast.makeText(getActivity(), "时间", Toast.LENGTH_SHORT).show();
            DialogFragment newFragment02 = new DatePickerFragment();
            newFragment02.show(getActivity().getSupportFragmentManager(),
                "datePicker");
        break;
        }
    }
};
button01.setOnClickListener(listener);
button02.setOnClickListener(listener);
return rootView;
}
```

2. Android Pickers UI Material design 设计

选择器提供了一个简单的方法来从一个预定义集合中选取单个值。在手机上选择器最适合被用来显示一个确认对话框。对于内联显示,例如一个表单中,考虑使用分段下拉按钮之类的紧凑控制。在应用中使用这些组件可以保证用户指定的日期或者时间是正确格式化的。带有白色主题的日历选择器应用范例如图 4.47 所示。

图 4.47　带有白色主题的日历选择器应用范例

● 日期选择器的格式根据地区自动进行调整，即美国是月 - 日 - 年，其他地区是日 - 月 - 年。

● 时间选择器的格式根据用户的喜好进行设定，即 12 h 或者 24 h 的格式。

横屏模式下带有白色主题的日历选择器如图 4.48 所示，其属性为白色主题，横屏。从左滑到右来选择月份。点击标题 bar 中的年份转换到年份页面。选择器页面自适应于设备的方向。

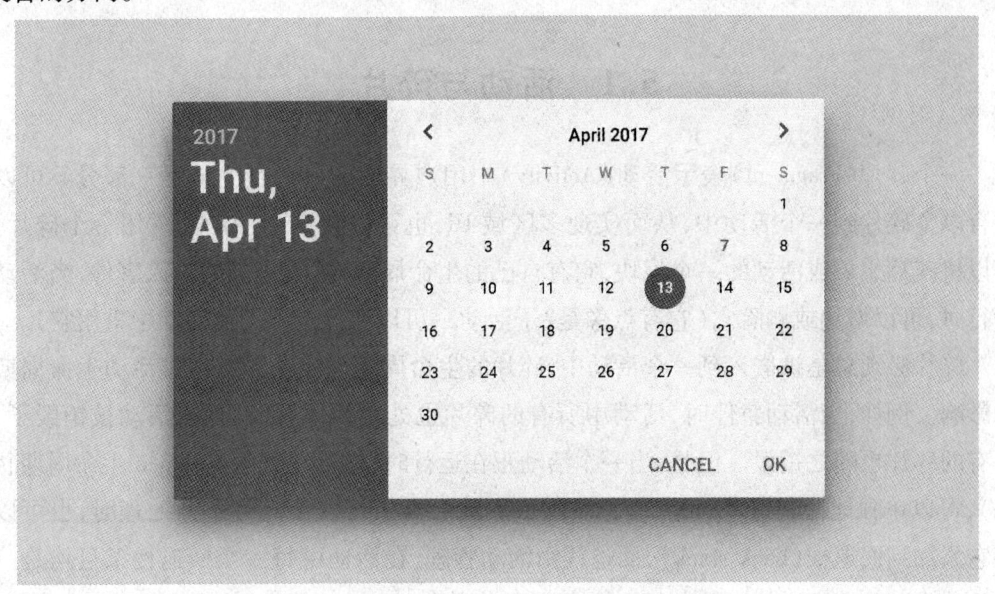

图 4.48　横屏模式下带有白色主题的日历选择器

第5章　活动、意图与广播

5.1　活动与碎片

一个碎片(Fragment)表示活动(Activity)中用户界面的一个行为或是一部分。可以组合多个碎片到一个活动中,从而实现多区域UI,也可以在多个活动中重用一个碎片。可以将碎片想象成活动的一个模块,它有自己的生命周期,接收自己的输入事件,当活动运行时,可以增加或删除它(它有点像是“子活动”,可以在多个不同的活动中重用它)。

碎片必须总是被嵌入到一个活动中,碎片的生命周期直接受到其宿主活动生命周期的影响。例如,当活动暂停时,活动中所有的碎片也处于暂停状态,而当活动被销毁了,所有的碎片也随之销毁。但是,当一个活动正在运行时(即活动处于resumed生命周期状态),可以单独地控制每个碎片,例如增加或删除。当执行一个碎片事务处理时,也可以将它添加到回退栈(back stack),回退栈由活动管理,在活动中每一个回退栈条目均是一次碎片事务处理发生的记录。回退栈允许用户通过点击Back按钮来恢复一次碎片事务处理(即向后导航)。

当增加一个碎片作为活动布局的一部分时,它就处于活动视图层次体系内部的视图组(ViewGroup)中,碎片定义了它自己的视图布局。可以通过在活动的布局文件中声明碎片来向活动中插入一个碎片,采用一个 <fragment> 标签元素来完成碎片声明,或者是在应用程序的代码中将碎片加入到一个当前的视图组(ViewGroup)。但是一个碎片不是一定要作为活动布局的一部分,它也可以为活动隐身工作。

5.1.1　设计原理

Android在Android 3.0 (API level 11)中引入了碎片概念,主要为了在大屏幕上(例如,平板电脑)支持更加动态和灵活的UI设计。由于一个平板电脑的屏幕比手机屏幕大得多,因此有更大的空间去组合与互换UI组件。有了碎片之后,可以不必去管理视图层次体系的复杂变化。通过将活动的布局划分成碎片,可以改变活动在执行时的外观,并且在由活动管理的回退栈中保存这些变化。

例如,一个新闻应用程序能够使用一个碎片在左边显示一列文章,使用另一个碎片在右边显示一篇文章,两个碎片并排出现在一个活动中,每一个碎片都有自己的生命周期回调方法集合，并且控制自己的用户输入事件。这样，就不需要再用一个活动去选择文章，用另一个活动去阅读文章，用户能够在同一个活动内部选择并读文章，如图 5.1 所示。

将每一个碎片设计成模块化、可重用的活动组件。这是因为每一个碎片利用的生命周期回调函数定义了它们自己的布局和行为，可以在多个活动中包含同一个碎片，因此，应该考虑支持重用的设计，避免直接从一个碎片操作另一个碎片。因为一个模块化的碎片允许针对不同屏幕大小改变其碎片组合。当设计应用去同时支持平板和手机时，读者可以基于可获得的屏幕空间，通过不同的布局配置重用其碎片，以此来优化用户体验。例如，在手机上，可能必须将碎片组合分离以提供一个单独区域 UI，因为一个以上的窗口不适合在用一个活动中。

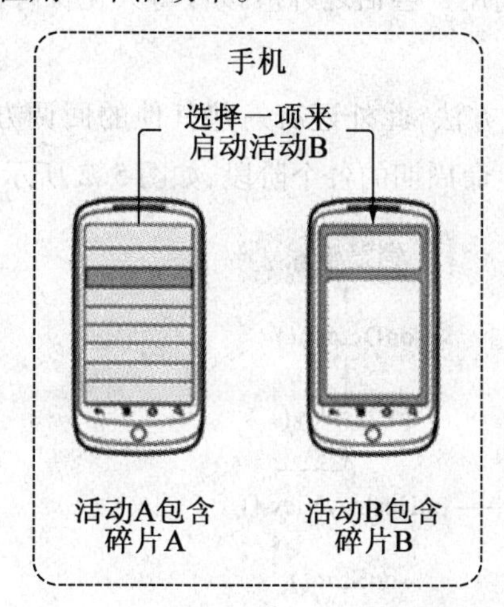

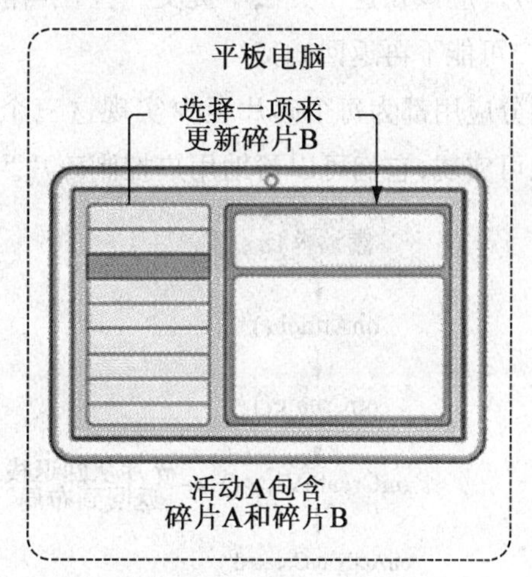

图 5.1　如何采用碎片在一个活动中设计两个 UI 模块

例如，继续以刚才的新闻应用程序举例，当它运行在平板电脑大小的设备上时，应用程序可以嵌入两个碎片在活动 A 中。但是，在一个手机大小的屏幕上，由于没有足够的空间容纳两个碎片，因此活动 A 只能包含显示文章列表的碎片，当用户选择一篇文章时，它启动活动 B，其包含用来阅读文章的碎片。这样，通过在不同的组合方案中重用碎片应用能够同时支持平板电脑和手机，如图 5.1 所示。

5.1.2　创建并添加碎片

要创建一个碎片，必须创建一个 Fragment（或是继承自它的子类）的子类。Fragment 类的代码看起来很像 Activity。它与活动一样都有回调函数，例如 onCreate()、onStart()、onPause()以及 onStop()。事实上，如果正在利用碎片来转化一个现成的Android应用，可以简单地将活动回调函数中的代码分别移植到碎片的回调函数中。

一般来说，至少需要实现以下几个生命周期方法：

● onCreate( )

在创建碎片时系统会调用此方法。在实现代码中,应该初始化想要在碎片中保持的那些必要组件,当碎片处于暂停或者停止状态之后可重新启用它们。

● onCreateView( )

在为碎片初次绘制用户界面时系统会调用此方法。为碎片绘制用户界面,这个函数必须要返回 View 对象,它是碎片布局的根。如果碎片不提供 UI,也可以让这个函数返回 null。

● onPause( )

在用户正在离开碎片时,系统首先会调用此方法。(当然这并不总是意味着碎片正在被销毁)。应该在这个方法中提交一些在当前用户会话之外应该被持久化保存的变化(因为用户可能不再返回)。

大部分应用都为每个碎片至少实现这三个方法,此外还有一些其他的回调方法,这些方法也可实现,它们可以帮助用户控制碎片生命周期的各个阶段,如图 5.2 所示。

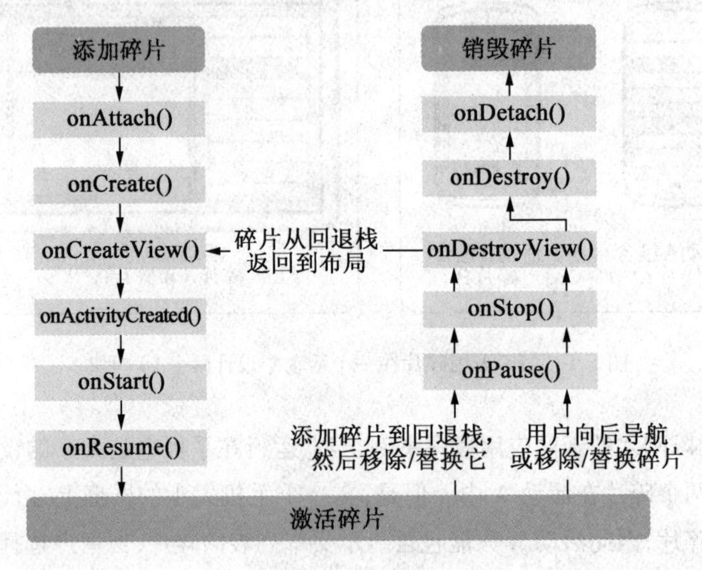

图 5.2 碎片的生命周期

与活动一样,碎片也有三种状态:

● Resumed:碎片在运行中的活动可见。

● Paused:另一个活动处于前台且获得焦点,但这个碎片的宿主活动仍然可见。

● Stopped:碎片不可见(可能是宿主活动已经停止,也可能是碎片已经从活动上移除,但已经被添加到回退栈)。

如图 5.2 所示,除 onCreate( )、onStart( )和 onPause( )等与活动类似的回调方法以外,碎片还有一些额外的生命周期回调方法。

- onAttach()：当碎片被绑定到活动时调用。
- onActivityCreated()：当活动的 onCreate()函数返回时被调用。
- onDestroyView()：当与碎片关联的视图层次体系正被移除时被调用。
- onDetach()：当碎片正与活动解除关联时被调用。

碎片的生命周期实际上受其宿主活动影响，见表5.1，可以看出活动的状态是如何决定碎片可能接收到哪个回调方法的。例如，当 activity 接收到 onPause()时，这个 activity 之中的每个 fragment 都会接收到 onPause()。当活动处于 resumed 状态时，可以在活动中自由地添加或者移除碎片。因此，只有当活动处于 resumed 状态时，碎片的生命周期才可以独立变化。

表5.1　宿主活动生命周期对碎片生命周期的影响

活动状态	碎片回调方法
Created	onAttach()、onCreate()、onCreateView、onActivityCreated()
Started	onStart()
Resumed	onResume()
Paused	onPause()
Stopped	onStop()
Destroyed	onDestroyView()、onDestroy()、onDetach()

碎片经常被用来作为活动用户界面的一部分，将自己的布局添加到活动中。为了向碎片提供布局，必须实现回调方法 onCreateView()，当为碎片绘制布局时，Android 系统就调用这个方法。这个方法的实现必须返回一个 View 对象，是碎片布局的根。

为了从 onCreateView()中返回一个布局，可以从一个布局资源 XML 文件中 inflate 它。为了帮助实现，onCreateView()提供了一个 LayoutInflater 对象。例如，在这有一个 Fragment 子类，从 one_fragment.xml 文件中载入一个布局。

```
public static class OneFragment extends Fragment {
    public View onCreateView(LayoutInflater inflater, ViewGroup container,
                             Bundle savedInstanceState) {
        // Inflate the layout for this fragment
        return inflater.inflate(R.layout.one_fragment, container, false);
    }
}
```

在上面这个例子中，参数 container 是父视图组（来自于活动布局），碎片布局就被添加到其中。参数 savedInstanceState 是 Bundle 类型的对象，如果碎片当前处于 resumed 状态,那么它提供先前碎片实例的数据。

函数 inflate()的三个参数含义如下:

参数 1 表示想要 inflate 的布局的资源 ID。此处,R. layout. one_fragment 是一个布局资源的引用,这个布局资源以名字 one_fragment. xml 存放在应用程序资源中。

参数 2 表示被 inflate 的布局的父视图组 ViewGroup。此处,传入 container 很重要,这是为了让系统将布局参数应用到被 inflate 的布局的根视图中去,将要嵌入的父视图指定。

参数 3 表示在 inflate 期间,inflate 的布局是否应该附上 ViewGroup(第二个参数),是一个布尔值。此处传入的是 false,因为系统已经将 inflate 的布局插入到容器中(container),传入 true 会在最终的布局里创建一个多余的 ViewGroup。

一般来说,碎片构建了宿主活动的部分界面,它被作为活动整体视图体系的一部分而嵌入进去。在活动布局中添加碎片有两种方法:静态文件添加和动态代码添加。

方法 1:在活动的布局文件里声明碎片。

在这种情况下,可以像视图一样为碎片指定布局属性。例如,下面是在一个活动中包含两个碎片的布局文件:

```
<? xml version = "1.0"  encoding = "utf - 8"? >
<LinearLayout xmlns:android = "http://schemas. android. com/apk/res/android"
  android:orientation = "horizontal"
  android:layout_width = "match_parent"
  android:layout_height = "match_parent" >
   <fragment android:name = "edu. hrbust. news. ArticleListFragment"
     android:id = "@ +id/list"
     android:layout_weight = "1"
     android:layout_width = "0dp"
     android:layout_height = "match_parent" / >
   <fragment android:name = " edu. hrbust. news. ArticleReaderFragment"
     android:id = "@ +id/viewer"
     android:layout_weight = "2"
     android:layout_width = "0dp"
     android:layout_height = "match_parent" / >
</LinearLayout >
```

标签元素 <fragment> 中的 android:name 属性指定了布局中实例化的 Fragment 类。当系统创建活动布局时,它实例化了布局文件中指定的每一个碎片,并为它们调用 onCreateView()函数,以获取每一个碎片的布局。系统直接在 <fragment> 元素的位置插入碎片返回的View对象。

注意:每个碎片都需要一个唯一的标识,如果重启活动,系统可用其来恢复碎片(并且可用来捕捉碎片的事务处理,例如移除碎片)。

为碎片提供ID有三种方法:

- 用android:id属性提供一个唯一的标识。
- 用android:tag属性提供一个唯一的字符串。
- 如果上述两个属性都没有,系统会使用其容器视图的ID。

方法2:通过编码将碎片添加到已存在的ViewGroup中。

在活动运行的任何时候,都可以将碎片添加到活动布局中,仅需要简单指定用来放置碎片的ViewGroup。

使用FragmentTransaction的API来对活动中的碎片进行事务处理(例如,添加、移除或者替换碎片)。可以像下面这样从Activity中取得FragmentTransaction的实例:

```
FragmentManager fragmentManager = getFragmentManager();
FragmentTransaction fragmentTransaction = fragmentManager.beginTransaction();
```

FragmentManager可以对活动中的碎片进行管理,使用FragmentManager还可以做如下事情,包括:

- 使用findFragmentById()或者findFragmentByTag()获取活动中存在的碎片。
- 使用popBackStack()从后退栈中弹出碎片。
- 使用addOnBackStackChangedListener()注册一个监听后退栈变化的监听器。

可以用add()函数添加碎片,并指定要添加的碎片,以及要将插入到哪个视图内:

```
OneFragment fragment = new OneFragment ();
fragmentTransaction.add(R.id.fragment_container, fragment);
fragmentTransaction.commit()。
```

在add()函数中,参数1是碎片被放置的ViewGroup,它由资源ID指定,参数2是要添加的碎片。只要通过FragmentTransaction做了更改,就应当调用commit()方法使变化生效。

此外,还可以添加无界面的碎片。上面的例子是如何将碎片添加到活动中去,目的是提供一个用户界面。然而,也可以使用碎片为活动提供后台动作,却不呈现多余的用户界面。

想要添加没有界面的碎片,可以使用add(Fragment, String)函数(为碎片提供一个唯一的字符串“tag”,而不是视图ID)。这样就添加了碎片,但是因为它没有关联到活动布局中的视图,这样就接收不到对onCreateView()的调用。因此就不需要实现这个方法。

为无界面碎片提供字符串标签并不是专门针对无界面碎片的,也可以为有界面碎片提供字符串标签,但是对于无界面碎片,字符串标签是唯一识别它的方法。如果之后想从活动中取到碎片,需要使用函数 findFragmentByTag()。

5.1.3 处理碎片事物

在活动中使用碎片的特点是具有添加、删除、替换以及利用它们执行其他动作,以响应用户交互的能力。提交给活动的每一系列变化称为事务,并且可以用 FragmentTransaction 中的 APIs 处理。也可以将每一个事务保存在由活动管理的后退栈中,并且允许用户导航回退碎片变更(类似于活动的导航回退)。

每项事务是在同一时间内要执行的一系列的变更。可以为一个给定的事务用相关方法设置想要执行的所有变化,例如 add()、remove()和 replace()。然后,用 commit()将事务提交给活动。

然而,在调用 commit()之前,为了将事务添加到碎片事务后退栈中,可能会想调用 addToBackStatck()。这个后退栈由活动管理,并且允许用户通过按 BACK 键回退到前一个碎片状态。

举个例子,下面的代码是如何使用另一个碎片代替前一个碎片,并且将之前的状态保留在后退栈中:

```
//创建一个新的碎片和事务
Fragment newFragment = new OneFragment ()
FragmentTransaction transaction = getFragmentManager(). beginTransaction();
//用新的碎片替换另一个碎片,将事务添加到回退栈
transaction. replace(R. id. fragment_container, newFragment);
transaction. addToBackStack(null);
//提交事务
transaction. commit();
```

在这个例子中,newFragment 替换了当前在布局容器中用 R. id. fragment_container 标识的所有的碎片,替代的事务被保存在后退栈中,因此用户可以回退该事务,可通过按 Back 键还原之前的碎片。

如果添加多个变更事务,例如另一个 add()或者 remove()并调用 addToBackStack(),那么在调用 commit()之前的所有应用的变更被作为一个单独的事务添加到后台栈中,并且 Back 键可以将它们一起回退。

将变更添加到 FragmentTransaction 中的顺序注意以下两点:

- 必须要在最后调用 commit()。
- 如果将多个碎片添加到同一个容器中,那么添加顺序决定了它们在视图体系里显示顺序。

在执行删除碎片事务时,如果没有调用 addToBackStack(),那么事务一提交碎片就

会被销毁,而且用户也无法回退它。然而,当移除一个碎片时,如果调用了 addToBack-Stack( ),那么之后碎片会被停止,如果用户回退,它将被恢复过来。

5.2　使用 Intent 链接 Activity

Intent 是一个动作的完整描述,包含了动作的产生组件、接收组件和传递的数据信息。Intent 也可称为一个在不同组件之间传递的消息,这个消息在到达接收组件后,接收组件会执行相关的动作。Intent 为 Activity、Service 和 BroadcastReceiver 等组件提供交互能力。Intent 的用途包括:启动 Activity 和 Service;在 Android 系统上发布广播消息,其中广播消息可以是接收到特定数据或消息,也可以是手机的信号变化或电池的电量过低等信息。

5.2.1　启动 Activity

在 Android 系统中,应用程序一般都有多个 Activity。Intent 可以实现不同 Activity 之间的切换和数据传递。启动 Activity 方式有两种:

一是显式启动,必须在 Intent 中指明启动的Activity所在的类,或者指明启动的 Activity 的意图筛选器的名称,前者用于在同一个应用程序内部实现活动调用,后者用于在不同的应用程序之间实现活动调用;

二是隐式启动, Android 系统根据 Intent 的动作和数据来决定启动哪一个 Activity,也就是说在隐式启动时,Intent 中只包含需要执行的动作和所包含的数据,而无须指明具体启动哪一个 Activity,选择权由 Android 系统和最终用户来决定。

1. 显示启动 Activity

在同一个应用程序内部,使用 Intent 显式启动 Activity 的步骤如下:

Step1. 创建一个 Intent;

Step2. 指定当前的应用程序上下文以及要启动的 Activity;

Step3. 把创建好的这个 Intent 作为参数传递给 startActivity( )方法。

具体实现代码:

```
Intent intent = new Intent(this, ActivityToStart.class);
startActivity(intent);
```

下面用 IntentDemo 示例说明如何使用 Intent 启动新的 Activity。IntentDemo 示例包含两个 Activity,分别是 IntentDemoActivity 和 NewActivity。程序默认启动的 Activity 是 IntentDemoActivity,在用户点击“启动本程序内部的 Activity”按钮后,程序启动的 Activity 是 NewActivity。

在 IntentDemo 示例中使用了两个 Activity,因此需要在 AndroidManifest. xml 文件中注

册这两个 Activity。注册 Activity 应使用 <activity> 标签，嵌套在 <Application> 标签内部。

AndroidManifest.xml 文件代码如下：

```
1. <? xml version = "1.0" encoding = "utf-8"? >
2. <manifest xmlns:android = "http://schemas.android.com/apk/res/android"
3. package = "edu.hrbust.IntentDemo"
4. android:versionCode = "1"
5. android:versionName = "1.0" >
6. <Application android:icon = "@drawable/icon" android:label = "@string/App_name" >
7. <activity android:name = ".IntentDemo"
8. android:label = "@string/App_name" >
9. <intent-filter >
10. <action android:name = "android.intent.action.MAIN" />
11. <category android:name = "android.intent.category.LAUNCHER" />
12. </intent-filter >
13. </activity >
14. <activity android:name = ".NewActivity"
15. android:label = " NewActivity" >
16. <intent-filter >
17. <action android: name = "edu.hrbust. IntentDemo.NewActivity" />
18. <category android:name = "android.intent.category.DEFAULT" />
19. </intent-filter >
20. </activity >
21. </Application >
22. <uses-sdk android:minSdkVersion = "14" />
23. </manifest >
```

Android 应用程序中，用户使用的每个组件都必须在 AndroidManifest.xml 文件中的 <Application> 节点内定义。在上面的代码中，<Application> 节点下共有两个 <activity> 节点，分别代表应用程序中所使用的两个 Activity：IntentDemoActivity 和 NewActivity。

在上面 IntentDemo 应用程序中的 AndroidManifest.xml 文件代码中对 NewActivity 进行了定义：

- ".NewActivity" 是 NewActivity 的类名。
- " NewActivity" 是 NewActivity 的标签名称。
- "edu.hust. IntentDemo.NewActivity" 是 NewActivity 的意图筛选器的名称。

● "android. intent. category. DEFAULT"是 NewActivity 的意图筛选器的类别。

在 IntentDemoActivity. java 文件中,包含了使用 Intent 启动 Activity 的核心代码:

```
1. Button button = (Button)findViewById(R. id. btn);
2. button. setOnClickListener(new OnClickListener(){
3. public void onClick(View view){
4. Intent intent = new Intent(IntentDemoActivity. this, NewActivity. class);
5. startActivity(intent);
6. }
7. });
```

在点击事件的处理函数中,Intent 构造函数的第 1 个参数是应用程序上下文,在这里就是 IntentDemoActivity;第 2 个参数是接收 Intent 的目标组件,这里使用的是显式启动方式,直接指明了需要启动的 Activity。

在不同的应用程序之间,使用 Intent 显式启动 Activity 的步骤如下:

Step1. 创建一个 Intent;

Step2. 将要启动的 Activity 的意图筛选器的名称作为创建 Intent 时的参数;

Step3. 把创建好的 Intent 作为参数传递给 startActivity()方法。

具体实现代码:

```
Intent intent = new Intent("ActivityToStart 的意图筛选器名称");
startActivity(intent);
```

下面用 IntentModifyDemo 示例说明如何在 IntentModifyDemo 应用程序中启动 IntentDemo 应用程序中的 NewActivity,实现跨应用程序的 Activity 调用。

程序默认启动的 Activity 是 IntentModifyDemo 应用程序中的 IntentModifyDemoActivity,在用户点击"启动外部应用程序中的 Activity"按钮后,程序启动的 Activity 是 IntentDemo 应用程序中的 NewActivity。

在 IntentModifyDemoActivity. java 文件中,包含了使用 Intent 启动 Activity 的核心代码:

```
1. Button button = (Button)findViewById(R. id. btn);
2. button. setOnClickListener(new OnClickListener(){
3. public void onClick(View view){
4. Intent intent = new Intent("edu. hrbust. IntentDemo. NewActivity");
5. startActivity(intent);
6. }
7. });
```

在点击事件的处理函数中,字符串"edu. hrbust. IntentDemo. NewActivity"是要启动的活动的意图筛选器的名称。IntentModifyDemoActivity 将通过这个名称来调用 NewActivity。在实际开发过程中,使用反向域名作为意图筛选器的名称,以减少同另外一个应用程序具有相同意图筛选器名称的可能性。

2. 隐式启动 Activity

隐式启动的好处在于不需要指明需要启动哪一个 Activity,而由 Android 系统来决定,有利于降低组件之间的耦合度。选择隐式启动 Activity,Android 系统会在程序运行时解析 Intent,并根据一定的规则对 Intent 和 Activity 进行匹配,使 Intent 上的动作、数据与 Activity 完全吻合。

匹配的组件可以是程序本身的 Activity,也可以是 Android 系统内置的 Activity,还可以是第三方应用程序提供的 Activity。因此,这种方式强调了 Android 组件的可复用性。

如果程序开发人员希望启动一个浏览器,查看指定的网页内容,却不能确定具体应该启动哪一个 Activity,此时则可以使用 Intent 的隐式启动方式,由 Android 系统在程序运行时决定具体启动哪一个应用程序的 Activity 来接收这个 Intent。程序开发人员可以将浏览动作和 Web 地址作为参数传递给 Intent,Android 系统则通过匹配动作和数据格式,找到最适合于此动作和数据格式的组件。

具体实现代码如下:

```
Intent intent = new Intent(Intent.ACTION_VIEW, Uri.parse(urlString));
startActivity(intent);
```

Intent 构造函数的第 1 个参数是 Intent 需要执行的动作,Android 系统支持的常见动作字符串常量可以参考表 5.2。第 2 个参数是 URI,表示需要传递的数据。在上面的代码中,Intent 的动作是 Intent. ACTION_VIEW,数据是 Web 地址,使用 Uri. parse(urlString) 方法,可以简单的把一个字符串解释成 Uri 对象。

Android 系统在匹配 Intent 时,首先根据动作 Intent. ACTION_VIEW,得知需要启动具备浏览功能的 Activity,但具体是浏览电话号码还是浏览网页,还需要根据 URI 的数据类型来做最后判断。如果利用"http://www. hrbust. edu. cn"为 urlString 赋值,那么因为数据提供的是 Web 地址,所以最终可以判定 Intent 需要启动具有网页浏览功能的 Activity。在缺省情况下,Android 系统会调用内置的 Web 浏览器。

WebViewIntentDemo 示例说明了如何隐式启动 Activity,用户界面如图 5.3(a)所示。当用户在文本框中输入 Web 地址后,通过点击"浏览 URL"按钮,程序根据用户输入的 Web 地址生成一个 Intent,并以隐式启动的方式调用 Android 内置的 Web 浏览器,并打开指定的 Web 页面。本例输入的 Web 地址 http://www. hrbust. edu. cn,打开页面后的效果如图 5.3(b)所示。

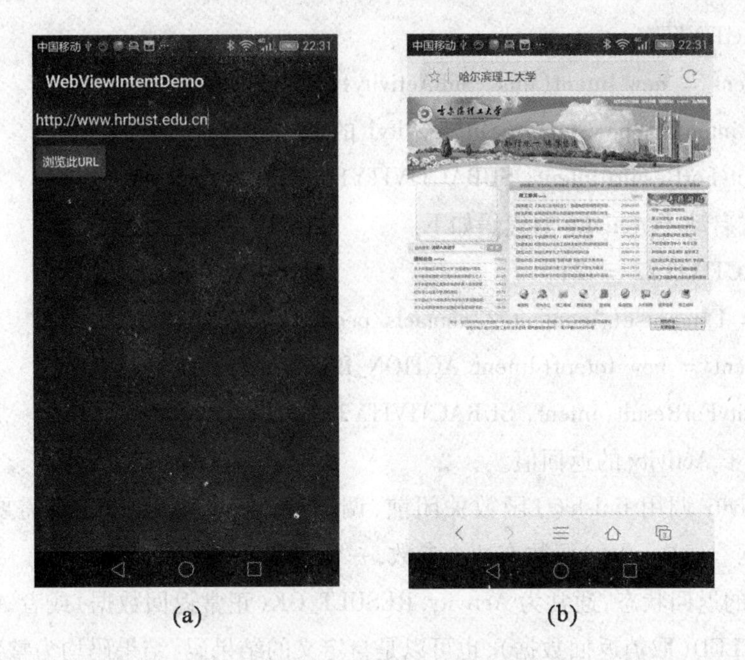

(a)　　　　(b)

图5.3　WebViewIntentDemo示例执行效果

5.2.2　在Activity之间传递数据

在IntentDemo示例中，通过startActivity(Intent)方法启动Activity，启动后的两个Activity之间相互独立，没有任何的关联。但在很多情况下，后启动的Activity是为了让用户对特定信息进行选择，在后启动的Activity关闭时，这些信息是需要返回给先前启动的Activity。后启动的Activity称为“子Activity”，先启动的Activity称为“父Activity”。如果需要将子Activity的信息返回到父Activity，可以使用Sub - Activity的方式去启动子Activity。

获取子Activity的返回值，一般可以分为以下三个步骤：

Step1. 以Sub - Activity的方式启动子Activity；

Step2. 设置子Activity的返回值；

Step3. 在父Activity中获取返回值。

下面详细介绍每一个步骤的过程和代码实现。

以Sub - Activity方式启动子Activity，需要调用startActivityForResult(Intent, requestCode)函数，参数Intent用于决定启动哪个Activity，参数requestCode是请求码。因为所有子Activity返回时，父Activity都调用相同的处理函数，因此父Activity使用requestCode来确定数据是哪一个子Activity返回的。

(1)以Sub - Activity的方式启动子Activity。

● 显式启动子Activity的代码如下

```
int SUBACTIVITY1 = 1;
Intent intent = new Intent(this, SubActivity1.class);
// Intent intent = new Intent(SubActivity1 的意图筛选器的名称);
startActivityForResult(intent, SUBACTIVITY1);
```

● 隐式启动子 Activity 的代码如下

```
int SUBACTIVITY2 = 2;
Uri uri = Uri.parse("content://contacts/people");
Intent intent = new Intent(Intent.ACTION_PICK, uri);
startActivityForResult(intent, SUBACTIVITY2);
```

(2)设置子 Activity 的返回值。

在子 Activity 调用 finish()函数关闭前,调用 setResult()函数设定需要返回给父 Activity的数据。setResult()函数有两个参数,一个是结果码,一个是返回值。结果码表明了子 Activity 的返回状态,通常为 Activity. RESULT_OK(正常返回数据)或者 Activity. RESULT_CANCELED(取消返回数据),也可以是自定义的结果码,结果码均为整数类型。

返回值封装在 Intent 中,也就是说子 Activity 通过 Intent 将需要返回的数据传递给父 Activity。数据主要以 Uri 形式返回给父 Activity,此外还可以附加一些额外信息,这些额外信息用 Extra 的集合表示。以下代码说明如何在子 Activity 中设置返回值:

```
Uri data = Uri.parse("tel:" + tel_number);
Intent result = new Intent(null, data);
setResult(RESULT_OK, result);
finish();
```

(3)在父 Activity 中获取返回值。

当子 Activity 关闭后,父 Activity 会调用 onActivityResult()函数,用了获取子 Activity 的返回值。如果需要在父 Activity 中处理子 Activity 的返回值,则重载此函数。onActivityResult()函数的语法如下:

```
public void onActivityResult(int requestCode, int resultCode, Intent data);
```

其中,第 1 个参数 requestCode 是请求码,用来判断第 3 个参数是哪一个子 Activity 的返回值;resultCode 用于表示子 Activity 的数据返回状态;data 是子 Activity 的返回数据,返回数据类型是 Intent。根据返回数据的用途不同,Uri 数据的协议则不同,可以使用 Extra 方法返回一些原始类型的数据。

以下代码说明如何在父 Activity 中处理子 Activity 的返回值:

```
1. private static final int SUBACTIVITY1 = 1;
2. private static final int SUBACTIVITY2 = 2;
3. @Override
```

```
4. public void onActivityResult(int requestCode, int resultCode, Intent data){
5.   Super.onActivityResult(requestCode, resultCode, data);
6.   switch(requestCode){
7.     case SUBACTIVITY1:
8.       if (resultCode == Activity.RESULT_OK){
9.         Uri uriData = data.getData();
10.      }else if (resultCode == Activity.RESULT_CANCEL){
11.        }
12.      break;
13.      case SUBACTIVITY2:
14.        if (resultCode == Activity.RESULT_OK){
15.          Uri uriData = data.getData();
16.        }
17.      break;
18. }
19. }
```

在上面代码中,第1行和第2行是两个子 Activity 的请求码,在第7行对请求码进行匹配。第8行和第10行对结果码进行判断,如果返回的结果码是 Activity.RESULT_OK,则在代码的第9行使用 getData()函数获取 Intent 中的 Uri 数据;如果返回的结果码是 Activity.RESULT_CANCELED,则放弃所有操作。

ActivityCommunication 示例说明了如何以 Sub－Activity 方式启动子 Activity,以及如何使用 Intent 进行组件间通信。当用户点击"启动 Activity1"和"启动 Activity2"按钮时,程序将分别启动子 SubActivity1 和 SubActivity2。

SubActivity1 提供了一个输入框,以及"接受"和"撤销"两个按钮。如果在输入框中输入信息后点击"接受"按钮,程序会把输入框中的信息传递给其父 Activity,并在父 Activity的界面上显示。如果用户点击"撤销"按钮,则程序不会向父 Activity 传递任何信息。

SubActivity2 主要是为了说明如何在父 Activity 中处理多个子 Activity,因此仅提供了用于关闭 SubActivity2 的"关闭"按钮。

父 Activity 的代码在 ActivityCommunication.java 文件中,界面布局在 main.xml 中;两个子 Activity 的代码分别在 SubActivity1.java 和 SubActivity2.java 文件中,界面布局分别在 subactivity1.xml 和 subactivity2.xml 中。

ActivityCommunicationActivity.java 文件的核心代码如下:

```
1. public class ActivityCommunicationActivity extends Activity {
2.    private static final int SUBACTIVITY1 = 1;
3.    private static final int SUBACTIVITY2 = 2;
4.    TextView textView;
5.    @ Override
6.    public void onCreate( Bundle savedInstanceState) {
7.       super. onCreate( savedInstanceState);
8.       setContentView( R. layout. main);
9.       textView = (TextView) findViewById( R. id. textShow);
10.        final Button btn1 = (Button) findViewById( R. id. btn1);
11.        final Button btn2 = (Button) findViewById( R. id. btn2);
12.
13.        btn1. setOnClickListener( new OnClickListener( ) {
14.           public void onClick( View view) {
15.           Intent intent = new Intent( ActivityCommunication. this, SubActivity1. class);
16.           startActivityForResult( intent, SUBACTIVITY1);
17.           }
18.        });
19.
20.        btn2. setOnClickListener( new OnClickListener( ) {
21.           public void onClick( View view) {
22.           Intent intent = new Intent( ActivityCommunication. this, SubActivity2. class);
23.           startActivityForResult( intent, SUBACTIVITY2);
24.           }
25.        });
26.    }
27.
28.     @ Override
29.     protected void onActivityResult( int requestCode, int resultCode, Intent data) {
30.        super. onActivityResult( requestCode, resultCode, data);
31.
32.        switch( requestCode) {
33.        case SUBACTIVITY1:
```

```
34.            if (resultCode == RESULT_OK){
35.                Uri uriData = data.getData();
36.                textView.setText(uriData.toString());
37.            }
38.            break;
39.        case SUBACTIVITY2:
40.            break;
41.        }
42.    }
43. }
```

在代码的第 2 行和第 3 行分别定义了两个子 Activity 的请求码。在代码的第 16 行和第 23 行以 Sub－Activity 的方式分别启动两个子 Activity。代码第 29 行是子 Activity 关闭后的返回值处理函数,其中 requestCode 是子 Activity 返回的请求码,与第 2 行和第 3 行定义的两个请求码相匹配;resultCode 是结果码,在代码第 32 行对结果码进行判断,如果等于 RESULT_OK,在第 35 行代码获取子 Activity 返回值中的数据;data 是返回值,子 Activity需要返回的数据就保存在 data 中。

SubActivity1. java 的核心代码如下:

```
1.    public class SubActivity1 extends Activity {
2.    @Override
3.    public void onCreate(Bundle savedInstanceState) {
4.    super.onCreate(savedInstanceState);
5.    setContentView(R.layout.subactivity1);
6.    final EditText editText = (EditText)findViewById(R.id.edit);
7.    Button btnOK = (Button)findViewById(R.id.btn_ok);
8.    Button btnCancel = (Button)findViewById(R.id.btn_cancel);
9.
10.    btnOK.setOnClickListener(new OnClickListener(){
11.        public void onClick(View view){
12.            String uriString = editText.getText().toString();
13.            Uri data = Uri.parse(uriString);
14.            Intent result = new Intent(null, data);
15.            setResult(RESULT_OK, result);
16.            finish();
```

```
17.             }
18.         });
19.
20.         btnCancel.setOnClickListener(new OnClickListener(){
21.             public void onClick(View view){
22.                 setResult(RESULT_CANCELED, null);
23.                 finish();
24.             }
25.         });
26.     }
27. }
```

代码第 13 行将 EditText 控件的内容作为数据保存在 Uri 中,并在第 14 行代码中构造 Intent。在第 15 行代码中,RESUIT_OK 作为结果码,通过调用 setResult( )函数,将 result 设定为返回值。最后在代码第 16 行调用 finish( )函数关闭当前的子 Activity。

SubActivity2.java 的核心代码:

```
1. public class SubActivity2 extends Activity {
2.     @Override
3.     public void onCreate(Bundle savedInstanceState) {
4.         super.onCreate(savedInstanceState);
5.         setContentView(R.layout.subactivity2);
6.
7.         Button btnReturn = (Button)findViewById(R.id.btn_return);
8.         btnReturn.setOnClickListener(new OnClickListener(){
9.             public void onClick(View view){
10.                setResult(RESULT_CANCELED, null);
11.                finish();
12.            }
13.        });
14.    }
15. }
```

在 SubActivity2 的代码中,第 10 行的 setResult( )函数仅设置了结果码,第 2 个参数为 null,表示没有数据需要传递给父 Activity。

5.3 Intent 过滤器

隐式启动 Activity 时，并没有在 Intent 中指明 Activity 所在的类，因此，Android 系统一定存在某种匹配机制，使 Android 系统能够根据 Intent 数据信息，找到需要启动的 Activity。这种匹配机制是依靠 Android 系统中的 Intent 过滤器（Intent Filter）来实现的。

Intent 过滤器是一种根据 Intent 中的动作（Action）、类别（Category）和数据（Data）等内容，对适合接收该 Intent 的组件进行匹配和筛选的机制。

Intent 过滤器可以匹配数据类型、路径和协议，还可以确定多个匹配项顺序的优先级（Priority）。

应用程序的 Activity，Service 和 BroadcastReceiver 组件都可以注册 Intent 过滤器。这样，这些组件在特定的数据格式上可以产生相应的动作。

为了使组件能够注册 Intent 过滤器，通常在 AndroidManifest. xml 文件的各个组件下定义 <intent - filter> 节点，然后在 <intent - filter> 节点中声明该组件所支持的动作、执行的环境和数据格式等信息。当然，也可以在程序代码中动态地为组件设置 Intent 过滤器。

<intent - filter> 节点支持、<action> 标签、<category> 标签和 <data> 标签，分别用来定义 Intent 过滤器的“动作”、“类别”和“数据”。<intent - filter> 节点支持的标签和属性说明见表 5.2。

表 5.2 Intent 过滤器标签和属性说明

标签	属性	说 明
<action>	android:name	指定组件所能响应的动作，用字符串表示，通常由 Java 类名和包的完全限定名构成
<category>	android:category	指定以何种方式去服务 Intent 请求的动作
<data>	android:host	指定一个有效的主机名
	android:mimetype	指定组件能处理的数据类型
	android:path	有效的 URI 路径名
	android:port	主机的有效端口号
	android:scheme	所需要的特定协议

<category> 标签用来指定 Intent 过滤器的服务方式，每个 Intent 过滤器可以定义多个 <category> 标签，程序开发人员可以使用自定义的类别，或使用 Android 系统提供的类别。Android 系统提供的类别见表 5.3。

表 5.3 Intent 过滤器的类别标签取值说明

值	说明
ALTERNATIVE	Intent 数据默认动作的一个可替换的执行方法
SELECTED_ALTERNATIVE	和 ALTERNATIVE 类似,但替换的执行方法不是指定的,而是被解析出来的
BROWSABLE	声明 Activity 可以由浏览器启动
DEFAULT	为 Intent 过滤器中定义的数据提供默认动作
HOME	设备启动后显示的第一个 Activity
LAUNCHER	在应用程序启动时首先被显示

这种 Intent 到 Intent 过滤器的映射过程称为"Intent 解析"。Intent 解析可以在所有的组件中,找到一个可以与请求的 Intent 达成最佳匹配的 Intent 过滤器。Android 系统中 Intent解析的匹配规则如下:

(1) Android 系统把所有应用程序包中的 Intent 过滤器集合在一起,形成一个完整的 Intent 过滤器列表。

(2) 在 Intent 与 Intent 过滤器进行匹配时,Android 系统会将列表中所有 Intent 过滤器的"动作"和"类别"与 Intent 进行匹配,任何不匹配的 Intent 过滤器都将被过滤掉。没有指定"动作"的 Intent 过滤器可以匹配任何的 Intent,但是没有指定"类别"的 Intent 过滤器只能匹配没有"类别"的 Intent。

(3) 把 Intent 数据 Uri 的每个子部与 Intent 过滤器的 <data>标签中的属性进行匹配,如果 <data>标签指定了协议、主机名、路径名或 MIME 类型,那么这些属性都要与 Intent 的 Uri 数据部分进行匹配,任何不匹配的 Intent 过滤器均被过滤掉。

(4) 如果 Intent 过滤器的匹配结果多于一个,则可以根据在 <intent-filter>标签中定义的优先级标签来对 Intent 过滤器进行排序,优先级最高的 Intent 过滤器将被选择。

IntentResolutionDemo 示例说明了如何在 AndroidManifest.xml 文件中注册 Intent 过滤器,以及如何设置 <intent-filter>节点属性来捕获指定的 Intent。

AndroidManifest.xml 的完整代码如下

```
1. <?xml version="1.0" encoding="utf-8"?>
2. <manifest xmlns:android="http://schemas.android.com/apk/res/android"
3.     package="edu.brbust.IntentResolutionDemo"
4.     android:versionCode="1"
5.     android:versionName="1.0">
6.     <Application android:icon="@drawable/icon" android:label="@string/App_name">
7.         <activity android:name=".IntentResolutionDemo"
```

```
8.            android:label = "@string/App_name" >
9.        <intent - filter >
10.           <action android:name = "android.intent.action.MAIN" / >
11.           <category android:name = "android.intent.category.LAUNCHER" / >
12.         </intent - filter >
13.       </activity >
14.       <activity android:name = ".ActivityToStart"
15.            android:label = "@string/App_name" >
16.         <intent - filter >
17.           <action android:name = "android.intent.action.VIEW" / >
18.           <category android:name = "android.intent.category.DEFAULT" / >
19.           <data android:scheme = "schemodemo" android:host = "edu.brbust" / >
20.         </intent - filter >
21.       </activity >
22.     </Application >
23.     <uses - sdk android:minSdkVersion = "14" / >
24.   </manifest >
```

在代码的第 7 行和第 14 行分别定义了两个 Activity。第 9 行到第 12 行是第 1 个 Activity的 Intent 过滤器,动作是 android. intent. action. MAIN,类别是 android. intent. category. LAUNCHER,由此可知,这个 Activity 是应用程序启动后显示的缺省用户界面。

第 16 行到第 20 行是第 2 个 Activity 的 Intent 过滤器,过滤器的动作是 android. intent. action. VIEW,表示根据 Uri 协议,以浏览的方式启动相应的 Activity;类别是 android. intent. category. DEFAULT,表示数据的默认动作;数据的协议部分是 android: scheme = "schemodemo",数据的主机名称部分是 android:host = "edu. brbust"。

在 IntentResolutionDemo. java 文件中,定义了一个 Intent 用来启动另一个 Activity,这个 Intent 与 Activity 设置的 Intent 过滤器是完全匹配的。IntentResolutionDemo. java 文件中 Intent 实例化和启动 Activity 的代码如下:

```
1. Intent intent = new Intent(Intent.ACTION_VIEW, Uri.parse("schemodemo://edu.brbust/path"));
2. startActivity(intent);
```

代码第 1 行所定义的 Intent,动作为 Intent. ACTION_VIEW,与 Intent 过滤器的动作 android. intent. action. VIEW 匹配;Uri 是"schemodemo://edu. brbust/path",其中的协议部分为"schemodemo",主机名部分为"edu. brbust",也与 Intent 过滤器定义的数据要求完全匹配。因此,代码第 1 行定义的 Intent,在 Android 系统与 Intent 过滤器列表进行匹配时,

会与 AndroidManifest. xml 文件中 ActivityToStart 定义的 Intent 过滤器完全匹配。

AndroidManifest. xml 文件中每个组件的 <intent - filter> 都被解析成一个 Intent 过滤器对象。当应用程序安装到 Android 系统时,所有的组件和 Intent 过滤器都会注册到 Android系统中。这样,Android 系统便可以将任何一个 Intent 请求通过 Intent 过滤器映射到相应的组件上。

5.4 广播与 BroadcastReceiver

Intent 的另一种用途是发送广播消息,应用程序和 Android 系统都可以使用 Intent 发送广播消息,广播消息的内容可以是与应用程序密切相关的数据信息,也可以是 Android 的系统信息,例如网络连接变化、电池电量变化、接收到短信或系统设置变化等。

使用 Intent 发送广播消息非常简单,只需创建一个 Intent,并调用 sendBroadcast( ) 函数就可把 Intent 携带的信息广播出去。但需要注意的是,在构造 Intent 时必须定义一个全局唯一的字符串,用来标识其要执行的动作,通常使用应用程序包的名称。如果要在 Intent 传递额外数据,可以用 Intent 的 putExtra( ) 方法。

下面的代码构造用于广播消息的 Intent,并添加了额外的数据,然后调用 sendBroadcast( ) 发送广播消息:

```
1. String UNIQUE_STRING  = " edu. hrbust. BroadcastReceiverDemo" ;
2. Intent intent  = new Intent( UNIQUE_STRING) ;
3. intent. putExtra( " key1" , " value1" ) ;
4. intent. putExtra( " key2" , " value2" ) ;
5. sendBroadcast( intent) ;
```

如果应用程序注册了 BroadcastReceiver,则可以接收到指定的广播消息。BroadcastReceiver 是广播接收者,它本质上是一种全局的监听器,用于监听系统全局的广播消息。由于 BroadcastReceiver 是一种全局的监听器,因此它可以非常方便地实现系统不同组件之间的通信。下面给出创建 BroadcastReceiver 的步骤:

第一步:创建 BroadcastReceiver 的子类。

由于 BroadcastReceiver 本质上是一种监听器,所以创建 BroadcastReceiver 的方法也非常简单,只需要创建一个 BroadcastReceiver 的子类然后重写 onReceive (Context context, Intent intent)方法即可。

示例代码如下:

```
1. public class MyBroadcastReceiver extends BroadcastReceiver {
2. @ Override
3. public void onReceive( Context context, Intent intent) {
```

```
4. //TODO: React to the Intent received.
5.    }
6.}
```

第二步:注册 BroadcastReceiver。

在实现了 BroadcastReceiver 之后,就应该指定该 BroadcastReceiver 能匹配的 Intent,即注册 BroadcastReceiver。注册 BroadcastReceiver 的方式有两种:静态文件注册和动态代码注册。前者是在 AndroidManifest. xml 配置文件中注册,通过这种方式注册的广播为常驻型广播,也就是说即使应用程序关闭了,一旦有相应事件触发,程序还是会被系统自动调用运行。

后者是通过代码在. Java 文件中进行注册。通过这种方式注册的广播为非常驻型广播,即它会跟随 Activity 的生命周期,所以在 Activity 结束前我们需要调用 unregisterReceiver(receiver)方法移除它。例如:

```
1.//通过代码的方式动态注册 MyBroadcastReceiver;
2. MyBroadcastReceiver receiver = new MyBroadcastReceiver( );
3. IntentFilter filter = new IntentFilter( );
4. filter. addAction( "android. intent. action. MyBroadcastReceiver" );
5.//注册 receiver
6. registerReceiver( receiver, filter);
```

当这个 Activity 销毁的时候要主动撤销注册否则会出现异常。方法如下:

```
1.@ Override
2. protected void onDestroy( ) {
3.            // TODO Auto - generated method stub
4.            super. onDestroy( );
5.            //当 Activity 销毁的时候取消注册 BroadcastReceiver
6.            unregisterReceiver( receiver);
7.}
```

当 Android 系统接收到与注册 BroadcastReceiver 匹配的广播消息时,Android 系统会自动调用这个 BroadcastReceiver 接收广播消息。在 BroadcastReceiver 接收到与之匹配的广播消息后,onReceive( )方法会被调用,但 onReceive( )方法必须要在 5 秒钟执行完毕,否则 Android 系统会认为该组件失去响应,并提示用户强行关闭该组件。

BroadcastReceiverDemo 示例说明了如何在应用程序中静态注册 BroadcastReceiver 组件,并指定接收广播消息的类型。BroadcastReceiverDemo 示例的界面如图所示,在点击“发送广播消息”按钮后,EditText 控件中内容将以广播消息的形式发送出去,示例内部的 BroadcastReceiver 将接收这个广播消息,并显示在用户界面的下方。

BroadcastReceiverDemo. java 文件中包含发送广播消息的代码,其关键代码如下:

```
1. public class BroadcastReceiverDemoActivity extends Activity {
2. private EditText entryText ;
3. private Button button;
4.     @ Override
5.     public void onCreate( Bundle savedInstanceState) {
6.         super. onCreate( savedInstanceState) ;
7.         setContentView( R. layout. main) ;
8.         entryText = ( EditText) findViewById( R. id. entry) ;
9.         button = ( Button) findViewById( R. id. btn) ;
10.          button. setOnClickListener( new OnClickListener( ) {
11.              public void onClick( View view) {
12.              Intent intent = new Intent( " edu. hrbust. BroadcastReceiverDemo" ) ;
13.              intent. putExtra( " message" , entryText. getText( ) . toString( ) ) ;
14.              sendBroadcast( intent) ;
15.              }
16.          } ) ;
17.     }
18. }
```

在配置文件 AndroidManifest. xml 中静态注册 BroadcastReceiver 组件的代码如下:

```
19. <? xml version = "1.0" encoding = "utf - 8"? >
20. < manifest xmlns:android = " http://schemas. android. com/apk/res/android"
21. package = " edu. hrbust. BroadcastReceiverDemo"
22. android:versionCode = "1"
23. android:versionName = "1.0" >
24. < Application android:icon = "@ drawable/ icon" android:label = "@ string/ App_name" >
25.     < activity android:name = ". BroadcastReceiverDemo"
26.         android:label = "@ string/ App_name" >
27.       < intent - filter >
28.           < action android:name = " android. intent. action. MAIN" / >
29.           < category android:name = " android. intent. category. LAUNCHER" / >
30.       </intent - filter >
31.     </activity >
32.     < receiver android:name = ". MyBroadcastReceiver" >
```

```
33.         <intent - filter>
34.             <action android:name = "edu. hrbust. BroadcastReceiverDemo" />
35.         </intent - filter>
36.     </receiver>
37. </Application>
38. <uses - sdk android:minSdkVersion = "14" />
39. </manifest>
```

在代码的第14行中创建了一个<receiver>节点，在第15行中声明了Intent过滤器的动作为“edu. hrbust. BroadcastReceiverDemo”，这与BroadcastReceiverDemo. java文件中Intent的动作相一致，表明这个BroadcastReceiver可以接收动作为“edu. hrbust. BroadcastReceiverDemo”的广播消息。

MyBroadcastReceiver. java文件创建了一个自定义的BroadcastReceiver，其核心代码如下：

```
1. public class MyBroadcastReceiver extends BroadcastReceiver {
2. @ Override
3. public void onReceive(Context context, Intent intent) {
4.     String msg = intent. getStringExtra("message");
5.     Toast. makeText(context, msg, Toast. LENGTH_SHORT). show();
6. }
7. }
```

代码第1行首先继承了BroadcastReceiver类，并在第3行重载了onReveive()函数。当接收到AndroidManifest. xml文件定义的广播消息后，程序将自动调用onReveive()函数进行消息处理。代码第4行通过调用getStringExtra()函数，从Intent中获取标识为message的字符串数据，并使用Toast()函数将信息显示在界面。

第6章　Android 后台服务

Service 是 Android 后台服务组件,适合开发长时间运行的应用功能。通过本章的学习可以让读者了解后台服务的基本原理,掌握进程内服务与跨进程服务的使用方法,有助于深入理解 Android 系统进程间通信机制。

6.1　Service

6.1.1　Service 的特征

1. Service 的特点

(1)Service 是一个在后台运行的 Activity。它不是一个单独的进程。

(2)它要是实现和用户的交互,需要通过通知栏或者是通过发送广播,由 UI 去接收显示。

(3)它的应用十分广泛,尤其是在框架层,应用更多的是对系统服务的调用。

2. Service 的作用

(1)它用于处理一些不干扰用户使用的后台操作。例如:下载、网络获取、播放音乐。它可以通过 INTENT 来开启,同时也可以绑定到宿主对象(调用者例如:ACTIVITY)来使用。

(2)如果 Activity 是显示前台页面的信息,那么 Service 就是在后台进行操作的。如果 Service 需要和前台 UI 进行交互,可以通过发送广播或者通知栏的方式。

3. Service 的生命周期

(1)Service 整体的生命时间是从 onCreate()被调用开始,到 onDestroy()方法返回为止。和 Activity 一样,Service 在 onCreate()中进行它的初始化工作,在 onDestroy()中释放残留的资源。

(2)startService()的方式:onCreate()→onStartCommand()→onStart()→onDestroy()。

(3)BindService()的方式:onCreate()→onBinder()→onUnbind()→onDestroy()。onUnbind()方法返回后就结束了。

6.1.2　Service 的启动方法

Service 自己不能运行,需要通过某一个 Activity 或其他 Context 对象来调用。Service

（两种启动方法，对应不同的生命周期不同）。

1. 通过 startService

调用 Context. startService( )，Service 会通过 onCreate→onStart，stopService 的时候直接 onDestroy。

如果是调用者自己直接退出而没有调用 stopService 的话，Service 会一直在后台运行。下次调用者运行的时候可以 stopService。

(1)通过调用 Context. startService( )启动 Service，通过调用 Context. stopService( )或 Service. stopSelf( )停止 Service。因此，Service 一定是由其他的组件启动的，但停止过程可以通过其他组件或自身完成。

(2)在启动方式中，启动 Service 的组件不能够获取到 Service 的对象实例。因此，无法调用 Service 中的任何函数，也不能够获取到 Service 中的任何状态和数据信息。

(3)如果仅以启动方式使用 Service，这个 Service 需要具备自管理的能力，且不需要通过函数调用向外部组件提供数据或功能。

2. 通过 bindService

调用 Context. bindService( )，Service 只会运行 onCreate，这个时候服务的调用者和服务绑定在一起，调用者退出了，Service 就会调用 onUnbind→onDestroyed。并且这种方式还可以使得调用方调用服务内的其他方法。

(1)Service 的使用是通过服务链接(Connection)实现的，服务链接能够获取 Service 的对象实例，因此绑定 Service 的组件可以调用 Service 中实现的函数或直接获取 Service 中的状态和数据信息。

(2)使用 Service 的组件通过 Context. bindService( )建立服务链接，通过 Context. unbindService( )停止服务链接。

(3)如果在绑定过程中 Service 没有启动，Context. bindService( )会自动启动 Service，而且同一个 Service 可以绑定多个服务链接，这样可以同时为多个不同的组件提供服务。

startService 和 bindService 采用不同的方法，Service 的生命周期也不同：

startService 启动，其生命周期不会因启动它的组件 Destroy 消亡，而是依赖于 mainThread(应用主线程)，主线程退出，即代表整个应用退出，因为 Service 就会 Destroy。

bindService 启动，其生命周期依赖启动它的组件，启动组件 Destroy 时，Service 也随之一起 Destroy。

这两种使用方法并不是完全独立的，在某些情况下可以混合使用，以 MP3 播放器为例，在后台工作的 Service 通过 Context. startService( )启动某个音乐播放，但在播放过程中如果用户需要暂停音乐播放，则需要通过 Context. bindService( )获取服务链接和 Service 对象实例，进而通过调用 Service 对象实例中的函数，暂停音乐播放过程，并保存相关信息。在这种情况下，如果调用 Context. stopService( )并不能够停止 Service，需要在所有的服务链接关闭后，Service 才能停止。

注意:经常使用的 startService 方法,可以把一些耗时的任务放到后台去处理,当处理完成后,可以通过广播或者通知栏通知前台。

通过以下代码深入理解启动、绑定服务,代码生成界面如图 6.1 所示。

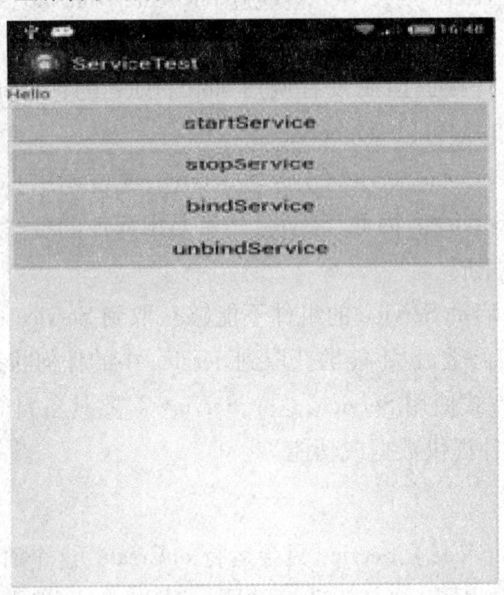

图 6.1　启动、绑定服务示例

(1) MainActivity. java 类。

(2) MyService. java 类。

```
Package com. example. servicetest;
import com. example. servicetest. service. MyService;
import android. App. Activity;
import android. content. ComponentName;
import android. content. Intent;
import android. content. ServiceConnection;
import android. os. Bundle;
import android. os. IBinder;
import android. util. Log;
import android. view. View;
import android. view. View. OnClickListener;
import android. widget. Button;
public class MainActivity extends Activity implements OnClickListener{
/ * *标志位 * /
Private static String TAG = " com. example. servicetest. MainActivity" ;
```

```
/**启动服务*/
Private ButtonmBtnStart;
/**绑定服务*/
Private ButtonmBtnBind;
@ Override
Protected void onCreate(Bundle savedInstanceState){
super.onCreate(savedInstanceState);
setContentView(R.layout.activity_main);
initView();
}
/**
 * init theView
 */
Private void initView(){
mBtnStart = (Button)findViewById(R.id.startservice);
mBtnBind = (Button)findViewById(R.id.bindservice);
mBtnStart.setOnClickListener(this);
mBtnBind.setOnClickListener(this);
}
@ Override
Public void onClick(View view){
switch(view.getId()){
//启动服务的方式
caseR.id.startservice:
startService(new Intent(MyService.ACTION));
break;
//绑定服务的方式
caseR.id.bindservice:
bindService(new Intent(MyService.ACTION),conn,BIND_AUTO_CREATE);
break;
default:
break;
   }
}
Service Connectionconn = new ServiceConnection(){
```

```
Public void onServiceConnected(ComponentNamename,IBinderservice){
Log.v(TAG,"onServiceConnected");
}
Public void onServiceDisconnected(ComponentNamename){
Log.v(TAG,"onServiceDisconnected");
   }
};
@Override
Protected void onDestroy(){
super.onDestroy();
System.out.println("--------onDestroy()--");
stopService(newIntent(MyService.ACTION));
unbindService(conn);
}
}
Package com.example.servicetest.service;
import android.App.Service;
import android.content.Intent;
import android.os.Binder;
import android.os.IBinder;
import android.util.Log;
public class MyService extends Service{
/**标志位*/
Private static String TAG="com.example.servicetest.service.MyService";
/**行为*/
Public static final String ACTION="com.example.servicetest.service.MyService";
@Override
Public void onCreate(){
super.onCreate();
System.out.println("-----onCreate()---");
}
@Override
Public void onStart(Intentintent,intstartId){
super.onStart(intent,startId);
System.out.println("-----onStart()---");
```

```
}
@ Override
Public int onStartCommand( Intentintent,intflags,intstartId) {
System. out. println(" - - - - - onStartCommand( ) - - - ");
Return super. onStartCommand( intent,flags,startId);
}
@ Override
Public IBinder onBind( Intentarg0) {
System. out. println(" - - - - - onBind( ) - - - ");
Return null;
}
@ Override
Public void onRebind( Intentintent) {
System. out. println(" - - - - - onRebind( ) - - - ");
super. onRebind( intent);
}
@ Override
Public Boolean onUnbind( Intentintent) {
System. out. println(" - - - - - onUnbind( ) - - - ");
Return super. onUnbind( intent);
}
@ Override
Public void onDestroy( ) {
System. out. println(" - - - - - onDestroy( ) - - - ");
super. onDestroy( );
}
}
<! - - 注册 - - >
< service android:name = " com. example. servicetest. service. MyService" >
< intent - filter >
<! - - 用来启动服务的 Intent - - >
< action android:name = " com. example. servicetest. service. MyService"/ >
< category android:name = " android. intent. category. default"/ >
</intent - filter >
</service >
```

6.1.3 Service 的进程通信

本节介绍 Service 的进程通信中用到的 Binder 和 Service Manager。

Binder 用于 Service 的进程通信。Binder 是 Android 系统中一个重要的"设备",引号中的"设备"是虚拟出来的,类似于 Linux 中的块设备。因此,它也是基于 IO 的,而且 Binder 是 Parcelable 的。通过 Transaction 与它的代理端,即 BinderServer 端交互。

Binder 通信是一种 client-server 的通信结构:

(1)从表面上来看,是 client 通过获得一个 Server 的代理接口,对 server 进行直接调用;

(2)实际上,代理接口中定义的方法与 Server 中定义的方法是一一对应的;

(3)client 调用某个代理接口中的方法时,代理接口的方法会将 client 传递的参数打包成为 Parcel 对象;

(4)代理接口将该 Parcel 发送给内核中的 binder driver;

(5)Server 会读取 binder driver 中的请求数据,如果是发送给自己,解包 Parcel 对象,处理并将结果返回;

(6)整个的调用过程是一个同步过程,在 Server 处理的时候,client 会 block 住。

Service 的进程通信用到的另一个进程是 Service Manager,它是一个 Linux 级的进程,就是 Service 的管理器。此处的 Service 的概念和 init 过程中 init. rc 的 Service 是不同,init. rc 中的 Service 都是 Linux 进程,但是这里的 Service 并不一定是一个进程,也就是说可能是一个或多个 Service 属于同一个 Linux 进程。

任何 Service 在被使用之前,均要向 SM(Service Manager)注册,同时客户端需要访问某个 Service 时,应该首先向 SM 查询是否存在该服务。如果 SM 存在这个 Service,那么会将该 Service 的 handle 返回给 client,handle 是每个 Service 的唯一标识符。这个进程的主要工作如下:

(1)初始化 binder,打开/dev/binder 设备;在内存中为 binder 映射 128 K 字节空间;

(2)指定 SM 对应代理 binder 的 handle 为 0,当 client 尝试与 SM 通信时,需要创建一个 handle 为 0 的代理 binder;

(3)通知 binder driver(BD)使 SM 成为 BD 的 context manager;

(4)维护一个死循环,在这个死循环中,不停地去读内核中 binder driver,查看是否有可读的内容;即是否有对 Service 的操作要求, 如果有则调用 svcmgr_handler 回调来处理请求的操作;

(5)SM 维护了一个 svclist 列表来存储 Service 的信息。

这里需要声明一下,当 Service 在向 SM 注册时,该 Service 就是一个 client,而 SM 则作为 server。而某个进程需要与 Service 通信时,此时这个进程为 client,Service 才作为 server。因此 Service 不一定为 server,有时它也作为 client 存在。

6.1.4　Service 与 Activity 交互

将 Service 用做后台下载，其生命周期不依赖启动它的组件，并且能够与它的组件相互通信。通常使用 Service 的场景：

(1)若是前台 Service，一般是用来做类似于音乐播放器；

(2)若是后台 Service，则通常是用来和服务器进行交互(数据下载)，或是其他不需要用户参与的操作。

同一进程中，启动 Service，若直接与服务器交互，则很容易引起 ANR(Application Not Responding)。因为 Service 是由 mainThread 创建出来，所以 Service 是运行在 UI 主线程，如果需要联网下载，则需要开启一个 Thread，然后在子线程中来运行。在 Service 中创建/使用线程，与在 Activity 中一样，无区别。

1. 数据交互

组件通常是 Activity，可以通过 bindService，当成功绑定时，获取 Service 中定义后的一个 IBinder 接口，可以通过这个接口，返回该 Service 对象，从而可以直接访问该 Service 中的公用方法。

当 Service 要把数据传递给某个组件时，最简单的办法就是通过 Broadcast，在 Intent 中带上数据，广播给组件即可(BroadcastReceiver 中 onReceive 也不能运行太久，否则也会 ANR，只有 10 s)。

2. Service 刷新带有进度条的状态栏

通常采用发送 Notification 到系统状态栏，以提醒用户做一些事情。但是，如果仔细看 Notification 的参数，就会发现里面有一个 RemoteViews 类型的成员，如 Widget 应用 RemoteViews。RemoteViews 可以自定义一个 View，里面放一些小的控件，支持自定义一个带有 ProgressBar 的 layout。然后，绑定到 Notification 对象上，并通过 NotificationManager 来通知更新即可。

编写 Android Service 需要基础 Service 类，并实现其中的 onBind 方法。

```
/**
 * Android Service 示例
 */
public class ServiceDemo extends Service {
  private static final String TAG = "ServiceDemo" ;
  public static final String ACTION = "com.lql.service.ServiceDemo";
  @Override
  public IBinder onBind(Intent intent) {
    Log.v(TAG, "ServiceDemo onBind");
    return null;
```

```
    }
    @Override
    public void onCreate() {
        Log.v(TAG, "ServiceDemo onCreate");
        super.onCreate();
    }
        @Override
    public void onStart(Intent intent, int startId) {
        Log.v(TAG, "ServiceDemo onStart");
        super.onStart(intent, startId);
    }
        @Override
    public int onStartCommand(Intent intent, int flags, int startId) {
        Log.v(TAG, "ServiceDemo onStartCommand");
        return super.onStartCommand(intent, flags, startId);
    }
}
```

在 AndroidManifest.xml 文件中声明 Service 组件

```
<service android:name="com.lql.service.ServiceDemo">
    <intent-filter>
        <action android:name="com.lql.service.ServiceDemo"/>
    </intent-filter>
</service>
```

其中 intent-filter 中定义的 action 是用来启动服务 Intent。

在需要 Service 的地方通过 Context.startService(Intent)方法启动 Service 或者 Context.bindService方法来绑定 Service。

```
public class ServiceDemoActivity extends Activity {
    private static final String TAG = "ServiceDemoActivity";
    Button bindBtn;
    Button startBtn;
        @Override
        public void onCreate(Bundle savedInstanceState) {
            super.onCreate(savedInstanceState);
            setContentView(R.layout.main);
            bindBtn = (Button)findViewById(R.id.bindBtn);
```

```
        startBtn = (Button)findViewById(R.id.startBtn);
        bindBtn.setOnClickListener(new OnClickListener() {
            public void onClick(View v) {
                bindService(new Intent(ServiceDemo.ACTION), conn, BIND_AUTO_
CREATE);
            }
        });
            startBtn.setOnClickListener(new OnClickListener() {
            public void onClick(View v) {
                startService(new Intent(ServiceDemo.ACTION));
            }
        });
    }
    ServiceConnection conn = new ServiceConnection() {
        public void onServiceConnected(ComponentName name, IBinder service) {
            Log.v(TAG, "onServiceConnected");
        }
        public void onServiceDisconnected(ComponentName name) {
            Log.v(TAG, "onServiceDisconnected");
        }
    };
    @Override
    protected void onDestroy() {
        Log.v(TAG, "onDestroy unbindService");
        unbindService(conn);
        super.onDestroy();
    };
}
```

如图6.2所示，点击绑定服务时输出。可以看出，只调用了onCreate方法和onBind方法，当重复点击绑定服务时，没有再输出任何日志，并且不报错。onCreate方法是在第一次创建Service时调用的，而且只调用一次。另外，在绑定服务时，给定了参数BIND_AUTO_CREATE，即当服务不存在时，自动创建，如果服务已经启动了或者创建了，那么只会调用onBind方法。

日志输出：

Application	Tag	Text
com.lql.service.demo	ServiceDemo	ServiceDemo onCreate
com.lql.service.demo	ServiceDemo	ServiceDemo onBind

图 6.2　点击绑定服务时输出

如图 6.3 所示，多次点击启动服务时输出。可以看出，在第一次点击时，因为 Service 还未创建，所以调用了 onCreate 方法，紧接着调用了 onStartCommand 和 onStart 方法。当再次点击启动服务时，仍然调用了 onStartCommand 和 onStart 方法。因为一个 Service 可以被重复启动，所以在 Service 中做任务处理时需要注意这点。

Application	Tag	Text
com.lql.service.demo	ServiceDemo	ServiceDemo onCreate
com.lql.service.demo	ServiceDemo	ServiceDemo onStartCommand
com.lql.service.demo	ServiceDemo	ServiceDemo onStart
com.lql.service.demo	ServiceDemo	ServiceDemo onStartCommand
com.lql.service.demo	ServiceDemo	ServiceDemo onStart
com.lql.service.demo	ServiceDemo	ServiceDemo onStartCommand
com.lql.service.demo	ServiceDemo	ServiceDemo onStart

图 6.3　多次点击启动服务时输出

经常使用的 startService 方法，可以把一些耗时的任务放到后台去处理，当处理完成后，通过广播来通知前台。而 onBind 方法更多的是结合 AIDL 来使用，这样一个应用可以通过绑定服务获得 IBinder 来拿到后台的接口，进而调用 AIDL 中定义的方法，进行数据交换等。

6.1.5　Service 中的 ANR

在 Android 上，如果应用程序有一段时间响应不够灵敏，系统会向用户显示一个对话框，这个对话框称作应用程序无响应（ANR：Application Not Responding）对话框。用户可以选择“等待”让程序继续运行，也可以选择“强制关闭”。所以一个合理的应用程序中不能出现 ANR，而让用户每次都要处理这个对话框。因此，在程序里对响应性能的设计很重要，这样系统不会显示 ANR 给用户。

默认情况下，在 Android 系统中 Activity 的最长执行时间是 5 s，BroadcastReceiver 的最长执行时间是 10 s。

1. 引发 ANR 的条件

在 Android 里，应用程序的响应性是由 Activity Manager 和 WindowManager 系统服务监视的。当它监测到以下情况中的任何一个后，Android 就会针对特定的应用程序显示 ANR：

(1)在 5 s 内没有响应输入的事件(例如:按键按下、屏幕触摸)。

(2)BroadcastReceiver 在 10 s 内没有执行完毕。

造成以上两点的原因有很多,例如:在主线程中做了非常耗时的操作、下载中 IO 异常等。

潜在的耗时操作,网络、数据库操作或者高耗时的计算,如改变位图尺寸,应该在子线程里(以数据库操作为例,通过异步请求的方式)来完成。然而,不是主线程阻塞在那里等待子线程的完成,也不是调用 Thread. wait()或是 Thread. sleep()。替代的方法是主线程应该为子线程提供一个 Handler,以便完成时能够提交给主线程。以这种方式设计应用程序,将能保证主线程保持对输入的响应性并能避免由于 5 s 输入事件的超时引发 ANR 对话框。

2. 避免 ANR

(1)运行在主线程里的任何方法都尽可能少做事情。特别是 Activity 应该在它的关键生命周期方法(onCreate()和 onResume())里尽可能少的去做创建操作(可以采用重新开启子线程的方式,然后使用 Handler + Message 的方式做一些操作,比如更新主线程中的 ui 等)。

(2)应用程序应该避免在 BroadcastReceiver 里做耗时的操作或计算。但不是在子线程里做这些任务(因为 BroadcastReceiver 的生命周期短),替代的是,如果响应 Intent 广播需要执行一个耗时的动作,应用程序应该启动一个 Service。(此处需要注意的是可以在广播接受者中启动 Service,但是却不可以在 Service 中启动 broadcasereciver 关于原因后续会有介绍。

(3)避免在 Intent Receiver 里启动一个 Activity,因为它会创建一个新的画面,并从当前用户正在运行的程序上抢夺焦点。如果应用程序在响应 Intent 广播时需要向用户展示什么,应该使用 Notification Manager 来实现。

ANR 异常也是程序中经常遇到的问题,主要的解决办法就是不要在主线程中做耗时的操作,而应放在子线程中来实现。比如采用 Handler + mesage 的方式,或者是有时候需要做一些和网络交互的耗时操作就采用 asyntask 异步任务的方式(它的底层其实 Handler + mesage 是有所区别的,它是线程池)等,在主线程中更新 UI。

6.2　Service 启动方式比较

startService 是可以独立与调用程序运行,也就是启动它的程序消亡了,该 Service 还是可以继续运行。bindService 是允许其他的组件(如 Activities)绑定到其上面,可以发送请求,也可以接受请求,甚至能进行进程间的通信。当创建一个可以提供绑定功能的服务时,就必须要提供一个 IBinder 对象,客户端能使用 IBinder 对象与服务进行交互,在 Android 系统中,有以下三种方式可以创建 IBinder。

1. 扩展 Binder 类

这种方式当 Service 只给当前的程序用而且在后台执行，采用这种方式比较好。优点是不需要跨进程间通信。

2. 使用 Message 机制

消息机制相对于 Binder 的方式就比较复杂，它支持跨进程间调用的（这种方式的基础也是 AIDL），这种情况下，Service 将定义一个 handle 来处理不同的 object 服务请求，这里 IBinder 对所有的客户端来说是共享的。当然客户端也可以定义自己的 handle 来处理和 Service 之间进行交互。消息机制是一种实现进程间通信的最简单的方式，因为所有的请求都会放到一个消息队列当中去进行轮询处理，每次只处理一个服务请求，这样就不用保证设计的 Service 需要保证是线程安全状态。

3. 使用 AIDL（Android interface definition language 安卓接口定义语言）

这种方式是最难的一种方式，它会把所有的工作都分解成为最原始的语义，从而使得系统能够理解该工作目的，然后进行进程间的通信。前面说过 message 采用的是 AIDL 的架构基础，当需要同时处理多个请求，而不是放在队列里面一个一个的处理。这时候就可以采用这种方式了。使用这种方式必须保证 Service 能够支持多线程并且保证其实线程安全状态。一般情况下会先创建一个. aldl 文件来定义程序的接口，系统会自动生成抽象类以及 IPC 的处理，然后可以在 Service 中进行 extend，实现相关功能。

创建绑定服务要素：必须是实现 onBind（ ）函数，然后返回一个 IBinder 的接口，IBinder定义了与 Service 通信的接口；其他应用程序通过调用 bindService（ ）来绑定到该 Service 上并获取接口以及调用 Service 的方法。Service 生存的唯一理由是为了绑定它的应用程序服务。因此，应用程序如果消失了，它也将消失。

创建一个 bound Service 的过程：首先，定义一个客户端如何与 Service 通信的接口，该接口必须是实现了 IBinder 的接口，该接口是从 onBind（ ）函数的回调方法中返回来的。如果客户端收到了 IBinder 接口，就可以和 Service 间进行通信了。多个客户端可以和 Service 绑定一次，当客户端与 Service 交互结束之后，将会调用 unbindService（ ）来解除绑定，如果整个系统中没有客户端与 Service 进行绑定了，那么系统将会 destory 该 Service。下面例子实现一个 Service 为客户端提供一个随机产生的数字，并将随机数显示在界面上。

（1）LocalService. java 类，继承自 Service，代码以及注释如下：

```
package com. android. localboundservice;
import java. util. Random;
import android. App. Service;
import android. content. Intent;
import android. os. Binder;
```

```
import android. os. IBinder;
import android. util. Log;
/* *
 * 创建一个 bindservice 的步骤:
 * 实现一个 IBinder 接口类,并返回一个 IBinder 对象,该对象用于传递给客户端来
进行调用 Service 的服务。通常的做法是 extends Binder 类,
 * 应为该类实现了 IBinder 的接口。然后从 onBind 函数中返回当前 Service 的一个
实例,该实例是 IBinder 类型。
 * 实现 Service 中需要提供给客户端的服务即可。
 * 至于客户端如何使用 Service 请看客户端的操作。
 */
public class LocalService extends Service {
  public IBinder localBinder = new MyLocalService( );
  public Random m_generator = new Random( );
  public static final int num = 2000;
  private static final String TAG = "LocalService";
  /* *
   * 该类作用:
   * 1. yLocalService 继承自 Binder 类,而 Binder 类是实现了 IBinder 接口的。该接
口用于提供给客户端,
   * 可以用于客户端获取 service 的对象,然后调用 Service 端的方法。
   */
  public class MyLocalService extends Binder{
    public LocalService getService( ){
      Log. d(TAG, " * * * * * * * * * getService");
      return LocalService. this;
    }
  }
  /* *
   * 由于是采用 IBinder 形式进行 Service 绑定的,这里在绑定的时候返回一个
IBinder对象,该对象用于给客户端使用 Service 的服务。
   * 该对象就是前面我们创建的 MyLocalService 的对象,该对象是继承了 Binder
类,Binder 类实现了 IBinder 接口。
   */
  @ Override
```

```
    public IBinder onBind(Intent arg0) {
        // TODO Auto - generated method stub
        Log.d(TAG, "*******return IBinder interface");
        return localBinder;}
    /**
     * @param null;
     * @return 随机数。
     * Service 中提供的方法,用于产生一个随机数。
     */
    public int generatorInt() {
        Log.d(TAG, "*******get random generator!");
        return m_generator.nextInt(num);  }
}
```

(2) LocalBoundServiceActivity. java 继承自 Activity 作为客户端:

```
package com.android.huawei.localboundservice;
import com.android.localboundservice.LocalService.MyLocalService;
import android.App.Activity;
import android.os.Bundle;
import android.os.IBinder;
import android.widget.Button;
import android.widget.Toast;
import android.util.Log;
import android.view.*;
import android.content.ComponentName;
import android.content.Context;
import android.content.Intent;
import android.content.ServiceConnection;
/**
 * 客户端使用 bind Service
 * 1. 在 Activity 的 start 的时候使用 intent 对象启动 bindService(Intent intent,Service-
Connection conn,int flags)来进行绑定。
 * bindService 的需要传递三个参数:
 *(1)绑定 Service 的 intent;
 *(2)ServiceConnection 的接口变量,既然是接口,那么需要在程序中去实现了。这
个变量主要是当 Service 连接和断开的时候传递相关的信息。需要实现两个回调函数
```

* ①onServiceConnected( ):当连接建立起来的时候,传递 onBind 函数中返回的IBinder接口对象。

* ②onServiceDisConnected( ):当连接异常断开的时候,系统会走到该函数处,比如说service 被杀死,或者程序异常崩溃。但是必须记住,客户端调用 unbindService( )函数的时候是不会走到该函数处的。调用客户端消亡的时候,Service 跟着消亡。

* (3)? 标记,这里的标记选择 BIND_AUTO_CREATE 表述当 bind 存在的时候自动创建 service。

```
*/
public class LocalBoundServiceActivity extends Activity {
  private static final String TAG = "LocalBoundServiceActivity";
  private Button mBtnService = null;
  private boolean isConn = false; //该标记位主要用于判断当前是连接状态还是断开状态
  private LocalService recSer = null;//定义一个 LocalService 变量,该变量继承自
Binder 类(实现了 IBinder 接口)
  /** Called when the activity is first created. */
    @Override
    public void onCreate(Bundle savedInstanceState) {
        super.onCreate(savedInstanceState);
        setContentView(R.layout.main);
        mBtnService = (Button)findViewById(R.id.bindService);
              // 该按钮响应函数用于调用 service 中的随机数生成器。
                mBtnService.setOnClickListener(new Button.OnClickListener(){
                  public void onClick(View v){
                  if(isConn == true){
                    int num = recSer.generatorInt();
    Toast.makeText(LocalBoundServiceActivity.this, "生成数为:" + num, Toast.
LENGTH_LONG).show();          }
          }
        });
    }
  @Override
    protected void onStart() {
      // TODO Auto-generated method stub
      super.onStart();
      Intent intent = new Intent(LocalBoundServiceActivity.this,LocalService.class);
```

```
        bindService(intent,mcoon,Context. BIND_AUTO_CREATE);//绑定服务
    }
    @ Override
    protected void onStop() {
        // TODO Auto - generated method stub
        super. onStop();
            if(isConn){
                unbindService(mcoon);
                isConn = true;
            }
    }
    private ServiceConnection mcoon = new ServiceConnection() {
        @ Override
        public void onServiceDisconnected(ComponentName name) {
            // TODO Auto - generated method stub
            isConn = false;
            Log. d(TAG, "service disconnected!!!");
        }
        @ Override
        public void onServiceConnected(ComponentName name, IBinder service) {
            // TODO Auto - generated method stub
            MyLocalService bindSer = (MyLocalService)service;
                recSer = bindSer. getService();
                isConn = true;
            Log. d(TAG, "service connected!!!");
            }
    };
}
```

在 manifest 文件中加上 Service 的注册:LocalBoundService Manifest. xml

```
<? xml version = "1.0" encoding = "utf - 8"? >
<manifest xmlns:android = "http://schemas. android. com/apk/res/android"
      package = "com. android. huawei. localboundservice"
      android:versionCode = "1"
      android:versionName = "1.0" >
    <uses - sdk android:minSdkVersion = "8" />
```

```
<Application android:icon = "@drawable/icon" android:label = "@string/App_name" >
    <activity android:name = ".LocalBoundServiceActivity"
              android:label = "@string/App_name" >
        <intent - filter >
            <action android:name = "android.intent.action.MAIN" / >
            <category android:name = "android.intent.category.LAUNCHER" >
        </intent - filter >
    </activity >
            <service android:name = ".LocalService" >
            </service >
</Application >
</manifest >
```

程序运行的界面,获取随机数并显示的Service如图6.4所示。

图6.4　获取随机数并显示的Service

6.3　AIDL

Android系统中进程之间不能共享内存,因此,需要提供一些机制在不同进程之间进行数据通信。为了其他的应用程序也可以访问本应用程序提供的服务,Android系统采用了远程过程调用(Remote Procedure Call,RPC)方式来实现。与很多其他的基于RPC的解决方案一样,Android使用一种接口定义语言(Interface Definition Language,IDL)来公开服务的接口。知道 4 个 Android 应用程序组件中的 3 个(Activity、BroadcastReceiver 和 ContentProvider)都可以进行跨进程访问,另外一个 Android 应用程序组件 Service 同样可以。因此,可以将这种可以跨进程访问的服务称为(Android Interface Definition Language, AIDL)服务。

建立 AIDL 服务要比建立普通的服务复杂一些,具体步骤如下:

(1)在 Eclipse Android 工程的 Java 包目录中建立一个扩展名为 aidl 的文件。该文件的语法类似于 Java 代码,但会稍有不同。

(2)如果 aidl 文件的内容是正确的,ADT 会自动生成一个 Java 接口文件(*.java)。

(3)建立一个服务类(Service 的子类)。

(4)实现由 aidl 文件生成的 Java 接口。

(5)在 AndroidManifest.xml 文件中配置 AIDL 服务,要注意的是 <action> 标签中 Android:name的属性值就是客户端要引用该服务的 ID,也就是 Intent 类的参数值。

在 Android 中,每个应用(Application)执行在自己的进程中,无法直接调用到其他应用的资源,这也符合“沙箱”的理念。所谓“沙箱”原理,一般来说用在移动电话业务中,在部分或全部隔离应用程序。因此,在 Android 中,当一个应用被执行时,一些操作是被限制的。例如:访问内存、访问传感器等。这样做可以最大化地保护系统。

AIDL 是 IPC 的一个轻量级实现,遵循 Java 语法。Android 也提供了一个工具,可以自动创建 Stub。当需要在应用间通信时,需要以下几步:

(1)定义一个 AIDL 接口。

(2)为远程服务(Service)实现对应 Stub。

(3)将服务“暴露”给客户程序使用。

AIDL 的语法很类似 Java 的接口(Interface),只需要定义方法的签名。

AIDL 支持的数据类型与 Java 接口支持的数据类型有些不同。

(1)所有基础类型(int, char 等)。

(2)String,List,Map,CharSequence 类等。

(3)其他 AIDL 接口类型。

(4)所有 Parcelable 的类。

为了更好地展示 AIDL 的用法,举一个很简单的例子:两数相加。

创建工程 HelloSumAIDL。

- 包名:com.android.hellosumaidl。
- Activity 名称:HelloSumAidlActivity。

在 com.android.hellosumaidl 这个包中,新建一个普通文件(New→File),取名为 IAdditionService.aidl。在这个文件中输入以下代码:

```
package com.android.hellosumaidl;
// Interface declaration
```

```
interface IAdditionService {
    // You can pass the value of in, out or inout
    // The primitive types (int, boolean, etc) are only passed by in
    int add(in int value1, in int value2);
}
```

将文件保存,Android 的 AIDL 工具会在 gen/com/android/hellosumaidl 这个文件夹里自动生成对应的 IAdditionService. java 文件。因为是自动生成的,所以不用改动。这个文件里就包含了 Stub,接下来要为远程服务实现这个 Stub。

实现远程服务,首先在 com. android. hellosumaidl 包中新建一个类,取名 AdditionService. java。为了实现服务,需要让这个类中的 onBind 方法返回一个 IBinder 类的对象。这个 IBinder 类的对象就代表了远程服务的实现。为了实现这个服务,要用到自动生成的子类 IAdditionService. Stub。其中,必须实现之前在 AIDL 文件中定义的 add( ) 函数。下面是远程服务的代码:

```
package com.android.hellosumaidl;
import android.App.Service;
import android.content.Intent;
import android.os.IBinder;
import android.os.RemoteException;
/*
 * This class exposes the service to client
 */
public class AdditionService extends Service {
    @Override
    public void onCreate() {
        super.onCreate();
    }
    @Override
    public IBinder onBind(Intent intent) {
        return new IAdditionService.Stub() {
            /*
             * Implement com.android.hellosumaidl.IAdditionService.add(int, int)
             */
            @Override
            public int add(int value1, int value2) throws RemoteException {
                return value1 + value2;
```

```
            }
        };
    }
    @Override
    public void onDestroy() {
        super.onDestroy();
    }
}
```

暴露服务,一旦实现了服务中的 onBind 方法,就可以把客户程序(HelloSumAidlActivity.java)与服务连接起来了。为了建立这样的一个链接,需要实现 ServiceConnection 类。在 HelloSumAidlActivity.java 创建一个内部类 AdditionServiceConnection,这个类继承 ServiceConnection类,并且重写了它的两个方法:onServiceConnected 和onServiceDisconnected。下面给出内部类的代码:

```
/*
 * This inner class is used to connect to the service
 */
class AdditionServiceConnection implements ServiceConnection {
    public void onServiceConnected(ComponentName name, IBinder boundService) {
        service = IAdditionService.Stub.asInterface((IBinder)boundService);
        Toast.makeText(HelloSumAidlActivity.this, "Service connected", Toast.
LENGTH_LONG).show();
    }
    public void onServiceDisconnected(ComponentName name) {
        service = null;
        Toast.makeText(HelloSumAidlActivity.this, "Service disconnected", Toast.
LENGTH_LONG).show();
    }
}
```

这个方法接收一个远程服务的实现作为参数。使用 IAdditionService.Stub.asInterface((IBinder)boundService)转换(cast)为 AIDL 的实现。

为了完成测试项目,首先改写 main.xml(主界面的格局文件)和 string.xml(字符串定义文件):

main.xml

```
<?xml version="1.0" encoding="utf-8"?>
<LinearLayout xmlns:android="http://schemas.android.com/apk/res/android"
```

```
android:layout_width = "match_parent"
android:layout_height = "match_parent"
android:orientation = "vertical"  >
 <TextView
     android:layout_width = "fill_parent"
     android:layout_height = "wrap_content"
     android:text = "@string/hello"
     android:textSize = "22sp"  />
 <EditText
     android:id = "@ +id/value1"
     android:layout_width = "wrap_content"
     android:layout_height = "wrap_content"
     android:hint = "@string/hint1"  >
 </EditText>
 <TextView
     android:id = "@ +id/TextView01"
     android:layout_width = "wrap_content"
     android:layout_height = "wrap_content"
     android:text = "@string/plus"
     android:textSize = "36sp"  />
 <EditText
     android:id = "@ +id/value2"
     android:layout_width = "wrap_content"
     android:layout_height = "wrap_content"
     android:hint = "@string/hint2"  >
 </EditText>
 <Button
     android:id = "@ +id/buttonCalc"
     android:layout_width = "wrap_content"
     android:layout_height = "wrap_content"
     android:hint = "@string/equal"  >
 </Button>
 <TextView
     android:id = "@ +id/result"
     android:layout_width = "wrap_content"
```

```
        android:layout_height = "wrap_content"
        android:text = "@string/result"
        android:textSize = "36sp" />
</LinearLayout>
```

string. xml

```
<? xml version = "1.0" encoding = "utf-8"? >
<resources>
    <string name = "App_name" >HelloSumAIDL </string>
    <string name = "hello" >Hello Sum AIDL </string>
    <string name = "result" >Result </string>
    <string name = "plus" > + </string>
    <string name = "equal" > = </string>
    <string name = "hint1" >Value 1 </string>
    <string name = "hint2" >Value 2 </string>
</resources>
```

最后,HelloSumAidlActivity. java 如下:

```
package com. android. hellosumaidl;
import android. os. Bundle;
import android. os. IBinder;
import android. os. RemoteException;
import android. view. View;
import android. view. View. OnClickListener;
import android. widget. Button;
import android. widget. EditText;
import android. widget. TextView;
import android. widget. Toast;
import android. App. Activity;
import android. content. ComponentName;
import android. content. Context;
import android. content. Intent;
import android. content. ServiceConnection;
public class HelloSumAidlActivity extends Activity {
    IAdditionService service;
    AdditionServiceConnection connection;
    @Override
```

```
public void onCreate(Bundle savedInstanceState) {
    super.onCreate(savedInstanceState);
    setContentView(R.layout.main);
    initService();
    Button buttonCalc = (Button)findViewById(R.id.buttonCalc);
    buttonCalc.setOnClickListener(new OnClickListener() {
        TextView result = (TextView)findViewById(R.id.result);
        EditText value1 = (EditText)findViewById(R.id.value1);
        EditText value2 = (EditText)findViewById(R.id.value2);
        @Override
        public void onClick(View v) {
            int v1, v2, res = -1;
            v1 = Integer.parseInt(value1.getText().toString());
            v2 = Integer.parseInt(value2.getText().toString());
            try {
                res = service.add(v1, v2);
            } catch (RemoteException e) {
                e.printStackTrace();
            }
            result.setText(Integer.valueOf(res).toString());
        }
    });
}
@Override
protected void onDestroy() {
    super.onDestroy();
    releaseService();
}
/*
 * This inner class is used to connect to the service
 */
class AdditionServiceConnection implements ServiceConnection {
    public void onServiceConnected(ComponentName name, IBinder boundService) {
        service = IAdditionService.Stub.asInterface((IBinder)boundService);
        Toast.makeText(HelloSumAidlActivity.this, "Service connected", Toast.
```

```
LENGTH_LONG).show();
            }
            public void onServiceDisconnected(ComponentName name) {
                service = null;
                Toast.makeText(HelloSumAidlActivity.this, "Service disconnected",
Toast.LENGTH_LONG).show();
            }
        }
        /*
         * This function connects the Activity to the service
         */
        private void initService() {
            connection = new AdditionServiceConnection();
            Intent i = new Intent();
            i.setClassName("com.android.hellosumaidl", com.android.hellosumaidl.
AdditionService.class.getName());
            boolean ret = bindService(i, connection, Context.BIND_AUTO_CREATE);
        }
        /*
         * This function disconnects the Activity from the service
         */
        private void releaseService() {
            unbindService(connection);
            connection = null;
        }
    }
```

第 7 章 Android 数据存储

数据存储在 Android 开发中是使用最频繁的,本章主要介绍在 Android 平台中实现数据存储的 5 种方式,分别是:

1. 使用 SharedPreferences 存储数据。

2. 文件存储数据,按照存储的位置不同,又可细分为内部存储和外部存储。

3. SQLite 数据库存储数据。

4. 使用 ContentProvider 存储数据。

5. 网络存储数据。

7.1 SharedPreferences 数据存储

使用 SharedPerferences 可在不同的应用程序之间共享数据,其效果与在同一个 Activity中获取数据的方式是一样的。使用 SharedPreferences 存储数据适用保存少量的数据,且这些数据的格式非常简单,例如:字符串型、基本类型的值。应用程序的各种配置信息(如是否打开音效、是否使用震动效果、小游戏的玩家积分、解锁口令密码等)。

1. SharedPerferences 的核心原理

保存基于 XML 文件存储的 key-value 键值对数据,通常用来存储一些简单的配置信息。通过 DDMS 的 File Explorer 面板,展开文件浏览树,可以看到 SharedPreferences 数据总是存储在/data/data/ <package name >/shared_prefs 目录。SharedPreferences 对象本身只能获取数据而不支持存储和修改,存储修改是通过 SharedPreferences. edit()获取的内部接口 Editor 对象实现。SharedPreferences 本身是一个接口,程序无法直接创建 SharedPreferences实例,只能通过 Context 提供的 getSharedPreferences(String name, int mode)方法来获取 SharedPreferences 实例,该方法中 name 表示要操作的 xml 文件名,第二个参数具体如下:

Context. MODE_PRIVATE: 指定该 SharedPreferences 数据只能被本应用程序读、写。

Context. MODE_WORLD_READABLE:指定该 SharedPreferences 数据能被其他应用程序读,但不能写。

Context. MODE_WORLD_WRITEABLE:指定该 SharedPreferences 数据能被其他应用程序读、写。

2. Editor 的主要方法

SharedPreferences. Editor clear( ):清空 SharedPreferences 里所有数据。

SharedPreferences. Editor putXxx(String key , xxx value):向 SharedPreferences 存入指定 key 对应的数据,其中 xxx 可以是 boolean、float、int 等各种基本类型据。

SharedPreferences. Editor remove ( ):删除 SharedPreferences 中指定 key 对应的数据项。

boolean commit( ):当 Editor 编辑完成后,使用该方法提交修改。

SharedPreferences 是 Android 中最容易理解的数据存储技术,实际上 SharedPreferences 处理的就是一个 key-value(键值对)SharedPreferences 常用来存储一些轻量级的数据。

(1)使用 SharedPreferences 保存数据方法如下:

```
//实例化 SharedPreferences 对象
SharedPreferences mySharedPreferences = getSharedPreferences("test", Activity. MODE
_PRIVATE);
//实例化 SharedPreferences. Editor 对象
SharedPreferences. Editor editor = mySharedPreferences. edit();
//用 putString 的方法保存数据
editor. putString("name", "Karl");
editor. putString("habit", "sleep");
//提交当前数据
editor. commit();
//使用 toast 信息提示框提示成功写入数据
Toast. makeText(this, "数据成功写入 SharedPreferences!", Toast. LENGTH_LONG). show();
```

执行以上代码,SharedPreferences 将会把这些数据保存在 test. xml 文件中,可以在 File Explorer 的 data/data/相应的包名/test. xml 下导出该文件,并查看。

(2)使用 SharedPreferences 读取数据方法如下:

```
//同样,在读取 SharedPreferences 数据前要实例化出一个 SharedPreferences 对象
SharedPreferencessharedPreferences = getSharedPreferences ("test", Activity. MODE_
PRIVATE);
// 使用 getString 方法获得 value,注意第 2 个参数是 value 的默认值
String name =sharedPreferences. getString("name", "");
String habit =sharedPreferences. getString("habit", "");
//使用 toast 信息提示框显示信息
Toast. makeText(this, "读取数据如下:"+"\n"+"name:" + name + "\n" + "
habit:" + habit, Toast. LENGTH_LONG). show();
```

读取 PreferenceWriteTest 工程写入的 value1 值的代码如 PreferenceReadTest:

```
public class PreferenceReadTest extends Activity {
    private TextView tv;
     @ Override
     public void onCreate( Bundle savedInstanceState) {
          super. onCreate( savedInstanceState) ;
          setContentView( R. layout. main) ;
          SharedPreferences sp = getSharedPreferences( "shared_filename", MODE_
WORLD_READABLE) ;
          tv = (TextView) findViewById( R. id. hello) ;
          tv. setText( "value1 = " + sp. getString( "value1", "default") ) ;
     }
}
```

用于写入 SharedPerferences 到 xml 文件中的代码如 PreferenceWriteTest：

```
public class PreferenceWriteTest extends Activity {
private Button btn;
     @ Override
     public void onCreate( Bundle savedInstanceState) {
          super. onCreate( savedInstanceState) ;
          setContentView( R. layout. main) ;
          SharedPreferences sp = getSharedPreferences( "shared_filename", MODE_
WORLD_WRITEABLE) ;
          Editor e = sp. edit( ) ;
          e. putString( "value1", "54321") ;
          e. commit( ) ;
     }
```

基于 SharedPreferences 的输入框如图 7.1 所示，可以输入密码口令、设置密码口令、获取密码口令。

图 7.1 基于 SharedPreferences 的输入框

这里只提供了两个按钮和一个输入文本框,布局简单,故此不给出界面布局文件了,程序核心代码如下:

```
class ViewOcl implements View. OnClickListener{
        @ Override
        public void onClick( View v) {
            switch( v. getId( ) ) {
            case R. id. btnSet:
                //获取输入值
                String code = txtCode. getText( ). toString( ). trim( );
                //创建一个 SharedPreferences. Editor 接口对象,lock 表示要写入的 XML 文件名,MODE_WORLD_WRITEABLE 写操作
                SharedPreferences. Editor editor = getSharedPreferences( "lock", MODE_WORLD_WRITEABLE). edit( );
                //将获取过来的值放入文件
                editor. putString( "code", code);
                //提交
                editor. commit( );
                Toast. makeText( getApplicationContext( ), "口令设置成功", Toast. LENGTH_LONG). show( );
                break;
            case R. id. btnGet:
                //创建一个 SharedPreferences 接口对象
                SharedPreferences read = getSharedPreferences( "lock", MODE_WORLD_READABLE);
                //获取文件中的值
                String value = read. getString( "code", "");
                Toast. makeText( getApplicationContext( ), "口令为:" + value, Toast. LENGTH_LONG). show( );
                break;
            }
        }
    }
```

读写其他应用的 SharedPreferences,步骤如下:

(1)在创建 SharedPreferences 时,指定 MODE_WORLD_READABLE 模式,表明该 SharedPreferences 数据可以被其他程序读取。

(2)创建其他应用程序对应的 Context: Context pvCount = createPackageContext("com. tony. App", Context. CONTEXT_IGNORE_SECURITY);这里的 com. tony. App 就是其他程序的包名。

(3)使用其他程序的 Context 获取对应的 SharedPreferences SharedPreferences read = pvCount. getSharedPreferences("lock", Context. MODE_WORLD_READABLE)。

(4)如果是写入数据,使用 Editor 接口即可,所有其他操作均和前面一致。

SharedPreferences 对象与 SQLite 数据库相比,免去了创建数据库、创建表、写 SQL 语句等诸多操作,相对而言更加方便、简洁。但是 SharedPreferences 也有自身缺陷,比如其职能存储 boolean、int、float、long 和 String 五种简单的数据类型,比如无法进行条件查询等。所以不论 SharedPreferences 的数据存储操作是如何简单,它也只能是存储方式的一种补充,而无法完全替代。例如:SQLite 数据库这样的其他数据存储方式。

7.2　内部存储

内部存储,将文件存储于 Android 手机本地存储空间。Android 可以通过绝对路径以 Java 传统方式访问内部存储空间。但是以这种方式创建的文件是私有的,创建它的应用程序对该文件是可读可写,但是别的应用程序并不能直接访问它。不是所有的内部存储空间应用程序都可以访问,默认情况下只能访问/data/data/路径下的应用程序的包名。

更好的方法是使用 Context 对象的 openFileOutput()和 openFileInput()来进行数据持久化存储的这种方式,数据文件将存储在内部存储空间的/data/data/应用程序的包名/files/目录下,无法指定更深一级的目录,而且默认是 Context. MODE_PRIVATE 模式,即其他应用程序不能访问它。可以使用 openFileOutput()的 int mode 参数来让其他应用程序也能访问文件。

注意:保存在/data/data/应用程序的包名目录中文件,会在卸载应用程序时被删除掉。

使用 Context 对象访问 Android 内部存储的核心原理: Context 提供了两个方法来打开数据文件里的文件 IO 流 FileInputStream openFileInput(String name)、FileOutputStream(String name , int mode)。这两个方法第一个参数用于指定文件名,第二个参数指定打开文件的模式。具体有以下值可选:

MODE_PRIVATE:为默认操作模式,代表该文件是私有数据,只能被应用本身访问,在该模式下,写入的内容会覆盖原文件的内容。

MODE_AppEND:模式会检查文件是否存在,存在就往文件追加内容,否则就创建新文件。

MODE_WORLD_READABLE:表示当前文件可以被其他应用读取。

MODE_WORLD_WRITEABLE:表示当前文件可以被其他应用写入。

除此之外,Context 还提供了如下几个重要的方法:

getDir(String name , int mode):在应用程序的数据文件夹下获取或者创建 name 对应的子目录。

File getFilesDir():获取该应用程序的数据文件夹得绝对路径。

String[] fileList():返回该应用数据文件夹的全部文件。

图 7.1 为示例。核心代码如下:

```
public String read() {
        try {
            FileInputStream inStream = this. openFileInput("message. txt");
            byte[] buffer = new byte[1024];
            int hasRead = 0;
            StringBuilder sb = new StringBuilder();
            while ((hasRead = inStream. read(buffer)) ! = -1) {
                sb. Append(new String(buffer, 0, hasRead));
            }
            inStream. close();
            return sb. toString();
        } catch (Exception e) {
            e. printStackTrace();
        }
        return null;
    }
    public void write(String msg) {
        //获取输入值
        if(msg = = null) return;
        try {
            //创建一个 FileOutputStream 对象,MODE_AppEND 追加模式
            FileOutputStream fos = openFileOutput("message. txt",MODE_AppEND);
            //将获取过来的值放入文件
            fos. write(msg. getBytes());
            //关闭数据流
            fos. close();
        } catch (Exception e) {
            e. printStackTrace();
        }
```

```
    }
```

openFileOutput()方法的第一参数用于指定文件名称,不能包含路径分隔符"/",如果文件不存在,Android 会自动创建。创建的文件保存在/data/data/<package name>/files 目录,例如:/data/data/cn. tony. App/files/message. txt。

7.3　外部存储

外部存储即读写 sdcard 上的文件,读写步骤按如下进行:

(1)调用 Environment 的 getExternalStorageState()方法判断手机上是否插了 SD 卡,且应用程序具有读写 SD 卡的权限,如下代码将返回 true。

Environment. getExternalStorageState(). equals(Environment. MEDIA_MOUNTED)

(2)调用 Environment. getExternalStorageDirectory()方法来获取外部存储器,也就是 SD 卡的目录,或者使用"/mnt/sdcard/"目录。

(3)使用 IO 流操作 SD 卡上的文件。

注意:手机应该已插入 SD 卡,对于模拟器而言,可通过 mksdcard 命令来创建虚拟存储卡必须在 AndroidManifest. xml 上配置读写 SD 卡的权限。

```
<uses-permission android:name="android.permission.MOUNT_UNMOUNT_FILESYSTEMS"/>
<uses-permission android:name="android.permission.WRITE_EXTERNAL_STORAGE"/>
```

示例代码:

```
// 文件写操作函数
    private void write(String content) {
        if (Environment.getExternalStorageState().equals(
                Environment.MEDIA_MOUNTED)) { // 如果 sdcard 存在
            File file = new File(Environment.getExternalStorageDirectory()
                        .toString()
                        + File.separator
                        + DIR
                        + File.separator
                        + FILENAME); // 定义 File 类对象
            if (! file.getParentFile().exists()) { // 父文件夹不存在
                file.getParentFile().mkdirs(); // 创建文件夹
            }
            PrintStream out = null; // 打印流对象用于输出
```

```
            try {
                out = new PrintStream(new FileOutputStream(file, true));// 追加文件
                out.println(content);
            } catch (Exception e) {
                e.printStackTrace();
            } finally {
                if (out != null) {
                    out.close(); // 关闭打印流
                }
            }
        } else { // SDCard 不存在,使用 Toast 提示用户
            Toast.makeText(this, "保存失败,SD 卡不存在!", Toast.LENGTH_
LONG).show();
        }
    }
    // 文件读操作函数
    private String read() {
        if (Environment.getExternalStorageState().equals(
                Environment.MEDIA_MOUNTED)) { // 如果 sdcard 存在
            File file = new File(Environment.getExternalStorageDirectory()
                    .toString()
                    + File.separator
                    + DIR
                    + File.separator
                    + FILENAME); // 定义 File 类对象
            if (! file.getParentFile().exists()) { // 父文件夹不存在
                file.getParentFile().mkdirs(); // 创建文件夹
            }
            Scanner scan = null; // 扫描输入
            StringBuilder sb = new StringBuilder();
            try {
                scan = new Scanner(new FileInputStream(file)); // 实例化 Scanner
                while (scan.hasNext()) { // 循环读取
                    sb.Append(scan.next() + "\n"); // 设置文本
                }
```

```
                return sb.toString();
            } catch (Exception e) {
                e.printStackTrace();
            } finally {
                if (scan != null) {
                    scan.close(); // 关闭打印流
                }
            }
        } else { // SDCard 不存在,使用 Toast 提示用户
            Toast.makeText(this, "读取失败,SD 卡不存在!", Toast.LENGTH_
LONG).show();
        }
        return null;
    }
```

Android 实现 SD 卡和实现内存文件存储的做法是一样的。只是取得文件路径的方法不一样,基本上跟 Java 的文件操作是一致的。外部存储配置取得位置和实现有所不同。下面是对 SD 卡操作常用的 Environment 类和 StatFs 类的介绍。

1. Environment 类

Environment 是一个提供访问环境变量的类。

Environment 包含常量:

MEDIA_BAD_REMOVAL

解释:返回 getExternalStorageState(),表明 SD 卡卸载前已被移除。

MEDIA_CHECKING

解释:返回 getExternalStorageState(),表明对象正在磁盘检查。

MEDIA_MOUNTED

解释:返回 getExternalStorageState(),表明对象是否存在并具有读、写权限。

MEDIA_MOUNTED_READ_ONLY

解释:返回 getExternalStorageState(),表明对象权限为只读。

MEDIA_NOFS

解释:返回 getExternalStorageState(),表明对象为空白或正在使用不受支持的文件系统。

MEDIA_REMOVED

解释:返回 getExternalStorageState(),如果不存在 SD 卡返回。

MEDIA_SHARED

解释:返回 getExternalStorageState(),如果 SD 卡未安装,并通过 USB 大容量存储共

享 返回。

MEDIA_UNMOUNTABLE

解释:返回 getExternalStorageState(),返回 SD 卡不可被安装,如果 SD 卡是存在但不可以被安装。

MEDIA_UNMOUNTED

解释:返回 getExternalStorageState(),返回 SD 卡已卸掉,如果 SD 卡存在,但是没有被安装。

Environment 常用方法:

方法:getDataDirectory()

解释:返回 File,获取 Android 数据目录。

方法:getDownloadCacheDirectory()

解释:返回 File,获取 Android 下载/缓存内容目录。

方法:getExternalStorageDirectory()

解释:返回 File,获取外部存储目录即 SD 卡。

方法:getExternalStoragePublicDirectory(String type)

解释:返回 File,取一个高端的公用的外部存储器目录来摆放某些类型的文件。

方法:getExternalStorageState()

解释:返回 File,获取外部存储设备的当前状态。

方法:getRootDirectory()

解释:返回 File,获取 Android 的根目录。

2. StatFs 类

StatFs 一个模拟 Linux 的 df 命令的一个类,获得 SD 卡和手机内存的使用情况。

StatFs 常用方法:

getAvailableBlocks()

解释:返回 Int,获取当前可用的存储空间。

getBlockCount()

解释:返回 Int,获取该区域可用的文件系统数。

getBlockSize()

解释:返回 Int,大小,以字节为单位,一个文件系统。

getFreeBlocks()

解释:返回 Int,该块区域剩余的空间。

restat(String path)

解释:执行一个由该对象所引用的文件系统。

完整读取示例。SD 卡、存储卡在 Android 手机上是可以随时插拔,每次的动作都对引起操作系统进行 ACTION_BROADCAST,下面代码将使用学到的方法,计算出 SD 卡的剩余容量和总容量。代码如下：

```
package com. terry;
import java. io. File;
import java. text. DecimalFormat;
import android. R. integer;
import android. App. Activity;
import android. os. Bundle;
import android. os. Environment;
import android. os. StatFs;
import android. view. View;
import android. view. View. OnClickListener;
import android. widget. Button;
import android. widget. ProgressBar;
import android. widget. TextView;
import android. widget. Toast;
public class getStorageActivity extends Activity {
private Button myButton;
/ * * 在 activity 被第一次创建时调用.  * /
@ Override
public
void onCreate( Bundle savedInstanceState) {
        super. onCreate( savedInstanceState);
          setContentView( R. layout. main);
          findView( );
          viewHolder. myButton. setOnClickListener( new OnClickListener( ) {
             @ Override
             public
void onClick( View arg0) {
                // TODO Auto - generated method stub
                getSize( );
             }
          });
}
void findView( ) {
          viewHolder. myButton = ( Button) findViewById( R. id. Button01);
```

```
            viewHolder. myBar = (ProgressBar)findViewById(R. id. myProgressBar);
            viewHolder. myTextView = (TextView)findViewById(R. id. myTextView);
}
void getSize(){
            viewHolder. myTextView. setText("");
            viewHolder. myBar. setProgress(0);
        //判断是否有插入存储卡
if(Environment. getExternalStorageState(). equals(Environment. MEDIA_MOUNTED)){
              File path  =Environment. getExternalStorageDirectory();
              //取得 sdcard 文件路径
             StatFs statfs = new StatFs(path. getPath());
              //获取 block 的 SIZE
long blocSize = statfs. getBlockSize();
              //获取 BLOCK 数量
long totalBlocks = statfs. getBlockCount();
              //已使用的 Block 的数量
long availaBlock = statfs. getAvailableBlocks();
              String[] total = filesize(totalBlocks * blocSize);
              String[] availale = filesize(availaBlock * blocSize);
              //设置进度条的最大值
int maxValue = Integer. parseInt(availale[0])
              * viewHolder. myBar. getMax()/Integer. parseInt(total[0]);
              viewHolder. myBar. setProgress(maxValue);
              String Text = "总共:" + total[0] + total[1] + "/n"
 + "可用:" + availale[0] + availale[1];
              viewHolder. myTextView. setText(Text);
            }else
if(Environment. getExternalStorageState(). equals(Environment. MEDIA_REMOVED)){
              Toast. makeText(getStorageActivity. this, "没有 SD 卡",1000). show();
            }
}
//返回数组,下标 1 代表大小,下标 2 代表单位 KB/MB
String[] filesize(long size){
           String str = "";
        if(size > =1024){
```

```
                str = "KB";
                size/ =1024;
                if(size > =1024){
                    str = "MB";
                    size/ =1024;
                }
            }
            DecimalFormat formatter = new DecimalFormat();
            formatter.setGroupingSize(3);
            String result[] = new String[2];
            result[0] = formatter.format(size);
            result[1] = str;
        return result;
    }
}
```

7.4　数据库存储

SQLite 存储数据,SQLite 是轻量级嵌入式数据库引擎,它支持 SQL 语言,并且只利用很少的内存就获得非常好的性能。现在的主流移动设备如 Android、iPhone 等都使用 SQLite 作为复杂数据的存储引擎,在为移动设备开发应用程序时,也许就要使用到 SQLite 来存储大量的数据,所以需要掌握移动设备的 SQLite 开发技巧。SQLiteDatabase 类提供了很多种方法,辅助完成添加、更新和删除。

在 SQLite 中执行 SQL 语句。

db.executeSQL(String sql);

db.executeSQL(String sql, Object[] bindArgs);//sql 语句中使用占位符,然后第二个参数是实际的参数集。

对 SQLite 的插入、更新和删除。

db.insert(String table, String nullColumnHack, ContentValues values);

db.update(String table, Contentvalues values, String whereClause, String whereArgs);

db.delete(String table, String whereClause, String whereArgs);

以上三个方法的第一个参数都是表示要操作的表名;insert 中的第二个参数表示如果插入的数据每一列都为空,需要指定此行中某一列的名称,系统将此列设置为 NULL,不至于出现错误;insert 中的第三个参数是 ContentValues 类型的变量,是键值对组成的 Map,key 代表列名,value 代表该列要插入的值;update 的第二个参数也很类似,只不过它是更新该字段 key 为最新的 value 值,第三个参数 whereClause 表示 WHERE 表达式,例如

"age > ? and age < ?"等，最后的 whereArgs 参数是占位符的实际参数值；delete 方法的参数也是一样。

7.4.1 SQLite 的增删改查操作

在 SQLite 中对数据的操作包括添加、删除、修改、查找。

1. insert 方法

ContentValues cv = new ContentValues( );//实例化一个 ContentValues 用来装载待插入的数据

cv. put("title" , "you are beautiful") ;//添加 title

cv. put("weather" , "sun") ; //添加 weather

cv. put("context" , "xxxx") ; //添加 context

String publish = new SimpleDateFormat("yyyy - MM - dd HH:mm:ss"). format(new Date( ));

cv. put("publish " , publish) ; //添加 publish

db. insert("diary" , null, cv) ;//执行插入操作

使用 execSQL 方式来实现：

String sql = " insert into user(username, password) values ('Jack Johnson', 'iLovePop-Muisc') ;//插入操作的 SQL 语句

db. execSQL(sql) ;//执行 SQL 语句

2. 数据的删除

同样有 2 种方式可以实现。

String whereClause = "username = ?" ;//删除的条件

String[ ] whereArgs = { "Jack Johnson" } ;//删除的条件参数

db. delete("user" , whereClause, whereArgs) ;//执行删除

使用 execSQL 方式的实现：

String sql = "delete from user where username = 'Jack Johnson'" ;//删除操作的 SQL 语句

db. execSQL(sql) ;//执行删除操作

3. 数据的修改

同样有 2 种方式可以实现。

ContentValues cv = new ContentValues( ) ;//实例化 ContentValues

cv. put("password" , "iHatePopMusic") ;//添加要更改的字段及内容

String whereClause = "username = ?" ;//修改条件

String[ ] whereArgs = { "Jack Johnson" } ;//修改条件的参数

db. update("user" , cv, whereClause, whereArgs) ;//执行修改

使用 execSQL 方式的实现

String sql = "update user set password = 'iHatePopMusic' where username = 'Jack Johnson'" ;//修改的 SQL 语句

db. execSQL(sql) ;//执行修改

4. 数据的查询

查询操作相对于上面的几种操作要复杂些,因为经常要面对着各种各样的查询条件,所以系统也考虑到这种复杂性,为 Android 提供了较为丰富的查询形式:

db.rawQuery(String sql, String[] selectionArgs);

db.query(String table, String[] columns, String selection, String[] selectionArgs, String groupBy, String having, String orderBy);

db.query(String table, String[] columns, String selection, String[] selectionArgs, String groupBy, String having, String orderBy, String limit);

db.query(String distinct, String table, String[] columns, String selection, String[] selectionArgs, String groupBy, String having, String orderBy, String limit);

上面几种都是常用的查询方法,第一种最为简单,将所有的 SQL 语句都组织到一个字符串中,使用占位符代替实际参数,selectionArgs 就是占位符实际参数集。各参数说明:

table:表的名称。

colums:表示要查询的列所有名称集。

selection:表示 WHERE 之后的条件语句,可以使用占位符。

selectionArgs:条件语句的参数数组。

groupBy:指定分组的列名。

having:指定分组条件,配合 groupBy 使用。

orderBy:指定排序的列名。

limit:指定分页参数。

distinct:指定"true"或"false"表示要不要过滤重复值。

Cursor:返回值,相当于结果集 ResultSet。最后,它们同时返回一个 Cursor 对象,代表数据集的游标,有点类似于 JavaSE 中的 ResultSet。下面是 Cursor 对象的常用方法:

```
c.move(int offset); //以当前位置为参考,移动到指定行
c.moveToFirst(); /移动到第一行
c.moveToLast(); //移动到最后一行
c.moveToPosition(int position); //移动到指定行
c.moveToPrevious(); //移动到前一行
c.moveToNext(); //移动到下一行
c.isFirst(); //是否指向第一条
c.isLast(); //是否指向最后一条
c.isBeforeFirst(); //是否指向第一条之前
c.isAfterLast(); //是否指向最后一条之后
c.isNull(int columnIndex);   //指定列是否为空(列基数为0)
c.isClosed(); //游标是否已关闭
c.getCount(); //总数据项数
```

c. getPosition( );//返回当前游标所指向的行数

c. getColumnIndex(String columnName) ; //返回某列名对应的列索引值

c. getString(int columnIndex) ; //返回当前行指定列的值

游标实现代码:

```
String[ ] params = {12345,123456} ;
Cursor cursor = db. query( "user" ,columns, "ID = ?" ,params,null,null,null) ;//查询并获得游标
if( cursor. moveToFirst( ) ) {//判断游标是否为空
    for( int i =0;i < cursor. getCount( ) ;i + + ) {
        cursor. move( i) ;//移动到指定记录
        String username = cursor. getString( cursor. getColumnIndex( "username" ) ;
        String password = cursor. getString( cursor. getColumnIndex( "password" ) ) ;
    }
}
//通过 rawQuery 实现的带参数查询
Cursor result = db. rawQuery( "SELECT ID, name, inventory FROM mytable" ) ;
//Cursor c = db. rawQuery ( "s name, inventory FROM mytable where ID = ?" , new Stirng[ ] { "123456" } ) ;
result. moveToFirst( ) ;
while ( ! result. isAfterLast( ) ) {
    int id = result. getInt(0) ;
    String name = result. getString(1) ;
    int inventory = result. getInt(2) ;
    // do something useful with these
    result. moveToNext( ) ;
}
result. close( ) ;
```

在上面的代码示例已经用到了这几个常用方法,关于更多的信息,可以参考官方文档中的说明。最后当完成了对数据库的操作后,要调用 SQLiteDatabase 的 close( )方法释放数据库连接,否则容易出现 SQLiteException。上面就是 SQLite 的基本应用,但在实际开发中,为了能够更好地管理和维护数据库,会封装一个继承自 SQLiteOpenHelper 类的数据库操作类,然后以这个类为基础,再封装业务逻辑方法。

7.4.2 SQLiteOpenHelper 类介绍

SQLiteOpenHelper 是 SQLiteDatabase 的一个帮助类,用来管理数据库的创建和版本的更新。一般是建立一个类继承它,并实现它的 onCreate 和 onUpgrade 方法。任务分解见表 7.1。

表 7.1　任务分解

方法名	方法描述
SQLiteOpenHelper (Context context, String name, SQLiteDatabase. CursorFactory factory, int version)	构造方法,其中 context 程序上下文环境,即:XXXActivity. this name:数据库名字 factory:游标工厂,默认为 null,即为使用默认工厂 version:数据库版本号
onCreate(SQLiteDatabase db)	创建数据库时调用
onUpgrade (SQLiteDatabase db, int oldVersion , int newVersion)	版本更新时调用
getReadableDatabase( )	创建或打开一个只读数据库
getWritableDatabase( )	创建或打开一个读写数据库

下面基于 SQLiteOpenHelper 实现对数据的操作,如图 7.2 所示。实现代码如下,首先创建数据库类,然后用一个 Dao 来封装所有的业务方法,实现 Dao 中调用的 getWritableDatabase( ) 和 getReadableDatabase( ),最后使用这些数据操作方法来显示数据。

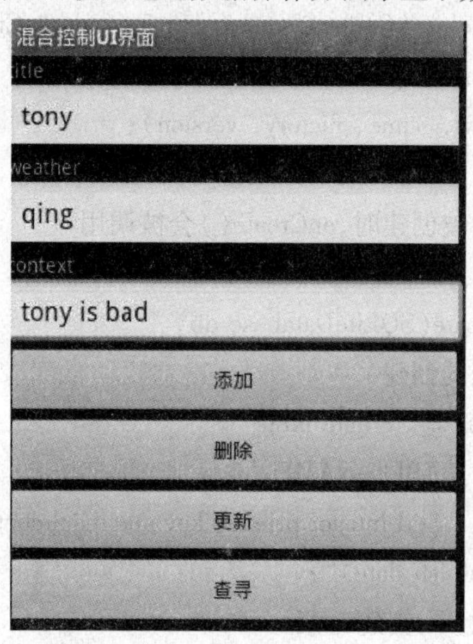

图 7.2　基于 SQLiteOpenHelper 实现对数据的操作

(1)创建数据库类。

```
import android. content. Context;
import android. database. sqlite. SQLiteDatabase;
import android. database. sqlite. SQLiteDatabase. CursorFactory;
import android. database. sqlite. SQLiteOpenHelper;
```

```
public class SqliteDBHelper extends SQLiteOpenHelper {
    //设置常数参量
    private static final String DATABASE_NAME = "diary_db";
    private static final int VERSION = 1;
    private static final String TABLE_NAME = "diary";
    //重载构造方法
    public SqliteDBHelper(Context context) {
        super(context, DATABASE_NAME, null, VERSION);
    }
    /*
     * 参数介绍:context 程序上下文环境,即:XXXActivity.this
     * name 数据库名字
     * factory 接收数据,一般情况为 null
     * version 数据库版本号
     */
    public SqliteDBHelper(Context context, String name, CursorFactory factory,
            int version) {
        super(context, name, factory, version);
    }
    //数据库第一次被创建时,onCreate()会被调用
    @Override
    public void onCreate(SQLiteDatabase db) {
        //数据库表的创建
        String strSQL = "create table "
                + TABLE_NAME
                + "(tid integer primary key autoincrement,title varchar(20),weather
varchar(10),context text,publish date)";
        //使用参数 db,创建对象
        db.execSQL(strSQL);
    }
    //数据库版本变化时,会调用 onUpgrade()
    @Override
    public void onUpgrade(SQLiteDatabase arg0, int arg1, int arg2) {
    }
}
```

如上所述,数据库第一次创建时 onCreate 方法会被调用,可以执行创建表的语句,当系统发现版本变化之后,会调用 onUpgrade 方法,可以执行修改表结构等语句。

(2)用一个 Dao 来封装所有的业务方法,代码如下:

```
import android.content.Context;
import android.database.Cursor;
import android.database.sqlite.SQLiteDatabase;
import com.chinasoft.dbhelper.SqliteDBHelper;
 public class DiaryDao {
 private SqliteDBHelper sqliteDBHelper;
    private SQLiteDatabase db;
    // 重写构造方法
    public DiaryDao(Context context) {
          this.sqliteDBHelper = new SqliteDBHelper(context);
          db = sqliteDBHelper.getWritableDatabase();
    }
   // 读操作
    public String execQuery(final String strSQL) {
          try {
                System.out.println("strSQL>" + strSQL);
                // Cursor 相当于 JDBC 中的 ResultSet
                Cursor cursor = db.rawQuery(strSQL, null);
                // 始终让 cursor 指向数据库表的第 1 行记录
                cursor.moveToFirst();
                // 定义一个 StringBuffer 的对象,用于动态拼接字符串
                StringBuffer sb = new StringBuffer();
                // 循环游标,如果不是最后一项记录
                while (!cursor.isAfterLast()) {
                      sb.Append(cursor.getInt(0) + "/" + cursor.getString(1) + "/"
                              + cursor.getString(2) + "/" + cursor.getString(3) + "/"
                              + cursor.getString(4) + "#");
                      //cursor 游标移动
                      cursor.moveToNext();
                }
                db.close();
                return sb.deleteCharAt(sb.length() - 1).toString();
```

```
        } catch (RuntimeException e) {
            e.printStackTrace();
            return null;
        }
    }
    // 写操作
    public boolean execOther(final String strSQL) {
        db.beginTransaction(); //开始事务
        try {
            System.out.println("strSQL" + strSQL);
            db.execSQL(strSQL);
            db.setTransactionSuccessful(); //设置事务成功完成
            db.close();
            return true;
        } catch (RuntimeException e) {
            e.printStackTrace();
            return false;
        } finally {
            db.endTransaction(); //结束事务
        }
    }
}
```

在 Dao 构造方法中实例化 sqliteDBHelper 并获取一个 SQLiteDatabase 对象,作为整个应用的数据库实例,在增删改信息时,采用了事务处理,确保数据完整性。最后要注意释放数据库资源 db.close(),这一个步骤在整个应用关闭时执行,这个环节容易被忘记,所以需要注意。

在 Dao 中获取数据库实例时使用了 getWritableDatabase()方法。下面分析 getWritableDatabase()和 getReadableDatabase()。

(3)SQLiteOpenHelper 中的 getReadableDatabase()方法实现:

```
public synchronized SQLiteDatabase getReadableDatabase() {
    if (mDatabase != null && mDatabase.isOpen()) {
        // 如果发现 mDatabase 不为空并且已经打开则直接返回
        return mDatabase;
    }
    if (mIsInitializing) {
```

```
            // 如果正在初始化则抛出异常
            throw new IllegalStateException("getReadableDatabase called recursively");
        }
        // 开始实例化数据库 mDatabase
        try {
            // 注意这里是调用了 getWritableDatabase()方法
            return getWritableDatabase();
        } catch (SQLiteException e) {
            if (mName == null)
                throw e; // Can't open a temp database read - only!
            Log.e(TAG, "Couldn't open " + mName + " for writing (will try read - only):", e);
        }
        // 如果无法以可读写模式打开数据库 则以只读方式打开
        SQLiteDatabase db = null;
        try {
            mIsInitializing = true;
            String path = mContext.getDatabasePath(mName).getPath();// 获取数据库路径
            // 以只读方式打开数据库
            db = SQLiteDatabase.openDatabase(path, mFactory, SQLiteDatabase.OPEN_READONLY);
            if (db.getVersion() != mNewVersion) {
                throw new SQLiteException("Can't upgrade read - only database from version " + db.getVersion() + " to " + mNewVersion + ": " + path);
            }
            onOpen(db);
            Log.w(TAG, "Opened " + mName + " in read - only mode");
            mDatabase = db;// 为 mDatabase 指定新打开的数据库
            return mDatabase;// 返回打开的数据库
        } finally {
            mIsInitializing = false;
            if (db != null && db != mDatabase)
                db.close();
        }
    }
```

在 getReadableDatabase( )方法中,首先判断是否已存在数据库实例并且是打开状态,如果是,则直接返回该实例,否则试图获取一个可读写模式的数据库实例。如果遇到磁盘空间已满等情况获取失败,用只读模式打开数据库,获取数据库实例并返回,然后为 mDatabase 赋值最新打开的数据库实例。

(4)getWritableDatabase( )方法的实现:

```
public synchronized SQLiteDatabase getWritableDatabase( ) {
    if( mDatabase! =null && mDatabase. isOpen( )&&! mDatabase. isReadOnly( ) ) {
        // 如果 mDatabase 不为空已打开并且不是只读模式则返回该实例
        return mDatabase;
    }
    if (mIsInitializing) {
        throw new IllegalStateException( " getWritableDatabase called recursively" ) ;
    }
    // If we have a read - only database open, someone could be using it
    // (though they shouldn't), which would cause a lock to be held on
    // the file, and our attempts to open the database read - write would
    // fail waiting for the file lock. To prevent that, we acquire the
    // lock on the read - only database, which shuts out other users.
    boolean success = false;
    SQLiteDatabase db = null;
    // 如果 mDatabase 不为空则加锁阻止其他的操作
    if (mDatabase ! = null)
        mDatabase. lock( ) ;
    try {
        mIsInitializing = true;
        if (mName = = null) {
            db = SQLiteDatabase. create( null) ;
        } else {
            // 打开或创建数据库
            db = mContext. openOrCreateDatabase( mName, 0, mFactory) ;
        }
        // 获取数据库版本( 如果刚创建的数据库,版本为 0)
        int version = db. getVersion( ) ;
        // 比较版本(代码中的版本 mNewVersion 为 1)
        if (version ! = mNewVersion) {
```

```
        db.beginTransaction();// 开始事务
        try {
            if (version == 0) {
                // 执行 onCreate 方法
                onCreate(db);
            } else {
                // 如果应用升级了 mNewVersion 为 2,而原版本为 1 则执行
                   onUpgrade 方法
                onUpgrade(db, version, mNewVersion);
            }
            db.setVersion(mNewVersion);// 设置最新版本
            db.setTransactionSuccessful();// 设置事务成功
        } finally {
            db.endTransaction();// 结束事务
        }
    }
     onOpen(db);
    success = true;
    return db;// 返回可读写模式的数据库实例
} finally {
    mIsInitializing = false;
    if (success) {
        // 打开成功
        if (mDatabase != null) {
            // 如果 mDatabase 有值则先关闭
            try {
                mDatabase.close();
            } catch (Exception e) {
            }
            mDatabase.unlock();// 解锁
        }
        mDatabase = db;// 赋值给 mDatabase
    } else {
        // 打开失败的情况:解锁、关闭
        if (mDatabase != null)
```

```
                mDatabase. unlock( );
            if (db ! = null)
                db. close( );
        }
    }
}
```

关键步骤:首先判断 mDatabase 如果不为空,已经打开并且不是只读模式则直接返回,否则 mDatabase 不为空则加锁;然后开始打开或创建数据库,比较版本,根据版本号来调用相应的方法,为数据库设置新版本号;最后释放旧的不为空的 mDatabase 并解锁,把新打开的数据库实例赋予 mDatabase,并返回最新实例。在遇到磁盘空间不满的情况,getReadableDatabase( )一般都会返回和 getWritableDatabase( )一样的数据库实例,所以在 DBManager 构造方法中使用 getWritableDatabase( )获取整个应用所使用的数据库实例是可行的。如果担心磁盘空间已经满的情况会发生,那么可以先用 getWritableDatabase( )获取数据实例,如果遇到异常,要试图用 getReadableDatabase( )获取实例,当然这个时候获取的实例只能读不能写。

(5)使用这些数据操作方法来显示数据,界面核心逻辑代码:

```
public class SQLiteActivity extends Activity {
    public DiaryDao diaryDao;
    //因为 getWritableDatabase 内部调用了 mContext. openOrCreateDatabase( mName,
0, mFactory);
    //所以要确保 context 已初始化,可以把实例化 Dao 的步骤放在 Activity 的
onCreate内
    @ Override
    protected void onCreate( Bundle savedInstanceState) {
        diaryDao = new DiaryDao( SQLiteActivity. this);
        initDatabase( );
    }
    class ViewOcl implements View. OnClickListener {
        @ Override
        public void onClick( View v) {
            String strSQL;
            boolean flag;
            String message;
            switch (v. getId( )) {
            case R. id. btnAdd:
                String title = txtTitle. getText( ). toString( ). trim( );
```

```
            String weather = txtWeather.getText().toString().trim();;
            String context = txtContext.getText().toString().trim();;
            String publish = new SimpleDateFormat("yyyy-MM-dd HH:mm:ss")
                    .format(new Date());
            // 动态组件SQL语句
            strSQL = "insert into diary values(null,'" + title + "','"
                    + weather + "','" + context + "','" + publish + "')";
            flag = diaryDao.execOther(strSQL);
            //返回信息
            message = flag?"添加成功":"添加失败";
            Toast.makeText(getApplicationContext(), message, Toast.LENGTH
_LONG).show();
            break;
        case R.id.btnDelete:
            strSQL = "delete from diary where tid = 1";
            flag = diaryDao.execOther(strSQL);
            //返回信息
            message = flag?"删除成功":"删除失败";
            Toast.makeText(getApplicationContext(), message, Toast.LENGTH
_LONG).show();
            break;
        case R.id.btnQuery:
            strSQL = "select * from diary order by publish desc";
            String data = diaryDao.execQuery(strSQL);
            Toast.makeText(getApplicationContext(), data, Toast.LENGTH_
LONG).show();
            break;
        case R.id.btnUpdate:
            strSQL = "update diary set title = '测试标题1-1'where tid = 1";
            flag = diaryDao.execOther(strSQL);
            //返回信息
            message = flag?"更新成功":"更新失败";
            Toast.makeText(getApplicationContext(), message, Toast.LENGTH
_LONG).show();
            break;
        }
```

```
        }
    }
    private void initDatabase() {
        // 创建数据库对象
        SqliteDBHelper sqliteDBHelper = new SqliteDBHelper(SQLiteActivity.this);
        sqliteDBHelper.getWritableDatabase();
        System.out.println("数据库创建成功");
    }
}
```

Android sqlite 3 数据库管理工具 Android SDK 的 tools 目录下提供了一个 sqlite3. exe 工具,这是一个简单的 sqlite 数据库管理工具。开发者可以方便地对 sqlite 数据库进行命令行的操作。程序运行生成的 *. db 文件一般位于"/data/data/项目名(包括所处包名)/databases/ *. db",因此要对数据库文件进行以下操作,找到数据库文件。

(1)进入 shell 命令。

```
adb shell
```

(2)找到数据库文件。

```
#cd data/data
#ls                    ——列出所有项目
#cd project_name       ——进入所需项目名
#cd databases
#ls                    ——列出现存的数据库文件
```

(3)进入数据库。

```
#sqlite3 test_db       ——进入所需数据库
```

会出现类似如下字样:

```
SQLite version 3.6.22
Enter ".help" for instructions
Enter SQL statements terminated with a ";"
sqlite>
```

至此,可对数据库进行 sql 操作。

(4)sqlite 常用命令。

```
>.databases            ——产看当前数据库
>.tables               ——查看当前数据库中的表
>.help                 ——sqlite3 帮助
>.schema               ——各个表的生成语句
```

SQLiteSpy 是一个快速和紧凑的图形用户界面 SQLite 数据库管理工具。可以实现与 sqlite3. exe 相同的功能。

SQLiteSpy 主要特点:①树状显示所有的架构,包括表、列、索引和触发器在数据库中包含的项目;②本机的 SQL 数据类型显示不同的背景颜色来帮助检测类型错误;③SQLiteSpy 完全支持 SQLite 的 Unicode 的能力;④支持正则表达式,并增加了完整的 Perl 正则表达式语法;⑤支持加密。

7.5　网络存储

Android 提供了通过网络来实现数据存储和获取的方法。可以调用 WebService 返回的数据或是解析 HTTP 协议实现网络数据交互。需要熟悉 java. net. * 、Android. net. * 这两个包的内容,详细的类与方法的说明,请参考 SDK。

基于网络存储实现将数据发送到电子邮件中备份,要发送电子邮件首先需要在电子邮件中配置电子邮件账户。Android 中发送电子邮件是通过 startActivity 方法来调用,要发送邮件数据的 Intent。可以通过 putExtra 方法来设置邮件的主题、内容、附件等。当点击返回按钮→back 的时候,就会出现发送邮件的界面如图 7.3 所示,当点击发送的时候就会发送到设置的邮箱一封邮件。

图 7.3　发送邮件的界面

发送邮件界面的示例代码:

```
package test. datastore;
import android. App. Activity;
import android. content. Intent;
import android. net. Uri;
import android. os. Bundle;
import android. view. KeyEvent;
public class Activity01 extends Activity {
```

```
    private int miCount = 0;
    @ Override
    public void onCreate( Bundle savedInstanceState) {
        super. onCreate( savedInstanceState) ;
        setContentView( R. layout. main) ;
        miCount = 1000;
    }
    public boolean onKeyDown( int keyCode, KeyEvent event) {
        if (keyCode = = KeyEvent. KEYCODE_BACK) {
            // 退出应用程序时保存数据
            /* 发送邮件的地址 */
            Uri uri = Uri. parse( "mailto:yongjinquanli@ gmail. com" ) ;
            // 创建 Intent
            Intent it = new Intent( Intent. ACTION_SENDTO, uri) ;
            // 设置邮件的主题
            it. putExtra( android. content. Intent. EXTRA_SUBJECT, "数据备份" ) ;
            // 设置邮件的内容
            it. putExtra( android. content. Intent. EXTRA_TEXT, "本次计数:" + miCount) ;
            // 开启
            startActivity( it) ;
            return true;
        }
        return super. onKeyDown( keyCode, event) ;
    }
}
```

下面演示通过网络来读取一个文件的内容,然后将其显示在定义好的 TextView 上。将文件 xh. txt 放置在 tomcat 服务器上,文件的内容为“欢迎疯狂热爱 android 开发的朋友加入”。

由于在程序中访问了外部网络,需要在 AndroidManifest. xml 文件中给予权限,代码如下:

```
<uses - permission android:name = "android. permission. INTERNET" />
package test. datastore;
import java. io. BufferedInputStream;
import java. io. InputStream;
import java. net. URL;
```

```
import java. net. URLConnection;
import android. App. Activity;
import android. graphics. Color;
import android. os. Bundle;
import android. widget. TextView;
public class Activity01 extends Activity {
  @ Override
  public void onCreate( Bundle savedInstanceState) {
    super. onCreate( savedInstanceState);
    setContentView( R. layout. main);
    TextView tv = new TextView( this);
    String myString = null;
    try {
      /* 定义要访问的地址 url */
      URL uri = new URL("http://192.168.0.100:8080/examples/xh. txt");
      /* 打开这个 url */
      URLConnection uConnection = uri. openConnection( );
      // 从上面的链接中取得 InputStream
      InputStream is = uConnection. getInputStream( );
    // new 一个带缓冲区的输入流
      BufferedInputStream bis = new BufferedInputStream( is);
      /* 解决中文乱码 */
      byte[ ] bytearray = new byte[1024];
      int current = -1;
      int i = 0;
      while ((current = bis. read( )) ! = -1) {
        bytearray[i] = (byte) current;
        i + +;
      }
      myString = new String( bytearray, "GB2312");
    } catch (Exception e) {
    // 获取异常信息
    myString = e. getMessage( );
    }
    // 设置到 TextView 颜色
```

```
        tv.setTextColor(Color.RED);
        // 设置字体
        tv.setTextSize(20.0f);
        tv.setText(myString);
        // 将 TextView 显示到屏幕上
        this.setContentView(tv);
    }
}
```

7.6 数据共享

在 Android 官方指出的 Android 数据存储方式总共有 5 种,分别是:Shared Preferences、内部(文件)存储、外部储存、SQLite、网络存储。但是这些存储都只是在单独的一个应用程序之中达到一个数据的共享,有时候需要操作其他应用程序的一些数据,例如:需要操作系统里的媒体库、通信录等,这时就可能通过 ContentProvider 来满足需求了。

ContentProvider 为存储和获取数据提供统一的接口。可以在不同的应用程序之间共享数据。Android 已经为常见的一些数据提供了默认的 ContentProvider。

1. ContentProvider 使用表的形式来组织数据

无论数据的来源是什么,ContentProvider 都会认为是一种表,然后把数据组织成表格。

2. ContentProvider 提供的方法

query:查询

insert:插入

update:更新

delete:删除

getType:得到数据类型

onCreate:创建数据时调用的回调函数

7.6.1 ContentProvider 的内部原理

Android 为常见的一些数据提供了默认的 ContentProvider(包括音频、视频、图片和通信录等)。ContentProvider 为存储和获取数据提供了统一的接口。ContentProvide 对数据进行封装,不用关心数据存储的细节,使用表的形式来组织数据。ContentProvider 可以在不同的应用程序之间共享数据。

总的来说使用 ContentProvider 对外共享数据的好处是统一了数据的访问方式。为系统的每一个资源给予一个名字,例如:通话记录。

①每一个 ContentProvider 都拥有一个公共的 URI,这个 URI 用于表示这个 ContentProvider所提供的数据。

②Android 所提供的 ContentProvider 都存放在 android. provider 包中。将其分为4个部分:

(a)标准前缀,用来说明一个 ContentProvider 控制这些数据,无法改变的;"content://"。

(b)URI 的标识,用于唯一标识 ContentProvider,外部调用者可以根据这个标识来找到它。它定义了是哪个 Content Provider 提供这些数据。对于第三方应用程序,为了保证 URI 标识的唯一性,它必须是一个完整的、小写的类名。这个标识在元素的 authorities 属性中说明。一般是定义该 ContentProvider 的包类的名称。

(c)路径(path),就是要操作的数据库中表的名字,或者自己定义,使用的时候保持一致就可以了;"content://com. bing. provider. myprovider/tablename"。

(d)如果 URI 中包含表示需要获取的记录的 ID,就返回该 ID 对应的数据,如果没有 ID,表示返回全部;"content://com. bing. provider. myprovider/tablename/#" #表示数据 ID。

路径(path)可以用来表示要操作的数据,路径的构建应根据业务而定,如下:

要操作 person 表中 ID 为 10 的记录,可以构建这样的路径:/person/10。

要操作 person 表中 ID 为 10 的记录的 name 字段, person/10/name。

要操作 person 表中的所有记录,可以构建这样的路径:/person。

要操作 xxx 表中的记录,可以构建这样的路径:/xxx。

当然要操作的数据不一定来自数据库,也可以是文件、xml 或网络等其他存储方式,如下:

要操作 xml 文件中 person 节点下的 name 节点,可以构建这样的路径:/person/name。如果要把一个字符串转换成 Uri,可以使用 Uri 类中的 parse()方法,如下:Uri uri = Uri. parse("content://com. bing. provider. personprovider/person")。

例如:自定义一个 ContentProvider,实现操作步骤:

定义一个 CONTENT_URI 常量(里面的字符串必须是唯一)。

Public static final Uri CONTENT_URI = Uri. parse("content://com. test. MyContentprovider");

如果有子表,URI 为:

Public static final Uri CONTENT_URI = Uri. parse("content://com. test. MyContent-Provider/users");

定义一个类,继承 ContentProvider。

Public class MyContentProvider extends ContentProvider

实现 ContentProvider 的所有方法（query、insert、update、delete、getType、onCreate）。

```
package com. test. cp;
import java. util. HashMap;
import com. test. cp. MyContentProviderMetaData. UserTableMetaData;
import com. test. data. DatabaseHelp;
import android. content. ContentProvider;
import android. content. ContentUris;
import android. content. ContentValues;
import android. content. UriMatcher;
import android. database. Cursor;
import android. database. sqlite. SQLiteDatabase;
import android. database. sqlite. SQLiteQueryBuilder;
import android. net. Uri;
import android. text. TextUtils;
public class MyContentProvider extends ContentProvider {
//访问表的所有列
public static final int INCOMING_USER_COLLECTION = 1;
//访问单独的列
public static final int INCOMING_USER_SINGLE = 2;
//操作 URI 的类
public static final UriMatcher uriMatcher;
//为 UriMatcher 添加自定义的 URI
static{
uriMatcher = new UriMatcher(UriMatcher. NO_MATCH);
uriMatcher. addURI(MyContentProviderMetaData. AUTHORITIES,"/user",
INCOMING_USER_COLLECTION);
uriMatcher. addURI(MyContentProviderMetaData. AUTHORITIES,"/user/#",
INCOMING_USER_SINGLE);
}
private DatabaseHelp dh;
//为数据库表字段起别名
public static HashMap userProjectionMap;
static
{
```

```
userProjectionMap = new HashMap();
userProjectionMap.put(UserTableMetaData._ID,UserTableMetaData._ID);
userProjectionMap.put(UserTableMetaData.USER_NAME, UserTableMetaData.USER_
NAME);
}
// 删除表数据
    @Override
public int delete(Uri uri, String selection, String[] selectionArgs) {
System.out.println("delete");
//得到一个可写的数据库
SQLiteDatabase db = dh.getWritableDatabase();
//执行删除,得到删除的行数
int count = db.delete(UserTableMetaData.TABLE_NAME, selection, selectionArgs);
return count;
}
 // 数据库访问类型
  @Override
public String getType(Uri uri) {
System.out.println("getType");
//根据用户请求,得到数据类型
switch (uriMatcher.match(uri)) {
case INCOMING_USER_COLLECTION:
return MyContentProviderMetaData.UserTableMetaData.CONTENT_TYPE;
case INCOMING_USER_SINGLE:
return MyContentProviderMetaData.UserTableMetaData.CONTENT_TYPE_ITEM;
default:
throw new IllegalArgumentException("UnKnown URI" + uri); } }
// 插入数据
    @Override
public Uri insert(Uri uri, ContentValues values) {
//得到一个可写的数据库
SQLiteDatabase db = dh.getWritableDatabase();
//向指定的表插入数据,得到返回的 ID
long rowId = db.insert(UserTableMetaData.TABLE_NAME, null, values);
```

```
if(rowId > 0){//判断插入是否执行成功
//如果添加成功,利用新添加的 ID 和
Uri insertedUserUri = ContentUris.withAppendedId(UserTableMetaData.CONTENT_
URI, rowId);
//通知监听器,数据已经改变
getContext().getContentResolver().notifyChange(insertedUserUri, null);
return insertedUserUri;
}
return uri;
}
    // 创建 ContentProvider 时调用的回调函数
    @Override
public boolean onCreate(){
System.out.println("onCreate");
//得到数据库帮助类
dh = new DatabaseHelp(getContext(),MyContentProviderMetaData.DATABASE_NAME);
return false;
}
//查询数据库
    @Override
public Cursor query(Uri uri, String[] projection, String selection,
String[] selectionArgs, String sortOrder) {
//创建一个执行查询的 SQLite
SQLiteQueryBuilder qb = new SQLiteQueryBuilder();
//判断用户请求,查询所有还是单个
switch(uriMatcher.match(uri)){
case INCOMING_USER_COLLECTION:
//设置要查询的表名
qb.setTables(UserTableMetaData.TABLE_NAME);
//设置表字段的别名
qb.setProjectionMap(userProjectionMap);
break;
case INCOMING_USER_SINGLE:
qb.setTables(UserTableMetaData.TABLE_NAME);
```

```
qb. setProjectionMap( userProjectionMap) ;
//追加条件,getPathSegments( )得到用户请求的 Uri 地址截取的数组,get(1)得到去
掉地址中/以后的第二个元素
qb. AppendWhere( UserTableMetaData. _ID  +  " ="  +  uri. getPathSegments( ). get(1) ) ;
break;  }
//设置排序
String orderBy;
if( TextUtils. isEmpty( sortOrder) ) {
orderBy  =  UserTableMetaData. DEFAULT_SORT_ORDER;  }
else{
orderBy  =  sortOrder;
}
//得到一个可读的数据库
SQLiteDatabase db  =  dh. getReadableDatabase( ) ;
//执行查询,把输入传入
Cursor c  =  qb. query( db, projection, selection, selectionArgs, null, null, orderBy) ;
//设置监听
c. setNotificationUri( getContext( ). getContentResolver( ) , uri) ;
return c;         }
//更新数据库
@ Override
public int update( Uri uri, ContentValues values, String selection,
String[ ] selectionArgs) {
System. out. println( " update" ) ;
//得到一个可写的数据库
SQLiteDatabase db  =  dh. getWritableDatabase( ) ;
//执行更新语句,得到更新的条数
int count  =  db. update( UserTableMetaData. TABLE_NAME, values, selection, selectionArgs) ;
return count;
}
}
```

在 AndroidManifest. xml 中进行声明。

```
android:name = ". cp. MyContentProvider"
android:authorities = " com. test. cp. MyContentProvider"
```

/>

name 所对应的项为(contentProvider(数据存储))的具体操作的类;

authorities(授权):即访问. MyContentProvider 类的权限,说明 com. test. cp. MyContentProvider 是可以访问,其他类可以通过 Uri = Uri. parse("content://" + AUTHORITY);

public static final String AUTHORITY = "com. test. cp. MyContentProvider";

对这个数据库进行直接的增删改查操作,如果这个数据库有多个表,则 Uri 需要加上对应的表名;

如:Uri = Uri. parse("content://" + AUTHORITY + "/User");User 为其中一个表。

下面示例为 ContentProvider 提供一个常量类 MyContentProviderMetaData. java

```
package com. test. cp;
import android. net. Uri;
import android. provider. BaseColumns;
public class MyContentProviderMetaData {
 //URI 的指定,此处的字符串必须和声明的 authorities 一致
public static final String AUTHORITIES = "com. wangweida. cp. MyContentProvider";
 //数据库名称
 public static final String DATABASE_NAME = "myContentProvider. db";
 //数据库的版本
 public static final int DATABASE_VERSION = 1;
 //表名
 public static final String USERS_TABLE_NAME = "user";
 public static final class UserTableMetaData implements BaseColumns{
 //表名
 public static final String TABLE_NAME = "user";
 //访问该 ContentProvider 的 URI
 public static final Uri CONTENT_URI = Uri. parse("content://" + AUTHORITIES
+ "/user");
 //该 ContentProvider 返回的数据类型的定义
 public static final String CONTENT_TYPE = "vnd. android. cursor. dir/vnd.
myprovider. user";
 public static final String CONTENT_TYPE_ITEM = "vnd. android. cursor. item/vnd.
myprovider. user";
 //列名
 public static final String USER_NAME = "name";
```

//默认的排序方法

public static final String DEFAULT_SORT_ORDER = "_id desc";

}}

最后整个应用被编译成 apk。安装之后,该应用里的 contentProvider 就可以被其他应用访问了。对于 Provider 使用者来说,如果特定 Provider 有 permission 要求,则要在自己的 Androidmanifest. xml 中添加指定 Permission 引用, 如:

< uses - permission android: name = " com. example. demos. permission. READ _ WORDS"/ >

< uses - permission android: name = " com. example. demos. permission. WRITE _ WORDS"/ >

Android 提供了 Context 级别的 ContentResolver 对象来对 Content Provider 进行操作。正是因为有了 ContentResolver, 使用者才不用关心 Provider 到底是哪个应用或哪个类实现的,只要知道它的 uri 就能访问。ContentResolver 对象存在于每个 Context 中,几乎所有对象都有自己的 Context。使用 getContext( ). getContentResovler( )可以获取 Context。

有些情况下,ContentProvider 使用者想监听数据的变化,可以注册一个 Observer:

Class MyContentObServer extends ContentObserver{

Public MyConentObServer(Handler handler) {

Super(handler);

}

Public void onChange(boolean selfNotify) {...}

}

getContext( ). getContentResolver( ). registerContentObserver(uri, true, new MycontentObserver(new Handler( )));

7.6.2　UriMatcher 类和 ContentUris 类使用介绍

ContentProvider 向外界提供了一个标准的,也是唯一的用于查询的接口。

public final Cursor query (Uri uri, String[ ] projection, String selection, String[ ] selectionArgs, String sortOrder); 其中 uri 用于指定哪一个数据源,当一个数据源含有多个内容(比如多个表),就需要用不同的 Uri 进行区分,例如:

public static final Uri CONTENT_URI_A = Uri. parse(" content://" + AUTHORITY + "/" + TABLE_A);

public static final Uri CONTENT_URI_B = Uri. parse(" content://" + AUTHORITY + "/" + TABLE_B);

这时候使用 UriMatcher 就可以帮助我们方便的过滤到 TableA 还是 TableB, 然后进行下一步查询,如果不用 UriMatcher 就需要手动过滤字符串,用起来有点麻烦,可维护性也不好。

Uri 代表了要操作的数据,经常需要解析 Uri,并从 Uri 中获取数据。Android 系统提供了两个用于操作 Uri 的工具类,分别为 UriMatcher 类和 ContentUris 类。掌握它们的使用,会方便开发工作。

1. UriMatcher 类使用介绍

UriMatcher 类用于匹配 Uri,它的用法如下:

首先第一步把需要匹配 Uri 路径全部给注册上,例如:

```
//常量 UriMatcher. NO_MATCH 表示不匹配任何路径的返回码
UriMatcher  sMatcher = new UriMatcher(UriMatcher. NO_MATCH);
//如果 match()方法匹配 content://com. bing. procvide. personprovider/person 路径,返回匹配码为1
sMatcher. addURI("com. bing. procvide. personprovider","person",1);
//添加需要匹配 uri,如果匹配就会返回匹配码
//如果 match()方法匹配 content://com. bing. provider. personprovider/person/230 路径,返回匹配码为2
sMatcher. addURI("com. bing. provider. personprovider","person/#",2);
//#号为通配符
switch (sMatcher. match(Uri. parse("content://com. ljq. provider. personprovider/person/10"))) {
case 1      break;
case 2      break;
default://不匹配
break;
}
```

注册完需要匹配的 Uri 后,就可以使用 sMatcher. match(uri)方法对输入的 Uri 进行匹配,如果匹配就返回匹配码。匹配码是调用 addURI()方法传入的第三个参数,假设匹配 content://com. ljq. provider. personprovider/person 路径,返回的匹配码为 1。

2. ContentUris 类使用介绍

ContentUris 类用于操作 Uri 路径后面的 ID 部分,它有两个比较实用的方法:

withAppendedId(uri, id)用于为路径加上 ID 部分。

```
Uri uri = Uri. parse("content://com. bing. provider. personprovider/person")
Uri resultUri = ContentUris. withAppendedId(uri, 10);
//生成后的 Uri 为:content://com. bing. provider. personprovider/person/10
```

parseId(uri)方法用于从路径中获取 ID 部分。

```
Uri uri = Uri.parse("content://com.ljq.provider.personprovider/person/10")
long personid = ContentUris.parseId(uri);//获取的结果为:10
```

第 8 章　Android 位置服务与地图应用

8.1　位置服务

位置服务(Location-Based Services,LBS),又称定位服务或基于位置的服务,融合了GPS 定位、移动通信、导航等多种技术,提供与空间位置相关的综合应用服务。近年来,基于位置的服务发展非常迅速,涉及商务、医疗、工作和生活的各个方面,为用户提供定位、追踪和敏感区域警告等一系列服务。

8.1.1　Android 平台的位置服务 API

Android 平台支持提供位置服务的 API,在开发过程中主要用到 LocationManager 对象。LocationManager 可以用来获取当前的位置,追踪设备的移动路线或设定敏感区域,在进入或离开敏感区域时设备会发出特定警报。

为了使开发的程序能够提供位置服务,首先的问题是如何获取 LocationManager。获取 LocationManager 可以通过调用 android. App. Activity. getSystemService( ) 函数获取,代码如下:

```
1. String serviceString = Context. LOCATION_SERVICE;
2. LocationManager LocationManager = (LocationManager)getSystemService(serviceString);
```

在上述代码中,第 1 行的 Context. LOCATION_SERVICE 指明获取的是位置服务,第 2 行的 getSystemService( ) 函数,可以根据服务名称获取 Android 提供的系统级服务。

Android 支持的系统级服务,见表 8.1。

表 8.1　Android 支持的系统级服务

Context 类的静态常量	返回对象	说　明
LOCATION_SERVICE	LocationManager	控制位置等设备的更新
WINDOW_SERVICE	WindowManager	最顶层的窗口管理器
LAYOUT_INFLATER_SERVICE	LayoutInflater	将 XML 资源实例化为 View
POWER_SERVICE	PowerManager	电源管理
ALARM_SERVICE	AlarmManager	在指定时间接受 Intent
NOTIFICATION_SERVICE	NotificationManager	后台事件通知

续表 8.1

Context 类的静态常量	返回对象	说　明
KEYGUARD_SERVICE	KeyguardManager	锁定或解锁键盘
SEARCH_SERVICE	SearchManager	访问系统的搜索服务
VIBRATOR_SERVICE	Vibrator	访问支持振动的硬件
CONNECTIVITY_SERVICE	ConnectivityManager	网络连接管理
WIFI_SERVICE	WifiManager	WiFi 连接管理
INPUT_METHOD_SERVICE	InputMethodManager	输入法管理

在获取到 LocationManager 后，还需要指定 LocationManager 的定位方法，然后才能够调用 LocationManager. getLastKnowLocation( ) 方法获取当前位置。目前 LocationManager 中主要有两种定位方法，见表 8.2。

表 8.2　LocationManager 支持的定位方法

LocationManager 类的静态常量	说　明
GPS_PROVIDER	使用 GPS 定位，利用卫星提供精确的位置信息，但定位速度和质量受到卫星数量和环境情况的影响。此外需要用户权限：android. permissions. ACCESS_FINE_LOCATION 用户权限
NETWORK_PROVIDER	使用网络定位，利用基站或 WiFi 访问提供近似的位置信息，速度较 GPS 定位要迅速，此外需要用户权限：android. permission. ACCESS_COARSE_LOCATION 或 android. permission. ACCESS_FINE_LOCATION

在指定 LocationManager 的定位方法后，则可以调用 getLastKnownLocation( ) 方法获取当前的位置信息。使用 GPS 定位为例，获取位置信息的代码如下：

```
1. String provider = LocationManager. GPS_PROVIDER;
2. Location location = locationManager. getLastKnownLocation( provider) ;
```

代码第 2 行返回的 Location 对象中，包含了可以确定位置的信息，如经度、纬度和速度等。

通过调用 Location 中的 getLatitude( ) 和 getLonggitude( ) 方法可以分别获取位置信息中的纬度和经度，示例代码如下：

```
1. double lat = location. getLatitude( ) ;
2. double lng = location. getLongitude( ) ;
```

在很多提供定位服务的应用程序中，不仅需要获取当前的位置信息，还需要监视位置的变化，在位置改变时调用特定的处理方法。LocationManager 提供了一种便捷、高效的位置监视方法 requestLocationUpdates(),可以根据位置的距离变化和时间间隔设定,产生位置改变事件的条件,这样可以避免因微小的距离变化而产生大量的位置改变事件。LocationManager 中设定监听位置变化的代码如下:

```
1. locationManager.requestLocationUpdates(provider, 1000, 5, locationListener);
```

在上面的代码中,第 1 个参数是定位的方法,GPS 定位或网络定位;第 2 个参数是产生位置改变事件的时间间隔,单位为微秒;第 3 个参数是距离条件,单位是米;第 4 个参数是回调函数,用于处理位置改变事件。代码将产生位置改变事件的条件设定为距离改变 5 m,时间间隔为 1 s。

实现 locationListener 的代码如下:

```
1. LocationListener locationListener = new LocationListener(){
2.     public void onLocationChanged(Location location) {
3.     }
4.     public void onProviderDisabled(String provider) {
5.     }
6.     public void onProviderEnabled(String provider) {
7.     }
8.     public void onStatusChanged(String provider, int status, Bundle extras) {
9.     }
10. };
```

在上面的代码中,第 2 行代码 onLocationChanged()在位置改变时被调用,第 4 行 onProviderDisabled()在用户禁用具有定位功能的硬件时被调用;第 6 行 onProviderEnabled()在用户启用具有定位功能的硬件时被调用;第 8 行 onStatusChanged()在定位功能硬件状态改变时被调用。例如,从不可获取位置信息状态到可以获取位置信息的状态,反之亦然。

为了使 GPS 定位功能生效,需要在 AndroidManifest.xml 文件中加入用户许可。实现代码如下:

```
1. <uses-permission
2. android:name="android.permission.ACCESS_FINE_LOCATION"/>
```

8.1.2 CurrentLocationTest 实例

CurrentLocationTest 是一个提供基本位置服务实例,可以显示当前位置信息,并能够监视设备的位置变化,CurrentLocationTest 的用户界面如图 8.1 所示。

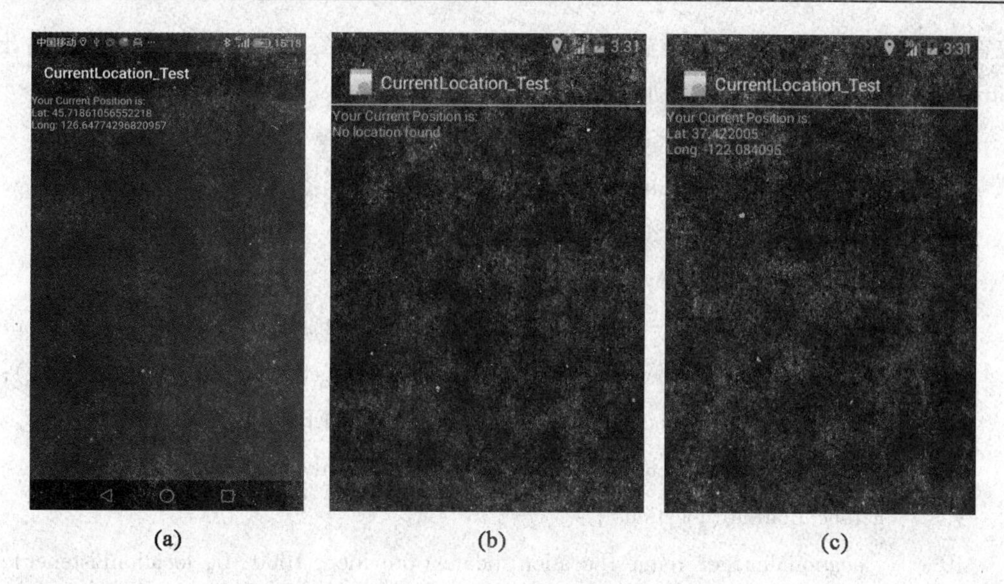

图 8.1　CurrentLocationTest 实例用户界面

调试位置服务实例最理想的方式是在真机上运行,如图 8.1(a)所示。但在没有真机的情况下,也可以采用 Android 模拟器运行程序,不过由于 Android 模拟器不支持硬件模拟,所以需要使用 Android 模拟器的控制器来模拟设备的位置变化。首先打开 DDMS 中的模拟器控制器,在 Location Controls 中的 Longitude 和 Latitude 部分输入设备当前的经度和纬度,然后点击 Send 按钮,将虚拟的位置信息发送到 Android 模拟器中,如图 8.2 所示。

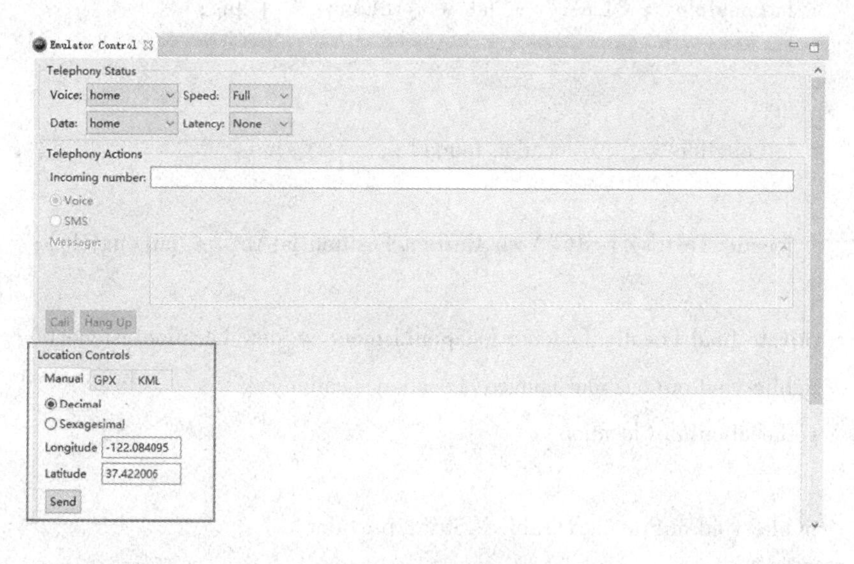

图 8.2　模拟器控制器

在程序运行过程中,可以在模拟器控制器中改变经度和纬度坐标值,程序在检测到位置的变化后，会将最新的位置信息显示在界面上，如图 8.1(c)所示。下面给出 CurrentLocationTest实例中主活动的 Java 代码。

```
1. public class CurrentLocationTestActivity extends Activity {
2.   public void onCreate(Bundle savedInstanceState) {
3.     super.onCreate(savedInstanceState);
4.     setContentView(R.layout.main);
5.     String serviceString = Context.LOCATION_SERVICE;
6.     LocationManager locationManager = (LocationManager)getSystemService(serviceString);
7.     String provider = LocationManager.GPS_PROVIDER;
8.     Location location = locationManager.getLastKnownLocation(provider);
9.     getLocationInfo(location);
10.      locationManager.requestLocationUpdates(provider, 1000, 0, locationListener);
11.   }
12.   private void getLocationInfo(Location location) {
13.     String latLongInfo;
14.     TextView locationText = (TextView)findViewById(R.id.label);
15.     if (location != null) {
16.     double lat = location.getLatitude();
17.     double lng = location.getLongitude();
18.     latLongInfo = "Lat: " + lat + "\nLong: " + lng;
19.     }
20.     else {
21.     latLongInfo = "No location found";
22.     }
23.     locationText.setText("Your Current Position is:\n" + latLongInfo);
24.   }
25.   private final LocationListener locationListener = new LocationListener() {
26.   public void onLocationChanged(Location location) {
27.   getLocationInfo(location);
28.   }
29.   public void onProviderDisabled(String provider) {
30.   getLocationInfo(null);
31.   }
32.   public void onProviderEnabled(String provider) {
```

```
33.   getLocationInfo(null);
34.   }
35.   public void onStatusChanged(String provider, int status, Bundle extras) {
36.   }
37.      };
38. }
```

LocationManager. GPS_PROVIDER 精度比较高,获取定位信息速度慢而且消耗电力,可能因为天气原因或者障碍物而无法获取卫星信息,另外设备没有 GPS 模块。LocationManager. NETWORK_PROVIDER 通过网络获取定位信息,精度低、耗电少、获取信息速度较快、不依赖 GPS 模块。为了程序的通用性,建议动态选择 location provider。在 Android 手机上实际提供的定位服务采用的定位模式,如图 8.3(a)所示,可以看出根据用户的选择而动态的采取不同的 location provider。

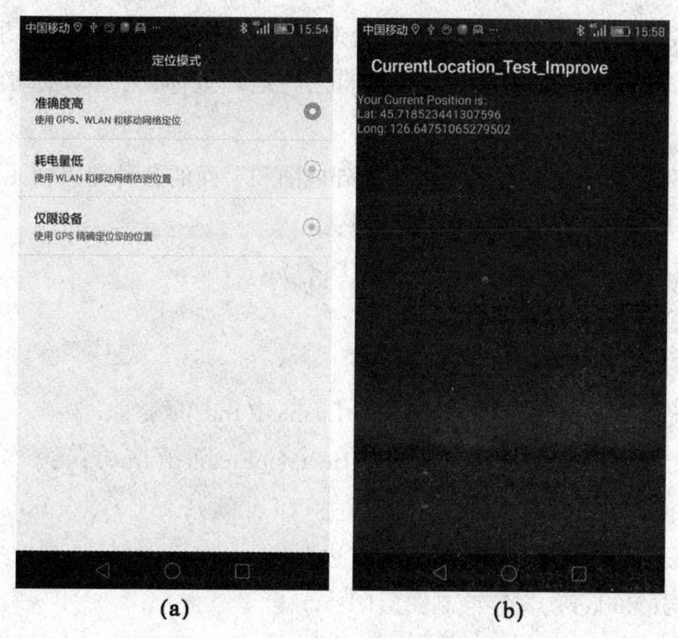

图 8.3　用户自定义选择 location provider

下面给出改进实现的关键代码。这里使用到了 Criteria 类,可根据当前设备情况自动选择 location provider。使用下面的第 7 行代码,将上面例子中的第 7 行和第 8 行代码进行替换,程序执行结果如图 8.3(b)所示。

```
1. Criteria criteria = new Criteria();
2. criteria.setAccuracy(Criteria.ACCURACY_FINE); //设置为最大精度
3. criteria.setAltitudeRequired(false); //不要求海拔信息
4. criteria.setBearingRequired(false); //不要求方位信息
```

5. criteria. setCostAllowed(true); //设置是否允许运营商收费

6. criteria. setPowerRequirement(Criteria. POWER_LOW); //对电量的要求

7. location =locationManager. getLastKnownLocation(locationManager. getBestProvider(criteria, true));

8.2 百度地图应用

开发者可以利用 SDK 提供的接口,使用百度提供的基础地图数据。目前百度地图 SDK 所提供的地图等级为 3 ~ 19 级,包含的信息有建筑物、道路、河流、学校、公园等内容。百度地图上 1 cm 代表实地距离依次为:{"20 m", "50 m", "100 m", "200 m", "500 m", "1 km", "2 km", "5 km", "10 km", "20 km", "25 km", "50 km", "100 km", "200 km", "500 km", "1 000 km", "2 000 km"},其中缩放级别 3 对应2 000 km。

所有叠加或覆盖到地图的内容,统称为地图覆盖物。如标注、矢量图形元素(折线、多边形和圆等)、定位图标等。覆盖物拥有自己的地理坐标,当拖动或缩放地图时,它们会相应的移动。

百度地图 SDK 为广大开发者提供的基础地图和上面的各种覆盖物元素,具有一定的层级压盖关系,具体如下(从下至上的顺序):

1. 基础底图(包括底图、底图道路、卫星图等);

2. 地形图图层(GroundOverlay);

3. 热力图图层(HeatMap);

4. 实时路况图图层(BaiduMap. setTrafficEnabled(true););

5. 百度城市热力图(BaiduMap. setBaiduHeatMapEnabled(true););

6. 底图标注(指的是底图上面自带的那些 POI 元素);

7. 几何图形图层(点、折线、弧线、圆、多边形);

8. 标注图层(Marker),文字绘制图层(Text);

9. 指南针图层(当地图发生旋转和视角变化时,默认出现在左上角的指南针);

10. 定位图层(BaiduMap. setMyLocationEnabled(true););

11. 弹出窗口图层(InfoWindow);

12. 自定义 View(MapView. addView(View);)。

8.2.1 申请 KEY

进入百度地图开发平台页面如图 8.4 所示。输入申请 KEY 地址,http://lbsyun.baidu. com/apiconsole/key,如图 8.5 所示。

安全码的组成规则为 Android 签名证书的 sha1 值 + “;” + packagename(即:数字签

名+分号+包名),例如:

36:97:A9:17:5A:B3:A2:AF:A2:12:EB:9A:71:35:29:97:B3:48:73:AF;com.chao.hellobaidumap

获取 Android 签名证书的 sha1 值,可以在 eclipse 中直接查看:windows→preferance→android→build。如图 8.6 所示。

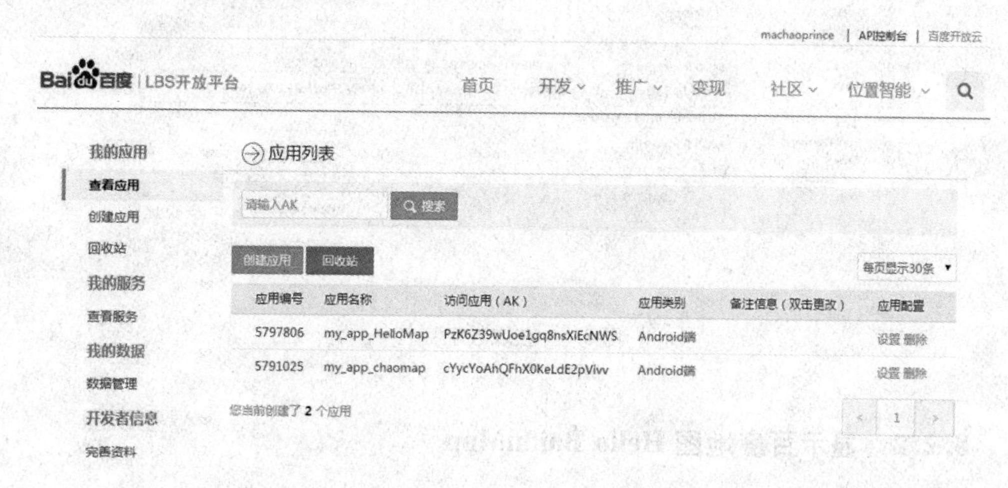

图 8.4　百度地图开发平台页面

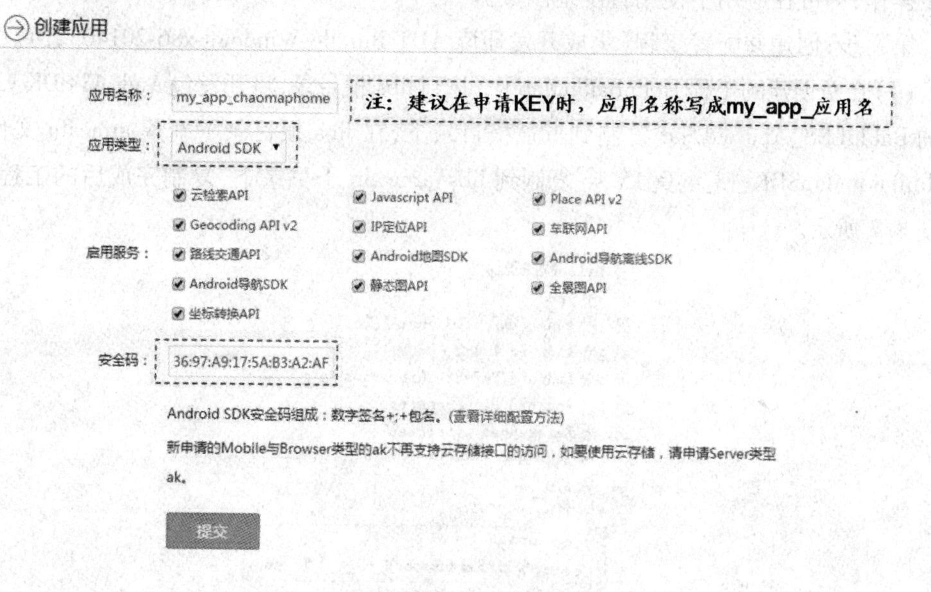

图 8.5　百度地图申请 KEY 的页面

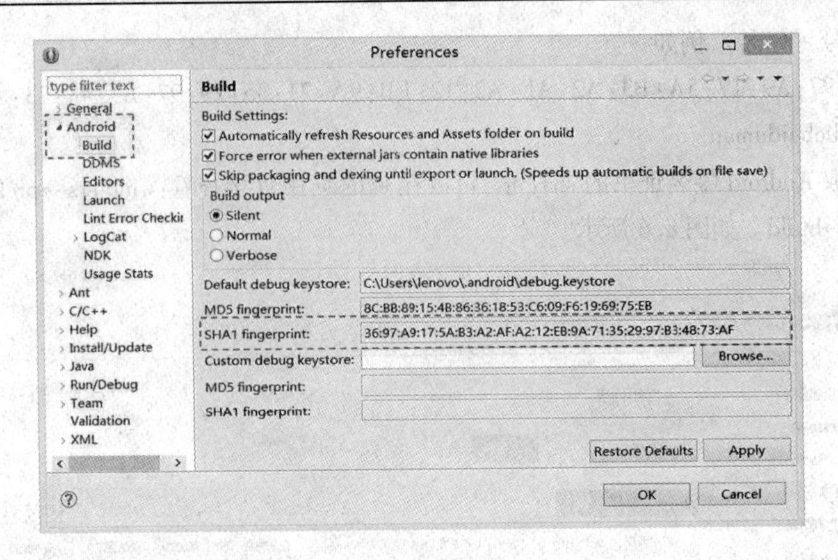

图 8.6　获取数字签名

8.2.2　显示百度地图 Hello BaiduMap

百度地图 SDK v3.4.0 为开发者提供了便捷的显示百度地图数据的接口，通过以下几步操作，即可在应用中使用百度地图数据。

第一步，创建并配置工程（集成开发环境 ADT-Bundle-Windows-x86-20140321）。

（1）在新创建的工程 HelloBaiduMap 中，找到 libs 根目录，将开发包 Android SDK v3.4.0 中的 BaiduLBS_Android.jar 复制到 libs 根目录下，在 libs 根目录下新建 armeabi 文件夹，将 libBaiduMapSDK_v3_4_0_15.so 复制到 libs\armeabi 子目录下，复制完成后的工程目录如图 8.7 所示。

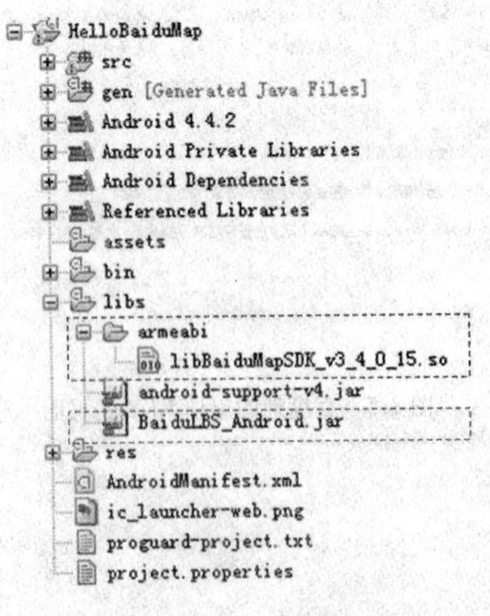

图 8.7　百度地图应用程序工程目录

(2)在工程属性→Java Build Path→Libraries 中选择“Add External JARs”,选定 BaiduLBS_Android. jar,确定后返回。配置百度地图开发包如图 8.8 所示。

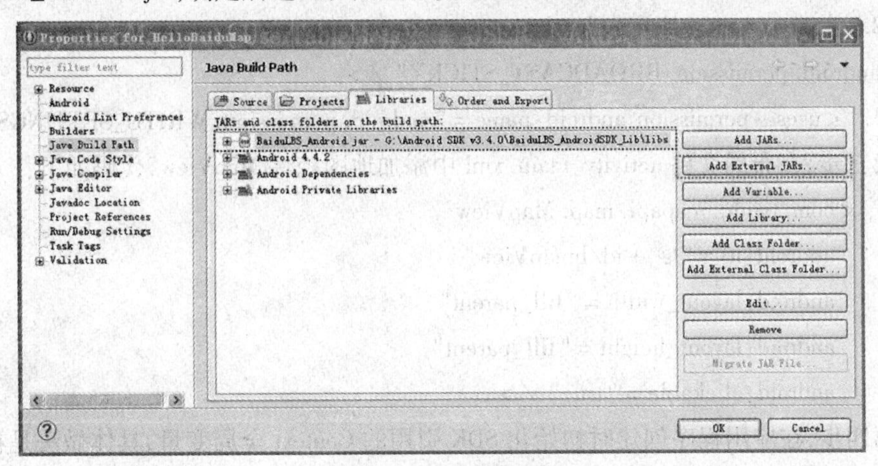

图 8.8　配置百度地图开发包

第二步,在 AndroidManifest. xml 中添加开发密钥、所需权限等信息。

(1)在 Application 中添加开发密钥,代码如下:

```
1. <Application>
2.     <meta - data
3.         android:name = "com. baidu. lbsapi. API_KEY"
4.         android:value = "开发者 key" />
5. </Application>
```

(2)添加所需权限,代码如下:

```
1. <uses - permission android:name = "android. permission. GET_ACCOUNTS" />
2. <uses - permission android:name = "android. permission. USE_CREDENTIALS" />
3. <uses - permission android:name = "android. permission. MANAGE_ACCOUNTS" />
4. <uses - permission android:name =
"android. permission. AUTHENTICATE_ACCOUNTS" />
5. <uses - permission android:name =
"android. permission. ACCESS_NETWORK_STATE" />
6. <uses - permission android:name = "android. permission. INTERNET" />
7. <uses - permission android:name =
"com. android. launcher. permission. READ_SETTINGS" />
8. <uses - permission android:name = "android. permission. CHANGE_WIFI_STATE" />
9. <uses - permission android:name = "android. permission. ACCESS_WIFI_STATE" />
10. <uses - permission android:name = "android. permission. READ_PHONE_STATE" />
```

```
11. <uses-permission android:name=
"android.permission.WRITE_EXTERNAL_STORAGE" />
12. <uses-permission android:name=
"android.permission.BROADCAST_STICKY" />
13. <uses-permission android:name="android.permission.WRITE_SETTINGS" />
```

第三步，在布局文件 activity_main.xml 中添加地图控件 MapView，代码如下：

```
1. <com.baidu.mapapi.map.MapView
2.     android:id="@+id/bmapView"
3.     android:layout_width="fill_parent"
4.     android:layout_height="fill_parent"
5.     android:clickable="true" />
```

第四步，在应用程序创建时初始化 SDK 引用的 Context 全局变量，具体做法是在 SDK 各功能组件使用之前都需要执行 SDKInitializer.initialize()函数，代码如下：

```
1. public class MainActivity extends Activity {
2.     protected void onCreate(Bundle savedInstanceState) {
3.         super.onCreate(savedInstanceState);
4.         //在使用 SDK 各组件之前初始化 context 信息，传入 ApplicationContext
5.         //注意该方法要在 setContentView 方法之前实现
6.         SDKInitializer.initialize(getApplicationContext());
7.         setContentView(R.layout.activity_main);
8.     }
9. }
```

第五步，创建地图 Activity，管理地图生命周期，代码如下：

```
1. public class MainActivity extends Activity {
2.     protected void onCreate(Bundle savedInstanceState) {
3.         super.onCreate(savedInstanceState);
4.         SDKInitializer.initialize(getApplicationContext());
5.         setContentView(R.layout.activity_main);
6.         //获取地图控件引用
7.         mMapView = (MapView) findViewById(R.id.bmapView);
8.     }
9.     protected void onDestroy() {
10.        super.onDestroy();
11.        mMapView.onDestroy();
12.    }
```

```
13.     protected void onResume() {
14.         super.onResume();
15.         mMapView.onResume();
16.         }
17.     protected void onPause() {
18.         super.onPause();
19.         mMapView.onPause();
20.         }
21. }
```

代码第 11 行的含义是在 activity 执行 onDestroy 时执行 mMapView. onDestroy(),实现地图生命周期管理;代码第 15 行的含义是在 activity 执行 onResume 时执行 mMapView. onResume(),实现地图生命周期管理;代码第 19 行的含义是在 activity 执行 onPause 时执行 mMapView. onPause(),实现地图生命周期管理。

完成以上步骤后,运行程序,可以在应用中显示地图,HelloBaiduMap 示意图如图 8.9 所示。

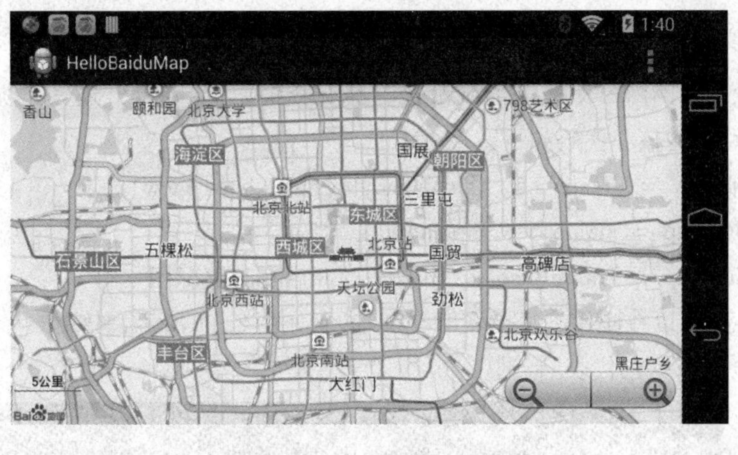

图 8.9　HelloBaiduMap 示意图

8.2.3　基础地图

1. 地图类型

百度地图 Android SDK 为您提供了两种类型的地图资源(普通矢量地图和卫星图),开发者可以利用 BaiduMap 类中的 mapType()方法来设置地图类型。核心代码如下:

```
1. mMapView = (MapView) findViewById(R.id.bmapView);
2. mBaiduMap = mMapView.getMap();
3. mBaiduMap.setMapType(BaiduMap.MAP_TYPE_NORMAL);  //普通地图
4. mBaiduMap.setMapType(BaiduMap.MAP_TYPE_SATELLITE); //卫星地图
```

运行程序,即可在应用中显示地图,如图 8.10 所示。

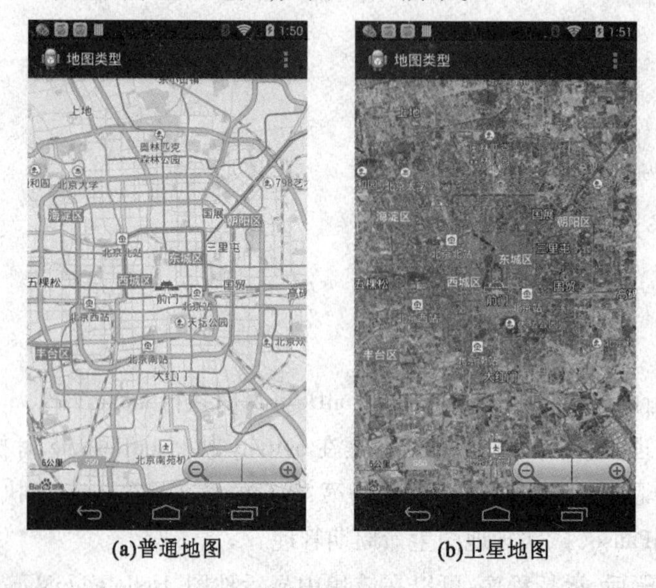

(a)普通地图　　(b)卫星地图

图 8.10　地图类型

2. 实时交通图

当前,全国范围内已支持多个城市实时路况查询,且会陆续开通其他城市。在地图上打开实时路况的核心代码如下:

```
1. mMapView = (MapView) findViewById(R.id.bmapView);
2. mBaiduMap = mMapView.getMap();
3. mBaiduMap.setTrafficEnabled(true); //开启实时路况图
```

运行程序,可以在应用中显示实时交通地图,如图 8.11 所示,其中红色代表"拥挤";黄色代表"缓行";绿色代表"畅通"。

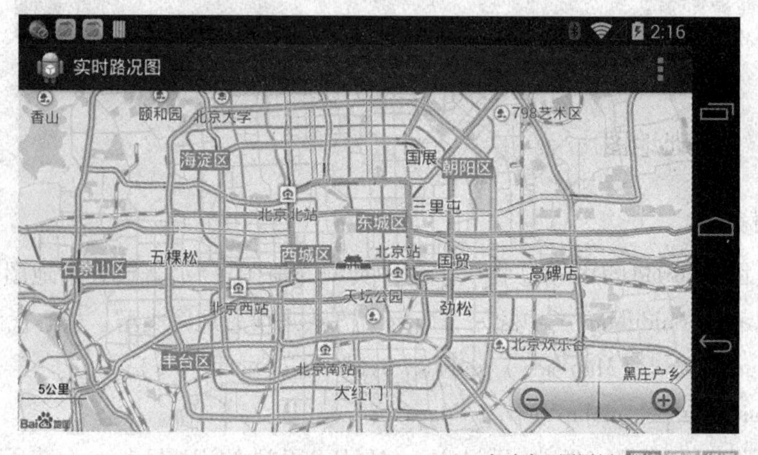

图 8.11　实时交通图

3. 百度城市热力图

百度地图 SDK 为广大开发者开放热力图本地绘制能力之后，又进一步开放百度自有数据的城市热力图层，帮助开发者构建形式更加多样的移动端应用。百度城市热力图的性质及使用与实时交通图类似，只需要简单的接口调用，即可在地图上展现样式丰富的百度城市热力图。在地图上开启百度城市热力图的核心代码如下：

```
1. mMapView = (MapView) findViewById(R.id.bmapView);
2. mBaiduMap = mMapView.getMap();
3. mBaiduMap.setBaiduHeatMapEnabled(true); //开启百度城市热力图
```

运行程序，即可在应用中显示城市热力图，如图 8.12 所示，其中“非常舒适”表示少于10 人/100 m^2，“舒适”表示 10～20 人/100 m^2，“一般”表示 20～40 人/100 m^2，“拥挤”表示 40～60 人/100 m^2，“非常拥挤”表示大于 60 人/100 m^2。

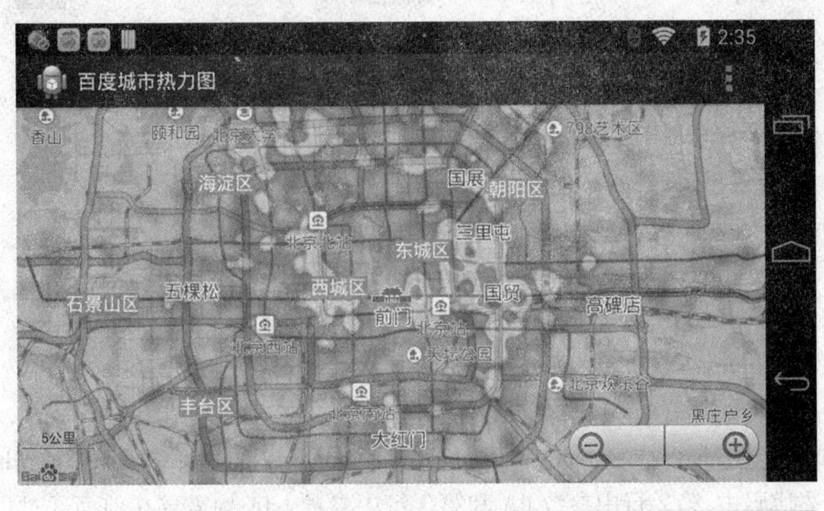

图 8.12　城市热力图

4. 标注覆盖物

开发者可根据自己实际的业务需求，利用标注覆盖物，在地图指定的位置上添加标注信息。具体实现方法如下：

```
1. LatLng point = new LatLng(45.718484, 126.647336); //定义 Maker 坐标点
2. //构建 Marker 图标
3. BitmapDescriptor bitmap = BitmapDescriptorFactory.fromResource(R.drawable.icon_marka);
4. //构建 MarkerOption,用于在地图上添加 Marker
5. OverlayOptions option = new MarkerOptions().position(point).icon(bitmap);
6. mBaiduMap.addOverlay(option); //在地图上添加 Marker,并显示
```

运行程序,即可在应用中显示标注覆盖物的地图,如图 8.13 所示。

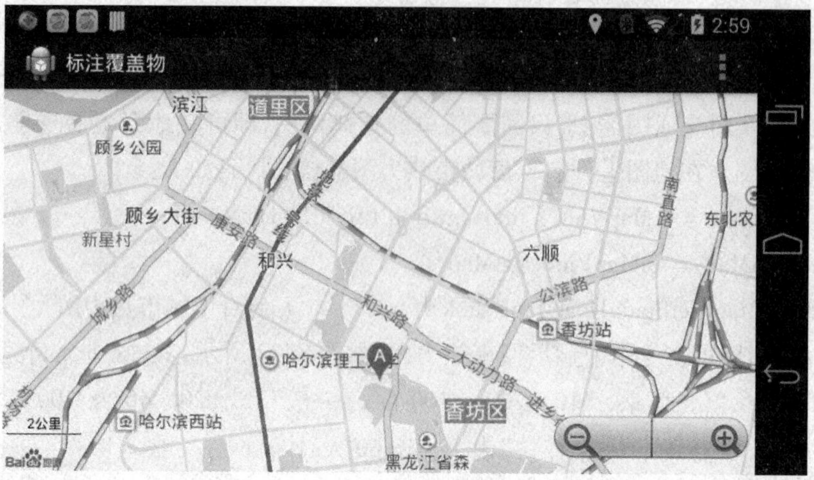

图 8.13　标注覆盖物

针对已经添加在地图上的标注,可采用如下方式进行手势拖拽。

第一步,设置可拖拽。

```
1. OverlayOptions options = new MarkerOptions()
2.         .position(llA)  //设置 marker 的位置
3.         .icon(bdA)  //设置 marker 图标
4.         .zIndex(9)  //设置 marker 所在层级
5.         .draggable(true);  //设置手势拖拽
6. marker = (Marker)(mBaiduMap.addOverlay(options)); //将 marker 添加到地图上
```

在上述代码中,第 2 行中参数 llA 和第 3 行中参数 bdA 均需要在前面通过以下语句进行声明。

```
1. LatLng llA = new LatLng(39.963175, 116.400244);
2. BitmapDescriptor bdA = BitmapDescriptorFactory.fromResource(R.drawable.icon_marka);
```

第二步,设置监听方法。

```
1. //调用 BaiduMap 对象的 setOnMarkerDragListener 方法设置 marker 拖拽的监听
2. mBaiduMap.setOnMarkerDragListener(new OnMarkerDragListener() {
3.         public void onMarkerDrag(Marker marker) {//拖拽中
4.         }
5.         public void onMarkerDragEnd(Marker marker) {//拖拽结束
6.     Toast.makeText(
7.                 MainActivity.this,"拖拽结束,新位置:" +
8.                 marker.getPosition().latitude + ", " + marker.getPosition().longitude,
```

```
9.    Toast.LENGTH_LONG).show();
10.          }
11.          public void onMarkerDragStart(Marker marker) { //开始拖拽
12.          }
13. });
```

针对已添加在地图上的标注覆盖物,可以利用以下方法进行修改和删除操作。

```
1. marker.remove();    //调用 Marker 对象的 remove 方法实现指定 marker 的删除
```

第9章 Android多线程

多线程编程是Android程序开发人员必须掌握的技能之一。例如,将用户界面显示和数据处理分开时等情况均需要多线程技术。因此,本章主要介绍Android平台下的多线程技术。

9.1 Android下的线程

线程是进程中的一个实体,是被系统独立调度和分配的基本单位。在一个进程中可以创建几个线程来提高程序的执行效率,同一个进程中的多个线程之间可以并发执行。在Android平台下,多线程编程为充分利用系统资源提供了便利,同时也为设计复杂用户界面和耗时操作提供了途径,提升了Android用户的使用体验。

Android系统启动某个应用后,将会创建一个线程来运行该应用,这个线程为"主"线程。主线程非常重要,这是因为它要负责消息的分发,给界面上相应的UI组件分发事件,包括绘图事件。这也是应用可以和UI组件(android. widget和android. view中定义的组件)发生直接交互的线程。因此主线程也称为用户界面线程(UI线程)。UI线程只用一个,因此应用可以说是单线程(Single-threaded)。

在Android平台下,为了实现"线程安全",Android规定只有UI线程才能更新用户界面和接受用户的按钮及触摸事件。因此,需要遵循以下两个规则:

(1)永远不要阻塞UI线程。

(2)不要在非UI线程中操作UI组件。

由于Android使用单线程工作模式,因此不阻塞UI线程对于应用程序的响应性能至关重要。如果在应用中包含一些不是瞬间就能完成的操作,使用额外的线程(即辅助线程)来执行这些操作。

为了让辅助线程和UI线程顺利地进行通信,Android提出了循环者-消息机制(Looper-Message机制)。

9.2 循环者-消息机制

循环者-消息机制(Looper-Message机制)是指线程间可以通过该消息队列并结合处理者(Handler)和循环者(Looper)组件来进行信息交换。

1. Message(消息)

Message 是线程间交流的信息。辅助线程如需要更新界面,则发送内含一些数据的消息给 UI 线程。

2. Handler(处理者)

Handler 直接继承自 Object,一个 Handler 允许发送和处理 Message 或 Runnable 对象,并且会关联到 UI 线程的 MessageQueue 中。当实例化一个 Handler 的时候,这个Handler 可以把 Message 或 Runnable 压入到消息队列,并且从消息队列中取出 Message 或 Runnable,进而操作它们。Handler 主要有两个作用:

(1)在辅助线程中发送消息。

(2)在 UI 线程中获取、处理消息。

Handler 本身没有去开辟一个新线程。Handler 像是 UI 线程的秘书,它是一个触发器,负责管理从辅助线程中得到更新的数据,然后在 UI 线程中更新界面。辅助线程通过 Handler 的 sendMessage( ) 方法发送一个消息后, Handler 就会回调 Handler 的 HandlerMessage方法来处理消息。

3. MessageQueue(消息队列)

MessageQueue 用来存放通过 Handler 发送的消息,按照先进先出执行。每个消息队列都会有一个对应的 Handler。Handler 通过 sendMessage 将消息发送到消息队列,插在消息队列队尾并按先进先出执行。这个消息会被 Handler 的 handleMessage 函数处理。

Android 没有全局的消息队列,而 Android 会自动为 UI 线程建立消息队列,但在子线程里并没有建立消息队列,所以调用 Looper. getMainLooper( )得到 UI 线程的循环者。UI 线程的循环者不会为 NULL。

4. Looper(循环者)

Looper 是每条线程里的消息队列的管家。Looper 是处理者和消息队列之间的通信桥梁,程序组件首先通过处理者把消息传递给循环者,循环者则把消息放入队列。对于 UI 线程,系统已经给它建立了消息队列和循环者,但要想向 UI 线程发消息和处理消息,用户必须在 UI 里建立自己的 Handler 对象,那么 Handler 是属于 UI 线程的,从而它是可以和 UI 线程交互的。

UI 线程的 Looper 一直在进行 Loop 操作,在 MessageQueue 中读取符合要求的Message 交给属于它的 Handler 来处理。所以,只要在辅助线程中将最新的数据放到 Handler 所关联的 Looper 的 MessageQueue 中,然而 Looper 一直在 Loop 操作,一旦有符合要求的 Message,就将 Message 交给该 Message 的 Handler 来处理。最终被从属于 UI 线程的 Handler 的 handlMessag(Message msg)方法被调用。下面通过实例进一步说明多线程使用的机制,该实例的程序执行过程如图 9.1 所示。

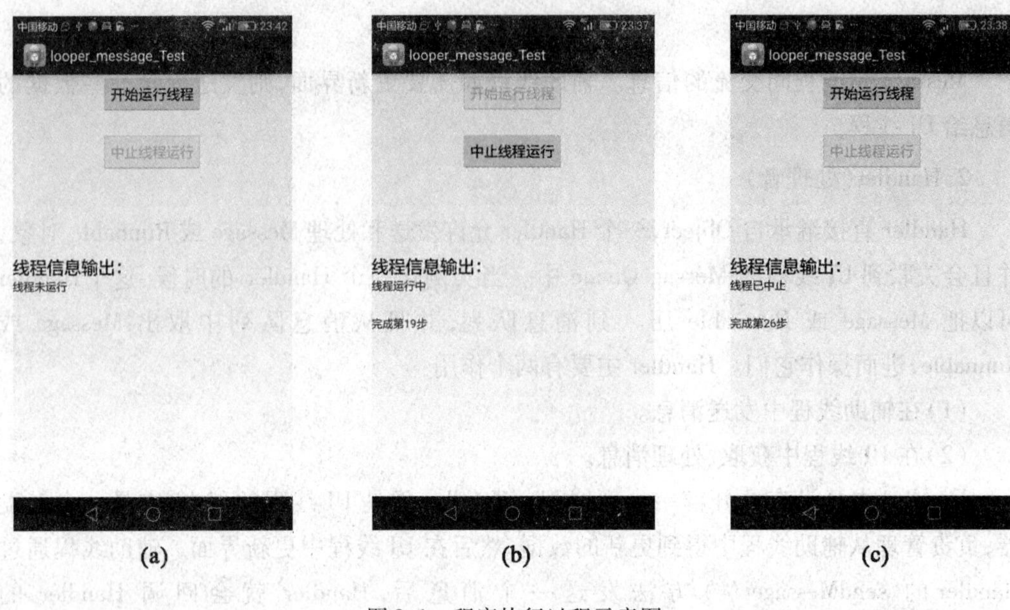

图 9.1　程序执行过程示意图

编辑主活动代码,在 UI 线程中控制辅助线程的开启和关闭,使用 Handler 将辅助线程中传递过来的数据信息提取出来,并以此来更新 UI 线程的界面控件。

```
public class MainActivity extends Activity {
    private Button btn_StartThread;
    private Button btn_StopThread;
    private TextView threadOutputInfo;
    private TextView threadStateOutputInfo;
    private MyTaskThread myThread = null;
      private Handler mHandler;
      public void onCreate(Bundle savedInstanceState) {
          super.onCreate(savedInstanceState);
          setContentView(R.layout.activity_main);
          threadOutputInfo = (TextView)findViewById(R.id.ThreadOuputInfo);
    threadStateOutputInfo = (TextView)findViewById(R.id.ThreadStateOuputInfo);
          threadStateOutputInfo.setText("线程未运行");
          mHandler = new Handler() {
              public void handleMessage(Message msg) {
               switch (msg.what) {
                 case MyTaskThread.MSG_REFRESHINFO:
                 threadOutputInfo.setText((String)(msg.obj));
```

```
                break;
                default:
                break;
                }
            }
        };
        btn_StartThread  = (Button)findViewById(R.id.startThread);//开始运行线程
        btn_StartThread.setOnClickListener (new OnClickListener () {
              public void onClick(View v) {
                myThread  =  new MyTaskThread(mHandler);  // 创建一个线程
                myThread.start();   // 启动线程
setButtonAvailable();
                threadStateOutputInfo.setText("线程运行中");
              }
        });
        btn_StopThread = (Button) findViewById(R.id.stopThread);//中止线程运行
        btn_StopThread.setOnClickListener (new OnClickListener () {
              public void onClick(View v) {
                if (myThread!  =null && myThread.isAlive()) {
                myThread.stopRun();
threadStateOutputInfo.setText("线程已中止");
}
                try {
                if (myThread!  =null) {
                myThread.join();    // 等待线程运行结束
                myThread  = null;
                }
                } catch (InterruptedException e) {
                // 空语句块,表示忽略强行中止异常
                }
setButtonAvailable();
              }
        });
setButtonAvailable();
```

```
    }
    private void setButtonAvailable()  // 新增函数,用于设置各按钮的可选性
    {
        btn_StartThread. setEnabled( myThread = = null) ;
        btn_StopThread. setEnabled( myThread !  = null) ;
    }
}
```

辅助线程的代码如下所示,在辅助线程中实现简单的计数功能。

```
public class MyTaskThread extends Thread {
  private static final int stepTime  =  600; //每一步执行时间(单位:ms)
  private volatile boolean isEnded; //线程是否运行的标记,用于终止线程的运行
  private Handler mainHandler;  // 用于发送消息的处理者
  public static final int MSG_REFRESHINFO  =  1;  // 更新界面的消息
  public MyTaskThread( Handler mh) {// 定义构造函数
  super( );// 调用父类的构建器创建对象
  isEnded  =  false;
  mainHandler  =  mh;
  }
  public void run( ){// 在线程体 run 方法中书写运行代码
  Message msg ;
  for (int i  =  0; ! isEnded; i + + ) {
  try {
  Thread. sleep( stepTime);  // 让线程的每一步睡眠指定时间
          String s  =  "完成第"  + i  + "步";
          msg  =  new Message( );
          msg. what  =  MSG_REFRESHINFO; // 定义消息类型
          msg. obj  =  s; //给消息附带数据
          mainHandler. sendMessage( msg); // 发送消息
  } catch (InterruptedException e) {
  e. printStackTrace( );
  }
  }
  }
    public void stopRun( ){// 停止线程的运行的控制函数
```

```
        isEnded = true;
    }
}
```

9.3　AsyncTask

除了使用循环者 - 消息(Looper-Message)机制来实现辅助线程与 UI 线程的通信外，还可以使用一种称为异步任务(AsyncTask)的类来实现通信。Android 的 AsyncTask 比 Handler 更轻量级一些，适用于简单的异步处理。AsyncTask 的一般使用框架如下：

AsyncTask 是抽象类，定义了三种泛型类型 Params、Progress 和 Result。

- Params 启动任务执行的输入参数，比如 HTTP 请求的 URL。
- Progress 后台任务执行的百分比。
- Result 后台执行任务最终返回的结果，比如 String、Integer 等。

AsyncTask 的执行分为四个步骤，每一步都对应一个回调方法，开发者需要实现这些方法。

①onPreExecute()，该方法将在执行实际的后台处理工作前被 UI 线程调用，用于做一些准备工作，例如，在界面上显示一条进度条，或者一些控件的实例化。该方法不是必须实现的。

②doInBackground(Params...)，该方法将在 onPreExecute()方法执行后立即执行，该方法运行在辅助线程中。它将主要负责执行那些很耗时的后台处理工作。可以调用 publishProgress()方法来更新实时的任务进度。该方法是抽象方法，子类必须实现。

③onProgressUpdate(Progress...)，在 publishProgress()方法被调用之后，UI 线程将调用这个方法在界面上展示任务的进展情况，例如，通过一个进度条进行显示。

④onPostExecute(Result)，在 doInBackground()方法执行后，onPostExecute()方法将被 UI 线程调用，后台的计算结果将通过该方法传递到 UI 线程，并且在用户界面上显示给用户。

此外，还有 onCancelled()方法，该方法在用户取消线程操作的时候调用。

为了正确的使用 AsyncTask 类，必须遵守以下的准则：

- Task 的实例必须在 UI 线程中创建。
- execute 方法必须在 UI 线程中调用。
- 不要手动调用 onPreExecute()、onPostExecute(Result)、doInBackground(Params...)、onProgressUpdate(Progress...)这四个方法，需要在 UI 线程中实例化的这个 task 中来调用。
- 该 task 只能被执行一次，否则多次调用时将会出现异常。

doInBackground()方法和 onPostExecute()方法的参数必须对应，这两个参数在 AsyncTask 声明的泛型参数列表中指定，第一个为 doInBackground()方法接受的参数；第二个为显示进度的参数;第三个为 doInBackground( )方法返回和 onPostExecute( )方法传入的参数。

下面通过实例进一步说明 AsyncTask 的使用方式,该实例的程序执行过程如图 9.2 所示。

(a)

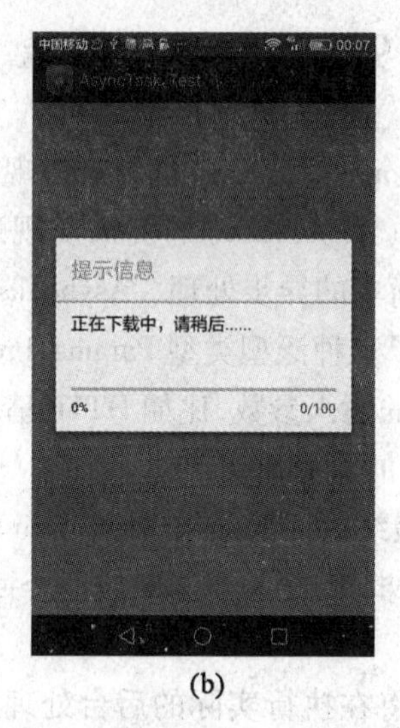

(b)

(c)

图 9.2　程序执行过程示意图

```
public class MainActivity extends Activity {
    private Button button;
    private ImageView imageView;
    private ProgressDialog progressDialog;
    private final String IMAGE_PATH =
    "http://192.168.1.108:8080/URLResource/urlc.jpg";
    protected void onCreate(Bundle savedInstanceState) {
    super.onCreate(savedInstanceState);
    setContentView(R.layout.activity_main);
    button = (Button)findViewById(R.id.button);
    imageView = (ImageView)findViewById(R.id.imageView);
    //弹出要给 ProgressDialog
    progressDialog = new ProgressDialog(MainActivity.this);
    progressDialog.setTitle("提示信息");
    progressDialog.setMessage("正在下载中,请稍后......");
    //设置 setCancelable(false);表示不能取消这个弹出框,等下载完成之后再让弹出
框消失
    progressDialog.setCancelable(false);
```

```
//设置 ProgressDialog 样式为水平的样式
progressDialog.setProgressStyle(ProgressDialog.STYLE_HORIZONTAL);
button.setOnClickListener(new View.OnClickListener(){
  public void onClick(View v){
    new MyAsyncTask().execute(IMAGE_PATH);
  }
});
}
/*定义一个类,让其继承 AsyncTask 这个类
 * Params: String 类型,表示传递给异步任务的参数类型是 String,通常指定的是
URL 路径
 * Progress: Integer 类型,进度条的单位通常都是 Integer 类型
 * Result:byte[]类型,表示下载好的图片以字节数组返回*/
public class MyAsyncTask extends AsyncTask<String, Integer, byte[]>{
  protected void onPreExecute(){
    super.onPreExecute();
    //在 onPreExecute()中 ProgressDialog 显示出来
    progressDialog.show();
  }
  protected byte[] doInBackground(String... params){
    //通过 Apache 的 HttpClient 来访问请求网络中的一张图片
    HttpClient httpClient = new DefaultHttpClient();
    HttpGet httpGet = new HttpGet(params[0]);
    byte[] image = new byte[]{};
    try{
      HttpResponse httpResponse = httpClient.execute(httpGet);
      HttpEntity httpEntity = httpResponse.getEntity();
      InputStream inputStream = null;
      ByteArrayOutputStream byteArrayOutputStream =
      new ByteArrayOutputStream();
      if(httpEntity != null &&
      httpResponse.getStatusLine().getStatusCode() ==
      HttpStatus.SC_OK){
        //得到文件的总长度
        long file_length = httpEntity.getContentLength();
        //每次读取后累加的长度
```

```
                long total_length = 0;
                int length = 0;
                byte[] data = new byte[1024]; //每次读取 1 024 个字节
                inputStream = httpEntity.getContent();
                while(-1 != (length = inputStream.read(data))) {
                    //每读一次,就将 total_length 累加起来
                    total_length += length;
                    //边读边写到 ByteArrayOutputStream 当中
                    byteArrayOutputStream.write(data, 0, length);
                    //得到当前图片下载的进度
                    int progress = ((int)(total_length/(float)file_length) * 100);
                    //时刻将当前进度更新给 onProgressUpdate 方法
                    publishProgress(progress);
                }
            }
            image = byteArrayOutputStream.toByteArray();
            inputStream.close();
            byteArrayOutputStream.close();
        }
        catch (Exception e) {
            e.printStackTrace();
        }
        finally{
            httpClient.getConnectionManager().shutdown();
        }
        return image;
    }
protected void onProgressUpdate(Integer... values) {
    super.onProgressUpdate(values);
    progressDialog.setProgress(values[0]); //更新 ProgressDialog 的进度条
}
    protected void onPostExecute(byte[] result) {
    super.onPostExecute(result);
    //将 doInBackground 方法返回的 byte[]解码成要给 Bitmap
    Bitmap bitmap = BitmapFactory.decodeByteArray(result, 0, result.length);
    imageView.setImageBitmap(bitmap); //更新 ImageView 控件
```

```
        progressDialog. dismiss( ) ;//使 ProgressDialog 框消失
    }
    }
}
```

第 10 章 Android 网络通信开发

Android 平台为网络通信提供了丰富的 API，包括：(1) Java 标准平台的 java. net、javax. net、javax. net. ssl 包；(2) Apache 旗下的 Http 通信相关的 org. apache. http 包；(3) android. net、android. net. http 包。常见包中的主要类/接口说明见表 10.1、表 10.2。

表 10.1 java. net 包中主要类/接口说明

类/接口	说　明
IntetAddress	表示 IP 地址
UnkownHostException	主机位置异常
HttpURLConnection	用于管理 Http 链接的资源链接管理器
URL	用于指定互联网上一个资源的位置信息
ServerSocket	表示用于等待客户端连接的服务方的套接字
Scoket	提供一个客户端的 TCP 套接字
DatagramSocket	实现一个用于发送和接收数据报的 UDP 套接字
DatagramPacket	数据包

表 10.2 org. apache. http 包中主要类/接口说明

类/接口	说　明
DefaultHttpClient	表示一个 Http 客户端默认实现接口
HttpGet /HttpPost	表示 Http 的 Get 和 Post 访问方式
HttpResponse	一个 Http 响应
StatusLine	状态行
Header	表示 Http 头部字段
HeaderElement	Http 头部值中的一个元素
NameValuesPair	封装了属性 - 值对的类
HttpEntity	一个可以同 Http 消息进行接收或发送的实体

10.1　HTTP 网络通信

HTTP 协议即超文本传送协议(Hypertext Transfer Protocol),是 Web 网络通信的基础,也是手机网络通信常用的协议之一,HTTP 协议是建立在 TCP 协议之上的一种应用。HTTP连接最显著的特点是客户端发送的每次请求都需要服务器回送响应,在请求结束后,会主动释放连接。从建立连接到关闭连接的过程称为“一次连接”。

由于 HTTP 在每次请求结束后都会主动释放连接,因此 HTTP 连接是一种“短连接”、“无状态”,要保持客户端程序的在线状态,需要不断地向服务器发起连接请求。通常的做法是即使不需要获得任何数据,客户端也保持每隔一段固定的时间向服务器发送一次“保持连接”的请求,服务器在收到该请求后对客户端进行回复,表明知道客户端“在线”。服务器长时间无法收到客户端的请求,则认为客户端“下线”;客户端长时间无法收到服务器的回复,则认为网络已经断开。

Android 应用经常会和服务器端交互,这就需要 Android 客户端发送网络请求。Android对于 HTTP 网络通信,提供了标准的 java 接口(httpURLConnection 接口),以及apache的接口(httpclient 接口)。同时 HTTP 通信也分为 post 方式和 get 的方式,两种方式的区别如下:

- post 请求可以向服务器传送数据,而且数据放在 HTML HEADER 内一起传送到服务端 URL 地址,数据对用户不可见。而 get 是把参数数据队列加到提交的 URL 中,值和表单内各个字段一一对应,例如("http://192.168.1.108:8080/MyHTTP/msg?message=HelloWorld!(get)")。
- get 传送的数据量较小,不能大于 2 KB。post 传送的数据量较大,一般被默认为不受限制。
- get 安全性非常低;post 安全性较高。

10.1.1　HttpURLConnection 接口开发

HttpURLConnection 是 Java 的标准类,继承自 URLConnection 类。URLConnection 与 HttpURLConnection 都是抽象类,因此无法直接实例化对象。其对象主要通过 URL 的 openConnection( )方法获得。需要注意的是此方法只是创建 URLConnection 或 HttpURLConnection类的实例,而不是真正的连接操作。因此在连接之前可以对其一些属性进行设置。

创建一个项目,项目中包括三个 Activity 子类,通过主 Activity 类的两个按钮和一个文本输入框分别跳转到另外两个 Activity 网页信息显示活动。在每个跳转后的 Activity 活动的生命周期函数 OnCreat( )里,调用 HttpURLConnection 网络接口向服务发出请求,获取服务器返回信息。

跳转后的第一个 Activity 页面显示信息是通过 Get 方式携带参数请求服务器返回信息;第二个 Activity 页面显示信息是通过 Post 方式携带参数请求服务器返回信息,返回信息均显示在两个 Activity 布局页面的文本显示框中。

需要在 AndroidManifest. xml 中设置网络权限,关键代码如下:

```
<manifest ... >
<uses-permission android:name="android.permission.INTERNET"/>
</manifest>
```

该项目包含三个活动 MainActivity. java、GetActivity. java、PostActivity. java 文件,分别对应布局文件 activity_main. xml、get. xml、post. xml。

布局文件 activity_main. xml 中包含两个 Button 按钮,一个 EditText 文本输入框,点击两个按钮分别跳转到 GetActivity、PostActivity 活动上,两个活动对应的布局文件中各包含一个 TextView 文本显示框。

布局文件 get. xml 中的文本显示框中所显示的内容是携带参数[message = "HelloWorld!"]的 Get 请求方法所获得的目标网页页面信息。

布局文件 post. xml 中的文本显示框中所显示的内容是携带参数[message = str]的 Post 请求方法所获得的目标网页页面信息(其中 str 为 activity_main. xml 布局文件的文本输入框中用户所输入信息)。

活动 MainActivity. java 文件事务处理,点击"通过 get 方式"按钮后,程序会调用 StartActivity()方法跳转到 GetActivity 活动。在 EditText 中输入所需传递的参数后,点击"Post"按钮,程序会调用 StartActivity()方法并携带输入信息跳转到 PostActivity 活动。

活动 GetActivity. java 文件事务处理,在此活动的 OnCreate()方法中,程序会开启一个子线程。在子线程中来访问页面信息。访问的方式很简单,创建一个HttpUrlConnection 连接,读取流中的内容,完成之后关闭此连接,将获取到的页面信息在文本显示框中显示。

首先使用 HttpUrlConnection 打开连接。创建过程为建立一个 http 目标地址并构造一个 URL 对象,创建 HttpURLConnection 对象打开 url 对象连接。关键代码为:

```
httpUrl = "http://192.168.1.108:8080/MyHTTP/msg? message = HelloWorld! (get)";
url = new URL(httpUrl); //携带参数的 get 方式
HttpURLConnection urlConn = (HttpURLConnection)url.openConnection()
```

然后获得读取流中的内容。创建过程为获得读取内容的流,为输出创建一个BufferReader对象,并使用循环来读取该对象所获得的数据信息。关键代码为:

```
InputStreamReader in = new InputStreamReader(urlConn.getInputStream());
BufferedReader buffer = new BufferedReader(in);
String inputLine = null;
while((inputLine = buffer.readLine())! = null){
```

```
resultData += inputLine + "\n";
}
in.close();
urlConn.disconnect();
```

最后将读取到的内容显示在文本显示框中,信息发送关键代码为:

```
if(resultData != null){
  Bundle b = new Bundle();
  b.putString("megpost", resultData);
  Message meg = new Message();
  meg.setData(b);
  h_One.sendMessage(meg);
}
Handler h_One = new Handler(){ //文本显示框信息更新代码
public void handleMessage(Message msg) {
  super.handleMessage(msg);
  t_One.setText(msg.getData().toString());}};
```

活动 PostActivity.java 文件事务处理,使用 post 请求的方式获取页面信息,将返回的页面信息显示在文本显示框中。由于 HttpUrlConnection 默认使用 Get 方式,所以在使用 Post 方式之前需要进行setRuquestMethod设置。首先使用 HttpUrlConnection 打开连接。创建过程和关键代码与 Get 方式相同。

然后进行 setRuquestMethod 设置,并携带参数向目标页面进行 post 请求。创建过程与代码如下所示:

```
urlConn.setDoOutput(true);
//post 请求需要设置标志指示允许输入输出 UrlConnection
urlConn.setDoInput(true);
urlConn.setRequestMethod("POST"); // 设置以 POST 方式进行 http 请求
urlConn.setUseCaches(false); // Post 请求不能使用缓存
urlConn.setInstanceFollowRedirects(true);  //设置连接遵循重定向
// 配置本次连接的 Content-type,配置为 Application/x-www-form-urlencoded
urlConn.setRequestProperty("Content-Type","Application/x-www-form-urlencoded");
```

/* urlConn 连接,从 postUrl.openConnection()至此的配置必须要在 connect 之前完成,而 connect 是在 connection.getOutputStream 时隐含的进行的创建 DataOutputStream 流 */

```
DataOutputStream out = new DataOutputStream(urlConn.getOutputStream());
String content = "par=" + URLEncoder.encode(str, "gb2312"); // 创建要上传的参数
```

```
out.writeBytes(content); // 将要上传的内容写入流中
out.flush(); // 刷新、关闭
out.close();
```

最后将读取流中的内容并显示在文本显示框中,创建过程、代码与 Get 方式相同,HttpURLConnection接口开发实例如图 10.1 所示。

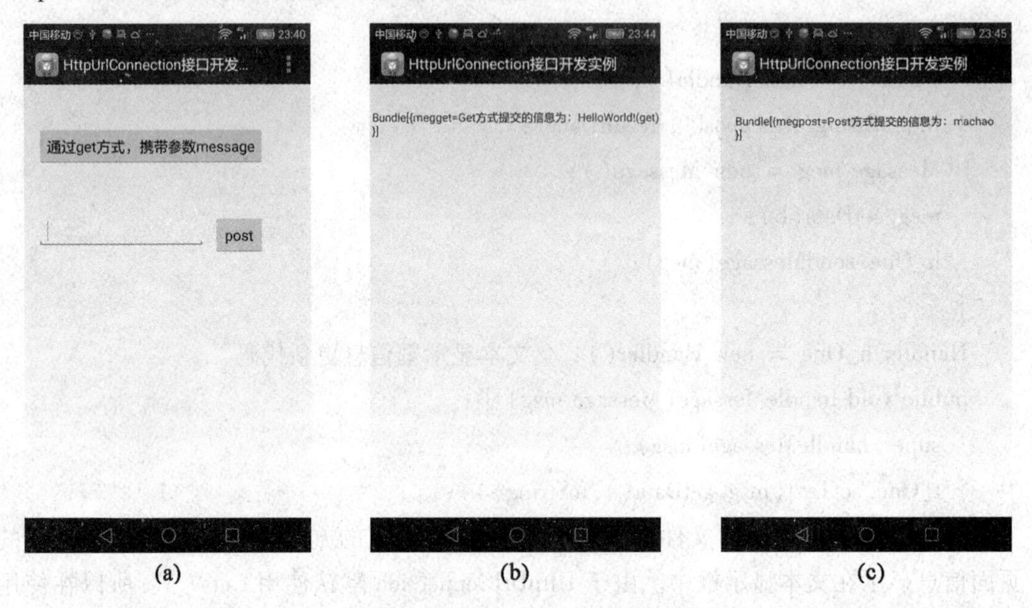

图 10.1　HttpURLConnection 接口开发实例

10.1.2　HttpClient 接口开发

在 Android 项目实际开发中 HttpClient 接口相比 HttpURLConnection 接口更常见,因为它比后者更适合运用到更复杂的联网操作。Apache 提供的 HttpClient 接口对 java.net 中的类做了一些封装与抽象,更适合在 Android 平台上开发互联网应用。

下面是一些与其相关的常见接口和类:

HttpClient 接口:Http 客户端接口,DefaultHttpClient 是常用于实现 HttpClient 接口的子类。

HttpResponse 接口:Http 响应接口,HttpResponse 提供了一系列 get 方法。

StatusLine 接口:StatusLine 也就是 HTTP 协议中的状态行。HTTP 状态行由三部分组成:HTTP 协议版本、服务器发回的响应状态码、状态码的文本描述。

HttpEntity 接口:HttpEntity 是 HTTP 消息发送或接收的实体。

NameValuePair 接口:NameValuePair 是一个简单的封闭的键值对。提供了一个getName()和 getValue()方法。

HttpGet 类:HttpGet 实现了 HttpRequest、HttpUriRequest 接口。

HttpPost 类:HttpPost 实现了 HttpRequest、HttpUriRequest 接口。

创建一个项目,项目中包括三个 Activity 子类,通过主 Activity 类的两个按钮和一个文本输入框分别跳转到另外两个 Activity 网页信息显示活动。在每个跳转后的 Activity 活动的生命周期函数 OnCreat( )里,调用 HttpClient 网络接口向服务发出请求,获取服务器返回信息。

跳转后的第一个 Activity 页面显示信息是通过 Get 方式请求服务器返回信息不携带参数。第二个 Activity 页面显示信息是通过 Post 方式携带参数请求服务器返回信息。返回信息均显示在两个 Activity 布局页面的文本显示框中。

该项目包含三个活动 MainActivity. java、GetActivity. java、PostActivity. java 文件,分别对应布局文件 activity_main. xml、get. xml、post. xml 布局文件。

HttpClient 接口开发实例如图 10.2 所示,activity_main. xml 布局文件中包含两个 Button 按钮,一个 EditText 文本输入框,点击两个按钮分别跳转到 GetActivity、PostActivity 活动上,两个活动对应的布局文件中各包含一个 TextView 文本显示框。

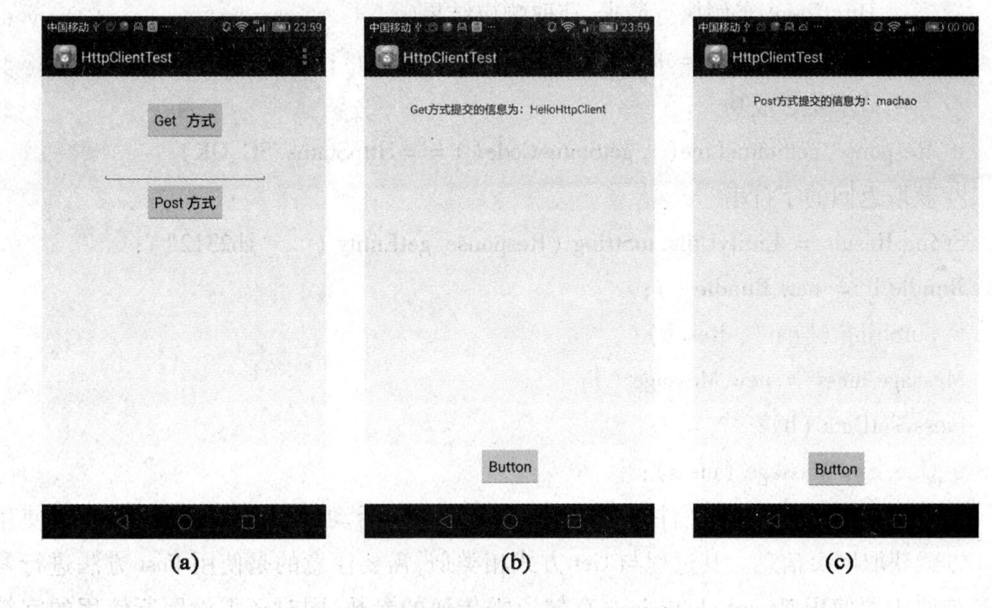

图 10.2　HttpClient 接口开发实例

get. xml 布局文件中的文本显示框中所显示的内容是使用 HttpClient 接口中携带参数[par = "HelloWorld!"]的 Get 请求方法所获得的目标网页页面信息。

postone. xml 布局文件中的文本显示框中所显示的内容是使用 HttpClient 接口携带参数[par = Str]的 Post 请求方法所获得的目标网页页面信息(其中 Str 为 activity_main. xml 布局文件的文本输入框中用户所输入信息)。

此外,还需要在 AndroidManifest. xml 中设置网络权限,关键代码如下:

```
<manifest ... >
```

```
<uses - permission android: name = "android. permission. INTERNET" />
</manifest>
```

活动 MainActivity. java 文件事务处理，点击“Get 方式”按钮后，程序会调用 StartActivity( )方法跳转到 GetActivity 活动并通过 HttpClient 接口使用 Get 方式获取网页信息。在 EditText 中输入所需传递的参数后，点击“Post 方式”按钮，程序会调用 StartActivity( )方法跳转到 PostActivity 活动。

活动 GetActivity. java 文件事务处理，首先需要使用 HttpGet 来构造一个 Get 方式的 Http 请求。然后通过 HttpClient 来执行此请求，当 HttpResponse 接收到此请求后判断请求是否成功，并进行处理。最后在文本显示框中显示请求所获得的网页信息。创建过程的关键代码如下：

```
String httpUrl = "http://192.168.1.108:8080/MyHTTP/msg? message = HelloHttpClient!";
HttpClient httpclient = new DefaultHttpClient( ); //新建 HttpClient 对象
HttpGet Request = new HttpGet(httpUrl); //使用 Get 方式获取请求
//通过 HttpClient 实例执行请求，获取响应结果
HttpResponse Response = httpclient. execute (Request);
//判断请求是否成功
if(Response. getStatusLine( ). getStatusCode( ) = = HttpStatus. SC_OK) {
//获取返回的字符串
String Result = EntityUtils. toString (Response. getEntity ( ), "gb2312");
Bundle b = new Bundle ( );
b. putString ("par", Result);
Message mess = new Message ( );
mess. setData (b);
h_One. sendMessage (mess); }
```

活动 PostActivity. java 文件事务处理，PostActivity 活动中通过 HttpClient 接口使用 Post 方式获取网页信息。其过程与 Get 方式相类似，需要注意的是使用 Post 方法进行参数传递时需要使用 NameValuePair 来存储所需传递的参数，同时还需设置所使用的字符集。关键步骤与代码如下：

```
HttpClient httpclient = new DefaultHttpClient( ); //新建 HttpClient 对象
HttpPost Request = new HttpPost(httpUrl); //新建 HttpPost 对象
//使用 NameValuePair 来保存需要传递的 Post 参数
List <NameValuePair> params = new ArrayList <NameValuePair> ( );
//添加要传递的参数
params. add(new BasicNameValuePair("username","" + username));
params. add(new BasicNameValuePair("password","" + password));
```

```
//获取返回的字符集
HttpEntity httpentity = new UrlEncodedFormEntity(params,"gb2312");
Request.setEntity(httpentity);
HttpResponse Response = httpClient.execute(Request); //获取响应结果 if(Response.getStatusLine().getStatusCode() == HttpStatus.SC_OK){
//响应通过
String result = EntityUtils.toString(Response.getEntity(), "gb2312");
Bundle b = new Bundle ();
b.putString ("par", Result);
Message mess = new Message ();
mess.setData (b);
h_One.sendMessage (mess); }
```

10.2　Socket网络通信

10.2.1　Socket工作机制

要理解Socket连接，先要知道TCP连接。手机能够使用联网功能是因为手机底层实现了TCP/IP协议，可以使手机终端通过无线网络建立TCP连接。TCP协议可以对上层网络提供接口，使上层网络数据的传输建立在“无差别”的网络之上。建立起一个TCP连接需要经过“三次握手”。

第一次握手，客户端发送syn包(syn=j)到服务器，并进入SYN_SEND状态，等待服务器确认；

第二次握手，服务器收到syn包，必须确认客户的SYN(ack=j+1)，同时自己也发送一个SYN包(syn=k)，即SYN+ACK包，此时服务器进入SYN_RECV状态；

第三次握手，客户端收到服务器的SYN+ACK包，向服务器发送确认包ACK(ack=k+1)，此包发送完毕，客户端和服务器进入ESTABLISHED状态，完成三次握手。

如图10.3所示，主机A上的程序A将一段信息写入Socket中，Socket的内容被主机A的网络管理软件访问，并将这段信息通过主机A的网络接口卡发送到主机B，主机B的网络接口卡接收到这段信息后，传送给主机B的网络管理软件，网络管理软件将这段信息保存在主机B的Socket中，然后程序B才能在Socket中阅读这段信息。

假设在图10.3中的网络中添加一个新的主机C，那么主机A就需要知道信息是被正确传送到主机B，而不是被传送到主机C。基于TCP/IP网络中的每一个主机均被赋予了一个唯一的IP地址。每一个基于TCP/IP网络通信的程序都被赋予了唯一的端口和端口号，端口是一个信息缓冲区，用于保留Socket中的输入/输出信息，端口号是一个16位无符号整数,范围是 0 - 65535,以区别主机上的每一个程序(端口号就像房屋中的房间号),低于 256 的端口号保留给标准应用程序。

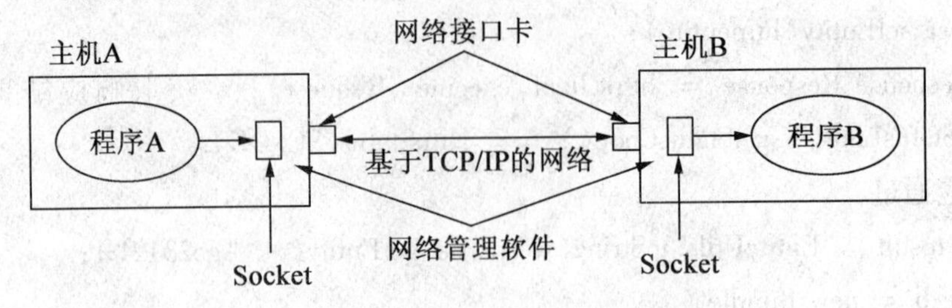

图 10.3 Socket 通信原理

10.2.2 Socket 通信开发

网络上的两个程序通过一个双向的通信连接实现数据的交换,这个双向链路的一端称为一个 Socket。Socket 通常用来实现客户方和服务方的连接。Socket 是 TCP/IP 协议的一个十分流行的编程界面,一个 Socket 由一个 IP 地址和一个端口号确定。Socket 和 ServerSocket 类库位于 java. net 包中。ServerSocket 用于服务器端,Socket 是建立网络连接时使用的。在连接成功时,应用程序两端都会产生一个 Socket 实例,操作这个实例,完成所需的会话,Socket 通信建立过程如图 10.4 所示。

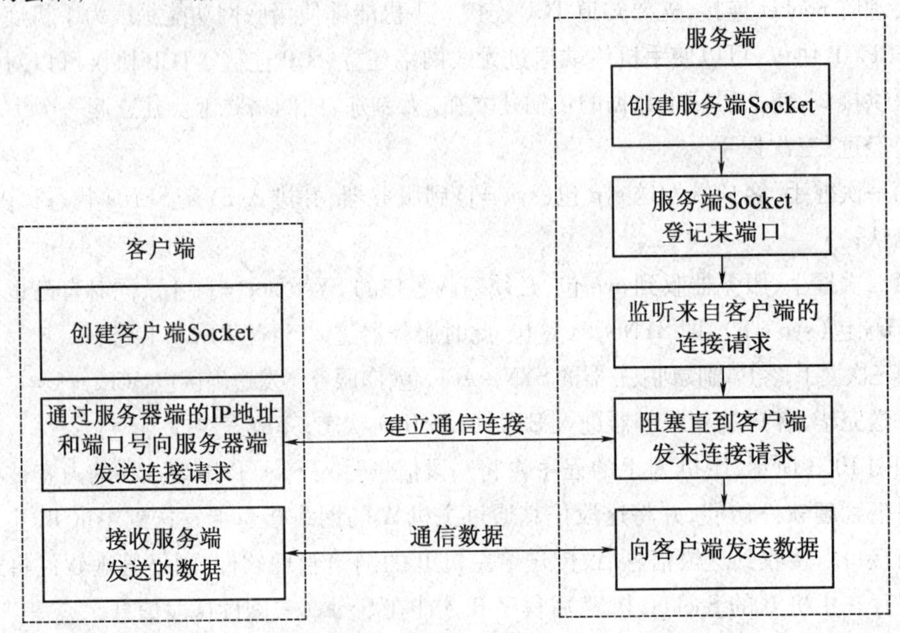

图 10.4 Socket 通信建立过程

服务器端以监听端口号为参数实例化 ServerSocket 类,以 accept( )方法接收客户的连接。

ServerSocket ss = new ServerSocket(Int port);

Socket socket = ss.accept();

其中,ss 是声明一个 ServerSocket 对象;ServerSocket()方法创建一个新的 ServerSocket 对象并绑定到给定端口;accept()方法用来接受客户连接。

客户端则直接以服务器的地址和监听端口为参数实例化 Socket 类,连接服务器。

Socket socket = Socket(String dstName, int dstPort) ;

当两者建立连接口,就可以进行网络通信。服务器端和客户端之间是通过流的形式进行交互。

服务器端调用 getOutputStream()方法得到输出流,并向其中写入数据信息传递给客户端。

PrintWriter out = new PrintWriter(new BufferedWriter(new OutputStreamWriter(socket.getOutputStream())), true);

客户端调用 getInputStream()方法得到输入流,接收服务端发送的数据信息。

BufferedReader in = new BufferedReader(new InputStreamReader(socket.getInputStream()));

Socket 类包含了许多有用的方法。例如:

getLocalAddress()将返回一个包含客户程序 IP 地址的 InetAddress 子类对象的引用;

getLocalPort()将返回客户程序的端口号;

getInetAddress()将返回一个包含服务器 IP 地址的 InetAddress 子类对象的引用;

getPort()将返回服务程序的端口号。

Socket 服务端的程序执行界面如图 10.5 所示,关键代码如下:

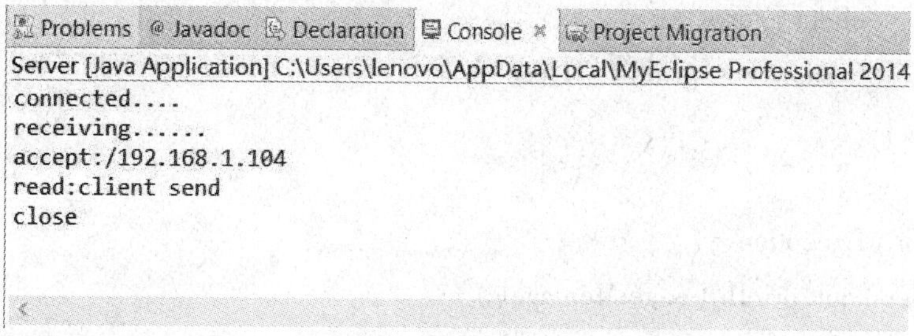

```
Problems  @ Javadoc  Declaration  Console ×  Project Migration
Server [Java Application] C:\Users\lenovo\AppData\Local\MyEclipse Professional 2014
connected....
receiving......
accept:/192.168.1.104
read:client send
close
```

图 10.5　Socket 服务器端执行界面

```
public class Server implements Runnable {
  public void run() {
    try {
      System.out.println("connected...");
      ServerSocket serverSocket = new ServerSocket(55555);
      while (true) {
        Socket client = serverSocket.accept();
```

```
            System. out. println( " receiving. . . " ) ;
            String clientip = client. getInetAddress( ). toString( ) ;
            System. out. println( " accept:" + clientip) ;
            try {
              //服务器读取客户端发过来的消息
              BufferedReader in = new BufferedReader(
              new InputStreamReader( client. getInputStream( ) ) ) ;
              String str = in. readLine( ) ;
              System. out. println( " read:" + str) ;
              //服务器写给客户端的消息
              PrintWriter out = new PrintWriter( new BufferedWriter(
              new OutputStreamWriter( client. getOutputStream( ) ) ) ,true) ;
              out. println( " connection has been created and infromation has
              also been received!" ) ;
              out. close( ) ;
              in. close( ) ;
            } catch (Exception e) {
              System. out. println( e. getMessage( ) ) ;
              e. printStackTrace( ) ;
            } finally {
              client. close( ) ;
              System. out. println( " close" ) ;
            }
          }
      } catch (Exception e) {
        System. out. println( e. getMessage( ) ) ;
      }
    }
      public static void main( String a[ ] ) {
        Thread desktopServerThread = new Thread( new Server( ) ) ;
        desktopServerThread. start( ) ;
      }
    }
```

Socket 客户端的执行结果如图 10.6 所示,关键代码如下:

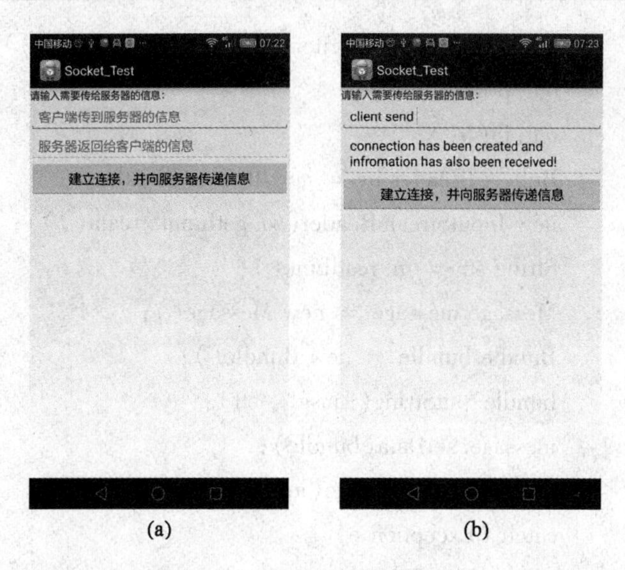

(a)　　　　　　　　(b)

图 10.6　Socket 客户端执行结果

```
public class MainActivity extends Activity {
  EditText et, etSERVER;
  private Thread thread = null;
  protected void onCreate(Bundle savedInstanceState) {
    super.onCreate(savedInstanceState);
    setContentView(R.layout.activity_main);
    et = (EditText) findViewById(R.id.et);
      etSERVER = (EditText) findViewById(R.id.et1);
      Button btn = (Button) findViewById(R.id.btn);
      btn.setOnClickListener(new OnClickListener() {
        public void onClick(View arg0) {
          thread = new Thread(new Runnable() {
            public void run() {
              String ip = "192.168.1.108";
              int port = 55555;
              Socket so = null;
              try {
                so = new Socket(ip, port);
                String msg = et.getText().toString();
```

/ * 将客户端的消息写入 PrintWriter 流中，通过 out.println(msg)方法客户端将消息放入输出流中，以便服务器读取 * /

```
                PrintWriter out = new PrintWriter(new BufferedWriter(
```

```
                new OutputStreamWriter(so.getOutputStream()),true);
                out.println(msg);
                out.flush();
                BufferedReader in = new BufferedReader(
                new InputStreamReader(so.getInputStream()));
                String str = in.readLine();
                Message message = new Message();
                Bundle bundle = new Bundle();
                bundle.putString("msg", str);
                message.setData(bundle);
                handler.sendMessage(message);
            } catch (Exception e) {
                e.printStackTrace();
            }
          }
        });
        thread.start();
      }
    });
  }
  Handler handler = new Handler() {
    public void handleMessage(Message msg) {
      Bundle bundle = msg.getData();
      String returnMsg = bundle.get("msg").toString();
      etSERVER.setText(returnMsg);
    };
  };
}
```

10.3 URL 通信

URL 对象代表统一资源定位器,它是指向互联网"资源"的指针。资源可以是简单地文件或目录,也可以是对更为复杂的对象引用,例如:对数据库或搜索引擎的查询。URL 的组成形式如下:

protocol://host:port/resourceName

其中,protocol 表示协议名;host 表示主机;port 表示端口;resourceName 表示资源。网络访问离不开 URL,它是一个访问 Web 页面的地址。在 URL 类中提供了多个构造器用于创建 URL 对象,一旦创建了 URL 对象之后,就可以调用以下方法来访问该 URL 对应的资源。

- String getFile():获取 URL 的资源名。
- String getHost():获取 URL 的主机名。
- String getPath():获取 URL 的路径部分。
- int getPort():获取 URL 的端口。
- String getProtocol():获取 URL 的协议名称。
- String getQuery():获取 URL 的查询字符串部分。
- URLConnection openConnection():返回一个 URLConnection 对象,它表示 URL 所引用的远程对象的连接。
- InputStream openStream():打开与 URL 的连接,并返回一个用于读取该 URL 资源的 InputStream。

URL 方式是通过 URLConnection 对象请求服务器资源,以此来实现在客户端和服务器之间的通信。URLConnection 类是 java. net 接口中的标准 java 类。其实现过程如下:

(1)根据指定的 URL 网址,创建 URL 对象;

(2)调用 URLConnection. openConnection()方法打开连接;

(3)获取输入流;

(4)将网络信息提取显示。

下面给出实例程序,URLConnection 接口执行界面如图 10.7 所示。在实现服务器端程序时,将 Tomcat 作为服务器,在 webApps 目录下新建文件夹 URLResource,这个文件夹用来存放客户端将要获取的资源,将 urlc. txt 和 urlc. jpg 的文件放入 URLResource 文件夹下。

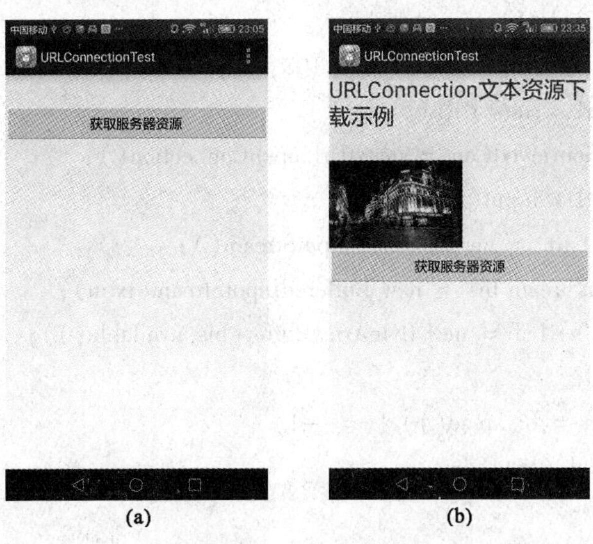

图 10.7 URL Connection 接口执行实例

在实现客户端程序时,有如下三个步骤。

第一步,先完成布局文件的绘制,代码如下:

```
<LinearLayout … >
  <TextView
    android:id = "@ +id/text"
    …/>
  <ImageView
    android:id = "@ +id/image"
    .../>
  <Button
    android:id = "@ +id/btn"
    android:text = "获取服务器资源"
    …/>
</LinearLayout>
```

第二步,在活动文件中,onCreate()函数中的关键代码如下:

```
if (android.os.Build.VERSION.SDK_INT > 9) {
  StrictMode.ThreadPolicy policy = new StrictMode.ThreadPolicy.Builder()
  .permitAll().build();
  StrictMode.setThreadPolicy(policy);
}
Button btn = (Button) findViewById(R.id.btn);
btn.setOnClickListener(new View.OnClickListener() {
public void onClick(View v) {
  String txturl = "http://192.168.1.108:8080/URLResource/urlc.txt";
  URL mytxtUrl = new URL(txturl);
  URLConnection mytxtCon = mytxtUrl.openConnection();
  mytxtCon.setDoOutput(false);
  InputStream txtin = mytxtCon.getInputStream();
  BufferedInputStream bis = new BufferedInputStream(txtin);
  ByteArrayBuffer baf = new ByteArrayBuffer(bis.available());
  int data = 0;
  while ((data = bis.read()) ! = -1) {
    baf.Append((byte)data);
  }
  String msg = EncodingUtils.getString(baf.toByteArray(), "gb2312");
  TextView text = (TextView) findViewById(R.id.text);
```

```
    text.setText(msg);
    String jpgurl = "http://192.168.1.108:8080/URLResource/urlc.jpg";
    URL myjpgUrl = new URL(jpgurl);
    URLConnection myjpgCon = myjpgUrl.openConnection();
    InputStream jpgin = myjpgCon.getInputStream();
    Bitmap bmp = BitmapFactory.decodeStream(jpgin);
    ImageView image = (ImageView) findViewById(R.id.image);
    image.setImageBitmap(bmp);
}});
```

第三步,配置文件中添加的权限代码如下:

```
<uses-permission android:name="android.permission.INTERNET"/>
```

10.4 WiFi 管理

WiFi 全称 wireless Fidelity,又称 802.11b 标准,其最大优势是传输速度快,可以达到 11 Mbps;另外它的有效距离也很长,并与各种 802.11DSSS 设备兼容。WiFi 是一个无线网络通信技术的品牌,由 WiFi 联盟(WiFi Alliance 拥有),目的是改善基于 IEEE 802.11 标准的无线网络产品间互通性。一般情况下,WiFi 无线电波覆盖范围为 300 英尺左右(约合 100 米),而蓝牙仅为 50 英尺左右(约合 15 米)。

Android.net.wifi 包提供的类来管理设备上的无线功能。WiFi API 提供了一种方式,应用程序可以与较低的无线协议栈提供 WiFi 网络连接。几乎获取所有装置信息,包括所连接网络的连接速度、IP 地址、协商状态等信息。其他一些 API 的功能包括扫描、增加、保存、终止和启动无线网络连接。在 Android.net.wifi 包下面。主要包括以下几个类和接口:

(1) ScanResult:主要用来描述已经检测出的接入点。包括接入点的地址、接入点的名称、身份认证、频率、信号强度等信息。

(2) WifiConfiguration:Wifi 网络的配置,包括安全设置等。

(3) WifiInfo:Wifi 无线连接的描述。包括接入点、网络连接状态、隐藏的接入点、IP 地址、连接速度、MAC 地址、网络 ID、信号强度等信息。下面简单介绍使用的方法:

- getBSSID() 获取 BSSID
- getDetailedStateOf() 获取客户端的连通性
- getHiddenSSID() 获得 SSID 是否被隐藏
- getIpAddress() 获取 IP 地址
- getLinkSpeed() 获得连接的速度
- getMacAddress() 获得 Mac 地址
- getRssi() 获得 802.11n 网络的信号
- getSSID() 获得 SSID

- getSupplicanState( ) 返回具体客户端状态的信息

(4) WifiManager:用来管理 WiFi 连接,已经定义好了一些类,可以供使用。

获取 WiFi 网卡的状态。WiFi 网卡的状态是由一系列的整型常量来表示的。

- WIFI_STATE_DISABLED:WIFI 网卡不可用(1)
- WIFI_STATE_DISABLING:WIFI 网卡正在关闭(0)
- WIFI_STATE_ENABLED:WIFI 网卡可用(3)
- WIFI_STATE_ENABLING:WIFI 网正在打开(2)(WiFi 启动需要一段时间)
- WIFI_STATE_UNKNOWN:未知网卡状态

在开发 WiFi 应用程序时,首先,需要添加权限,在 AndroidManifest. xml 文件中分别添加更改网络状态、更改 WiFi 状态、访问网络状态、访问 WiFi 状态四个权限。

```
<uses-permission android:name="android.permission.CHANGE_NETWORK_STATE">
</uses-permission>
<uses-permission android:name="android.permission.CHANGE_WIFI_STATE">
</uses-permission>
<uses-permission android:name="android.permission.ACCESS_NETWORK_STATE">
</uses-permission>
<uses-permission android:name="android.permission.ACCESS_WIFI_STATE">
</uses-permission>
```

然后,通过获取系统服务 getSystemService(Context. WIFI_SERVICE)并向下转型为 WifiManager 的方式获取 WifiManager 对象。通过使用 WifiManager 对象的getConnectionInfo( )方法创建 WifiInfo 对象。最后,可以打开、关闭网卡与搜索网络。得到扫描结果和配置好的网络。下面给出一个管理 WiFi 的类的实现,其执行结果如图 10.8 所示。

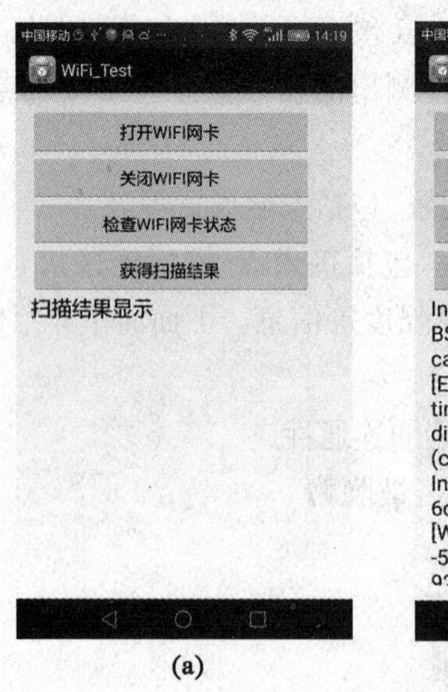

(a)

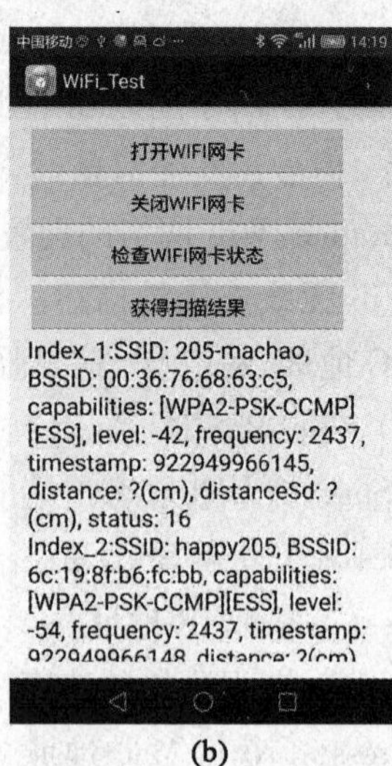

(b)

图 10.8 WiFi 管理实例

```
public class MainActivity extends Activity {
  private Button startButton = null;
  private Button stopButton = null;
  private Button checkButton = null;
  private Button getresultButton = null;
  private TextView ShowresultView =null;
  WifiManager wifiManager = null;
  private List<ScanResult> mWifiList;
  public void onCreate(Bundle savedInstanceState) {
    super.onCreate(savedInstanceState);
    setContentView(R.layout.activity_main);
    startButton = (Button) findViewById(R.id.startButton);
    stopButton = (Button) findViewById(R.id.stopButton);
    checkButton = (Button) findViewById(R.id.checkButton);
    getresultButton = (Button) findViewById(R.id.getresultButton);
    showresultView = (TextView) findViewById(R.id.showresultView);
    ShowresultView.setMovementMethod(ScrollingMovementMethod
    .getInstance());
    startButton.setOnClickListener(new startButtonListener());
    stopButton.setOnClickListener(new stopButtonListener());
    checkButton.setOnClickListener(new checkButtonListener());
    getresultButton.setOnClickListener(new getresultButtonListener());
  }
  class startButtonListener implements OnClickListener {
    public void onClick(View v) {
      //创建 WifiManager 对象
      wifiManager = (WifiManager) MainActivity.this
      .getSystemService(Context.WIFI_SERVICE);
      wifiManager.setWifiEnabled(true); //打开 WiFi 网卡
    }
  }
  class stopButtonListener implements OnClickListener {
    public void onClick(View v) {
      wifiManager = (WifiManager) MainActivity.this
      .getSystemService(Context.WIFI_SERVICE);
```

```
            wifiManager. setWifiEnabled(false); //关闭 WiFi 网卡
        }
    }
    class checkButtonListener implements OnClickListener {
        public void onClick(View v) {
            wifiManager = (WifiManager) MainActivity. this
        . getSystemService(Context. WIFI_SERVICE);
            Toast. makeText(MainActivity. this,"当前网卡状态为:"
             + wifiManager. getWifiState(), Toast. LENGTH_SHORT). show();
        }
    }
    class getresultButtonListener implements OnClickListener {
        public void onClick(View v) {
            wifiManager = (WifiManager) MainActivity. this
            . getSystemService(Context. WIFI_SERVICE);
            wifiManager. startScan();
            mWifiList = wifiManager. getScanResults();//得到扫描结果
            StringBuilder stringBuilder = new StringBuilder();
            for (int i = 0; i < mWifiList. size(); i + +){
                stringBuilder. Append("Index_" +new Integer(i + 1). toString() + ":");
                //将 ScanResult 信息转换成一个字符串包
                //其中包括:BSSID、SSID、capabilities、frequency、level
                stringBuilder. Append((mWifiList. get(i)). toString());
                stringBuilder. Append("\n");
                ShowresultView. setText(stringBuilder);
            }
        }
    }
}
```

第 11 章　Android 近距离通信开发

11.1　蓝牙 Bluetooth

Android 平台提供了对蓝牙协议栈的支持,它允许一个蓝牙设备和其他的蓝牙设备进行无线的数据交换。应用程序层通过 Android 蓝牙 API 来调用蓝牙相关功能。这些 API 使应用程序无线连接蓝牙设备,并拥有点到点和多点无线连接的特性。使用蓝牙 API,Android 程序能包括:①扫描其他蓝牙设备;②查询本地已经配对的蓝牙适配器;③建立 RFCOMM 通道;④通过服务发现并连接其他设备;⑤在设备间传输数据管理多个蓝牙连接。

使用 Android 平台中的蓝牙 API 完成蓝牙通信需要完成四项主要任务:设置蓝牙、查找已配对或区域内可用的蓝牙设备、连接设备、设备间传输数据。所有蓝牙 API 都在 android. bluetooth包下。见表 11.1 创建蓝牙连接所需要的类和接口。

表 11.1　android. bluetooth 包中的类和接口

类和接口	说　明
BluetoothAdapter	它是本地蓝牙适配器,使用它可以发现其他蓝牙设备,查询已配对的设备列表,实例化一个 BluetoothDevice 以及创建一个 Bluetooth-ServerSocket
BluetoothDevice	它是一个远程蓝牙设备,使用它请求一个与远程设备的 Bluetooth-Socket 连接,或者查询关于设备名称、地址、类和连接状态设备信息
BluetoothSocket	它是一个蓝牙 Socket 的接口,一个连接点,它允许一个应用与其他蓝牙设备通过 InputStream 和 OutputStream 交换数据
BluetoothServerSocket	它是一个开放的服务器 socket,它监听接受的请求。为了连接两台 Android 设备,一个设备必须使用这个类开启一个服务器 socket
BluetoothClass	它用来描述一个蓝牙设备的基本特性和性能。这是一个只读的属性集合,它定义了设备的主要和次要的设备类以及它的服务
BluetoothProfile	它是一个表示蓝牙配置文件的接口
BluetoothProfile. ServiceListener	它是一个接口,当 BluetoothProfile IPC 客户端从服务器上建立连接或断开连接时,它负责通知它们
BluetoothHealth	它表示一个 Health Device Profile 代理,它控制蓝牙服务

续表 11.1

类和接口	说　明
BluetoothHealthCallback	它是一个抽象类,使用它来实现 BluetoothHealth 的回调函数。必须扩展这个类并实现回调函数方法来接收应用程序的注册状态改变以及蓝牙串口状态的更新
BluetoothHealthAppConfiguration	它表示一个应用程序配置,Bluetooth Health 第三方应用程序注册和一个远程 Bluetooth Health 设备通信
BluetoothHeadset	它提供了对移动手机使用的蓝牙耳机的支持
BluetoothA2dp	它定义了高品质的音频如何通过蓝牙连接从一个设备传输到另一个设备

11.1.1 蓝牙的设置与发现

为了在应用中使用蓝牙特性,需要至少声明一种蓝牙权限,BLUETOOTH 和 BLUETOOTH_ADMIN。为了执行任何蓝牙通信,例如:请求一个连接、接受一个连接以及传输数据,必须请求 BLUETOOTH 权限。

为了初始化设备查找或控制蓝牙设置,必须请求 BLUETOOTH_ADMIN 权限。大多数应用需要这个权限,仅仅是为了可以发现本地蓝牙设备。这个权限授权的其他功能不应该被使用,除非该应用是一个"强大的控制器",来通过用户请求修改蓝牙设置。

注意:如果使用 BLUETOOTH_ADMIN 权限,那么必须拥有 BLUETOOTH 权限。在应用程序清单文件中声明蓝牙权限。

(1)设置蓝牙。

在应用程序能够利用蓝牙通道通信之前,需要确认设备是否支持蓝牙通信,可以通过以下两个步骤完成:

步骤 1:获得 BluetoothAdapter 对象。BluetoothAdapter 对象是所有蓝牙活动都需要的,要获得这个对象,就要调用静态的 getDefaultAdapter()方法。这个方法会返回一个代表设备自己的蓝牙适配器的 BluetoothAdapter 对象。整个系统有一个蓝牙适配器,应用程序能够使用这个对象来进行交互。如果 getDefaultAdapter()方法返回 null,那么该设备不支持蓝牙,处理也要在此结束。

步骤 2:启用蓝牙功能。开发者需要确保蓝牙是可用的。调用 isEnabled()方法来检查当前蓝牙是否可用。如果这个方法返回 false,那么蓝牙是被禁用的。要申请启用蓝牙功能,就要调用带有 ACTION_REQUEST_ENABLE 操作意图的 startActivityForResult()方法。它会给系统设置发一个启用蓝牙功能的请求(不终止本应用程序)。这时会显示一个请求用户启用蓝牙功能的对话框,如图 11.1(a)所示。

如果用户响应"Yes",那么系统会开始启用蓝牙功能,完成启动过程(有可能失败),

焦点会返回给本应用程序。如果蓝牙功能启用成功，Activity 会在 onActivityResult( ) 回调中接收到 RESULT_OK 结果，如果蓝牙没有被启动（或者用户响应了“No”），那么该结果编码是 RESULT_CANCELED。

(2) 查找设备。

使用 BluetoothAdapter 对象，能够通过设备发现或查询已配对的设备列表来找到远程的蓝牙设备。设备发现是一个扫描过程，该过程搜索本地区域内可用的蓝牙设备，然后请求一些彼此相关的信息（这个过程叫做“发现”、“查询”或“扫描”）。

但是，本地区域内的蓝牙设备只有在它们也启用了可发现功能时，才会响应发现请求。如果一个设备是可发现的，那么它会通过共享某些信息（如设备名称、类别和唯一的 MAC 地址）来响应发现请求。使用这些信息，执行发现处理的设备能够有选择的初始化被发现设备的连接。

一旦远程的设备建立首次连接，配对请求就会自动的展现给用户。当设备完成配对，相关设备的基本信息（如设备名称、类别和 MAC 地址）就会被保存，并能够使用蓝牙 API 来读取。使用已知的远程设备 MAC 地址，在任何时候都能够初始化一个连接，而不需要执行发现处理（假设设备在可连接的范围内）。

注意：配对和连接之间的差异。配对意味着两个设备对彼此存在性的感知，它们之间有一个共享的用于验证的连接密钥，用这个密钥两个设备之间建立被加密的连接；连接意味着当前设备间共享一个 RFCOMM 通道，并且能够被用于设备间的数据传输。当前 Android 蓝牙 API 在 RFCOMM 连接被建立之前，要求设备之间配对。（在使用蓝牙 API 初始化加密连接时，配对是自动被执行）

(3) 查询配对设备。

在执行设备发现之前，应该先查询已配对的设备集合，来看期望的设备是否是已知的。调用 getBondedDevices( ) 方法来完成这件工作。这个方法会返回一个代表已配对设备的 BluetoothDevice 对象的集合。例如，能够查询所有的配对设备，然后使用一个 ArrayAdapter对象把每个已配对设备的名称显示给用户。

从 BluetoothDevice 对象来初始化一个连接所需要的所有信息就是 MAC 地址。随后，该 MAC 地址能够被提取用于初始化连接。

(4) 发现设备。

简单的调用 startDiscovery( ) 方法就可以开始发现设备。该过程是异步的，并且该方法会立即返回一个布尔值来指明发现处理是否被成功的启动。通常发现过程会查询扫描大约 12 s，接下来获取扫描发现的每个设备的蓝牙名称。

为了接收每个被发现设备的信息，应用程序必须注册一个 ACTION_FOUND 类型的广播接收器。对应每个蓝牙设备，系统都会广播 ACTION_FOUND 类型的 Intent。这个 Intent 会携带 EXTRA_DEVICE 和 EXTRA_CLASS 附加字段，两个字段分别包含了 BluetoothDevice和 BluetoothClass 对象。

执行设备发现,对于蓝牙适配器来说是一个沉重的过程,它会消耗大量的资源。一旦发现要连接设备,在尝试连接之前一定要确认用 cancelDiscovery()方法来终止发现操作。另外,如果已经有存在一个设备连接,那么执行发现会明显地减少连接的可用带宽,因此在有连接的时候不应该执行发现处理。

在 Android 应用程序中具体实现搜索附近蓝牙设备时,首先需在主 Activity 的生命周期 Oncreat()函数中创建关于"蓝牙设备搜索结束"和"蓝牙设备发现"的广播接收器的 Intent 过滤器。

```
IntentFilter discoveryFilter =
new IntentFilter(BluetoothAdapter.ACTION_DISCOVERY_FINISHED);
registerReceiver(discoveryReceiver, discoveryFilter);
IntentFilter foundFilter = new IntentFilter(BluetoothDevice.ACTION_FOUND);
registerReceiver(foundReceiver, foundFilter);
```

最后,实现蓝牙相关广播接收器的处理函数,在蓝牙设备发现的广播中将发现到的蓝牙设备添加到蓝牙设备集合中,在蓝牙搜索结束广播中取消注册蓝牙发现广播和搜索结束广播。

```
private List<BluetoothDevice> deviceList = new ArrayList<BluetoothDevice>();
private BroadcastReceiver foundReceiver = new BroadcastReceiver() {
  public void onReceive(Context context, Intent intent) {
  BluetoothDevice device =
  intent.getParcelableExtra(BluetoothDevice.EXTRA_DEVICE); //获得发现结果
  deviceList.add(device); //添加到设备列表
  }
};
private BroadcastReceiver discoveryReceiver = new BroadcastReceiver() {
  public void onReceive(Context context, Intent intent) {
    unregisterReceiver(foundReceiver); //取消注册广播接收器
    unregisterReceiver(this);
  }
};
```

(5)启用设备的可发现性。

如果要让本地设备可以被其他设备发现,那么就要调用 ACTION_REQUEST_DISCOVERABLE 操作意图的 startActivityForResult(Intent, int)方法。这个方法会向系统设置发出一个启用可发现模式的请求(不终止应用程序)。

默认情况,设备的可发现模式会持续 120 s。通过给 Intent 对象添加 EXTRA_DISCOVERABLE_DURATION 附加字段,可以定义不同持续时间。应用程序能够设置的最大持续时间是 3 600 s,0 意味着设备始终是可发现的。任何小于 0 或大于 3 600 s 的值都会自动的被设为 120 s。例如,使本地蓝牙设备处于可发现状态,并使蓝牙可发现状态的持续时间设置为 100 s,实现的具体代码如下:

```
Intent i = new Intent (BluetoothAdapter. ACTION_REQUEST_DISCOVERABLE);
i. putExtra( BluetoothAdapter. EXTRA_DISCOVERABLE_DURATION, 100);
startActivity( discoverableIntent);
```

在 Android 3.0 以上版本,在开发蓝牙程序时,Google 官方建议使用系统自带蓝牙配置程序,配对成功后再进程操作。

如果设备没有开启蓝牙功能,那么开启设备的可发现模式会自动开启蓝牙。在可发现模式下,设备会把这种模式保持到指定的时长。如果想要在可发现模式被改变时获得通知,那么可以注册一个 ACTION_SCAN_MODE_CHANGED 类型的 Intent 广播。这个 Intent对象中包含了 EXTRA_SCAN_MODE 和 EXTRA_PREVIOUS_SCAN_MODE 附加字段,它表示了新旧扫描模式。每个可能的值是 SCAN_MODE_CONNECTABLE_DISCOVERABLE,SCAN_MODE_CONNECTABLE 或 SCAN_MODE_NONE,它们分别指明设备是在可发现模式下,依然可接收连接,或者是在可发现模式下并不能接收连接。

如果要初始化和远程设备的连接,不需要启用设备的可现性。只有在把应用程序作为服务端来接收输入连接时,才需要启用可发现性,因为远程设备在跟设备连接之前必须能够发现它。

下面给出显示已配对蓝牙设备的简单实例,应用程序执行过程如图 11.1 所示,具体实现代码如下。

步骤 1:在应用程序的配置文件 AndroidManifest. xml 中添加蓝牙使用权限:

```
<uses - permission android:name = "android. permission. BLUETOOTH_ADMIN" />
<uses - permission android:name = "android. permission. BLUETOOTH" />
```

步骤 2:在主 Activity 生命周期函数 Oncreat( )中获取蓝牙适配器 BluetoothAdapter 对象,通过使用 BluetoothAdapter. getDefaultAdepter( )方法获取本机 BluetoothAdapter 对象。

```
BluetoothAdapter mBluetoothAdapter;
mBluetoothAdapter = BluetoothAdapter. getDefaultAdapter( );
```

步骤 3:通过判断 BluetoothAdapter 对象是否为空来判断当前设备中是否拥有蓝牙设备。

```
if( mBluetoothAdapter = = null) {
  t_One. setText( "手机没有蓝牙!"); }
```

步骤 4:判断并开启当前设备中蓝牙设备,BluetoothAdapter 对象判断 isEnabled( )的返回值。如果蓝牙设备未开启,创建 Intent 对象并创建 Action 为(BluetoothAdapter. ACTION_REQUEST_ENABLE),并使用 startActivity(Intent 对象)方法提示用户开启蓝牙设备。

```
if(! mBluetoothAdapter. isEnabled( ) ) {
    Intent enableBtIntent =
    new Intent( BluetoothAdapter. ACTION_REQUEST_ENABLE) ;
    startActivity( enableBtIntent) ;
}
```

步骤5:获取所有已经配对的蓝牙设备列表,使用 BluetoothAdapter 对象 mAdapter 的 getBondedDevices( )方法获取与本机蓝牙适配器已配对的全部蓝牙设备并作为 BluetoothDevice 对象放到 Set 集合中。

```
Set < BluetoothDevice >  pairedDevices  =  mAdapter. getBondedDevices( ) ;
```

步骤6:将发现设备集合与绑定设备集合的全部蓝牙设备模块存放到一个新的设备集合中,并创建迭代器,遍历新蓝牙设备集合,获取全部远程蓝牙设备地址或其他信息。

```
String deviceInfoList = "设备信息:" ;
if( pairedDevices. size( ) >0) {
    while( iterator. hasNext( ) ) {
    BluetoothDevice btoothDevice  =  ( BluetoothDevice) iterator. next( ) ;
    deviceInfoList =  deviceInfoList   + btoothDevice. getAddress( ) + " \n" ;
    }
    t_Two. setText( deviceInfoList) ;
}
```

本实例中使用的手机已配对蓝牙列表如图 11.1(c)所示。

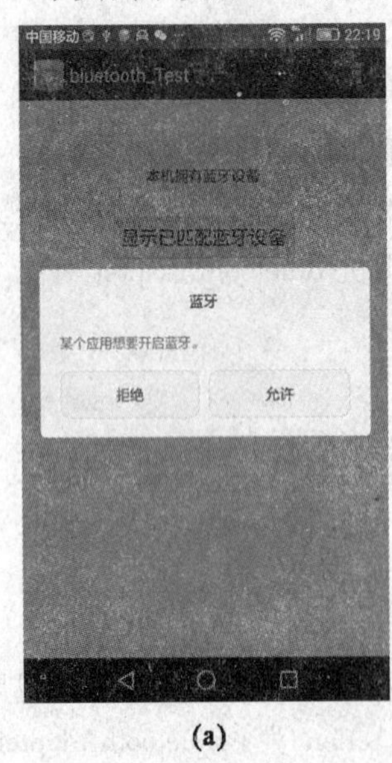

(a)

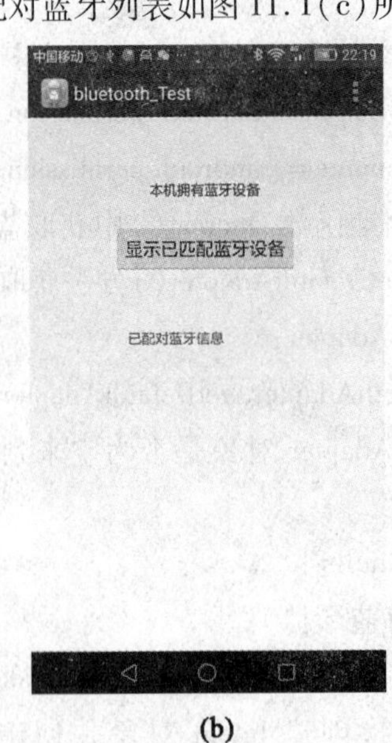

(b)

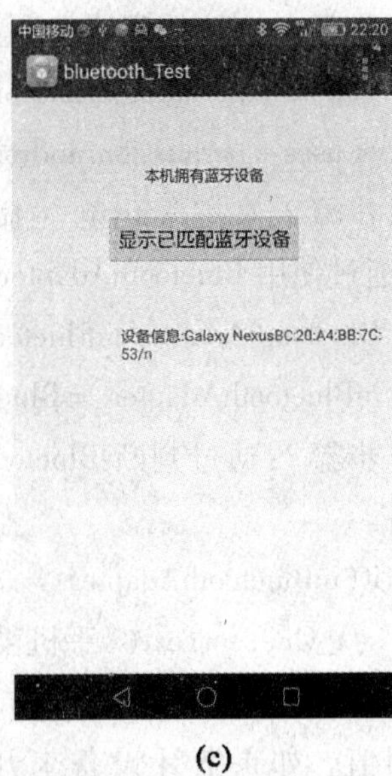

(c)

图 11.1　蓝牙功能对话框

11.1.2　蓝牙的连接与数据传输

为了使两个设备上的两个应用程序之间建立连接,必须同时实现服务端和客户端机制,因为一个设备必须打开服务端口,同时另一个设备必须初始化和服务端设备的连接(使用服务端的 MAC 地址来初始化一个连接)。当服务端和客户端在相同的 RFCOMM 通道上有一个 BluetoothSocket 连接时,才能够被认为是服务端和客户端之间建立了连接。这时,每个设备能够获得输入和输出流,并且能够彼此开始传输数据。

服务端设备和客户端设备彼此获取所需的 BluetoothSocket 的方法是不同的。服务端会在接收输入连接的时候接收到一个 BluetoothSocket 对象。客户端会在打开服务端的 RFCOMM 通道时接收到一个 BluetoothSocket 对象。

一种实现技术是自动的准备一个设备作为服务端,以便在每个设备都会有一个服务套接字被打开,并监听连接请求。当另一个设备初始化一个和服务端套接字的连接时,它就会变成一个客户端。另一种方法,一个设备是明确的"host"连接,并且根据要求打开一个服务套接字,而其他的设备只是简单的初始化连接。

如果两个设备之前没有配对,那么 Android 框架会在连接过程期间,自动的显示一个配对请求通知或对话框给用户,如图 11.2 所示。因此在试图连接设备时,应用程序不需要关心设备是否被配对。FRCOMM 的尝试性连接会一直阻塞,一直到用户成功的配对,或者是因用户拒绝配对或配对超时而失败。

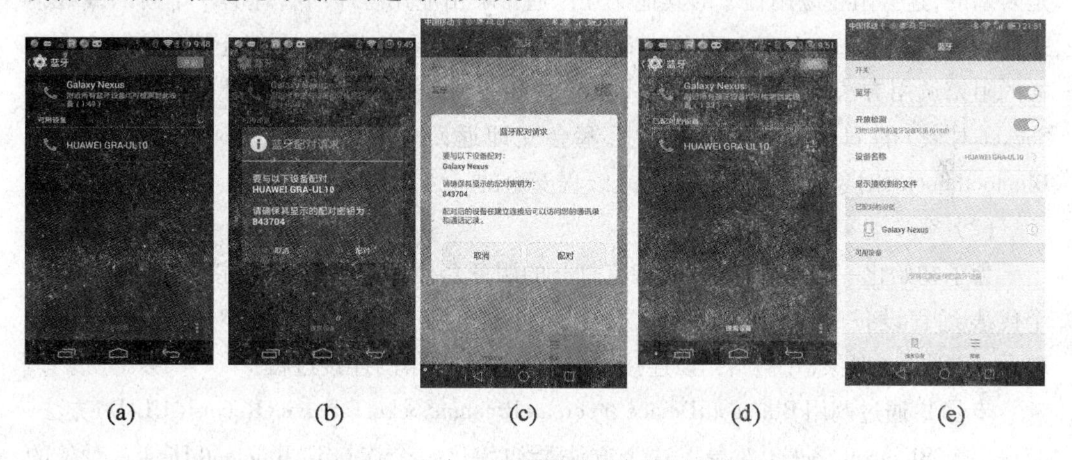

图 11.2　两台 Android 移动设备的配对过程

(1)服务端实现。

如果连接两个设备时,一个设备必须通过持有一个打开的 BluetoothServerSocket 对象来作为服务端。服务套接字的用途是监听输入的连接请求,并且在一个连接请求被接收时,提供一个 BluetoothSocket 连接对象。在从 BluetoothServerSocket 对象中获取 BluetoothSocket 时,BluetoothServerSocket 能够(并且建议)被废弃,除非想要接收更多的连接。以下是建立服务套接字和接收一个连接的基本过程。

步骤 1：调用 listenUsingRfcommWithServiceRecord（String，UUID）方法来获得一个 BluetoothServerSocket 对象。该方法中的 String 参数是一个可识别的服务端的名称，系统会自动把它写入设备上的 Service Discovery Protocol（SDP）数据库实体（该名称是任意的，并且可以简单地使用应用程序的名称）。UUID 参数也会被包含在 SDP 实体中，并且是跟客户端设备连接的基本协议。也就是说，当客户端尝试和服务端连接时，它会携带一个它想要连接的服务端能够唯一识别的 UUID。只有在这些 UUID 完全匹配的情况下，连接才可能被接收。

步骤 2：通过调用 accept（）方法，启动连接请求。这是一个阻塞调用。只有在连接被接收或发生异常的情况下，该方法才返回。只有在发送连接请求的远程设备所携带的 UUID 与监听服务套接字所注册的一个 UUID 匹配的时候，该连接才被接收。连接成功，accept（）方法会返回一个被连接的 BluetoothSocket 对象。

步骤 3：如果想要接收其他连接，要调用 close（）方法。该方法会释放服务套接字以及它所占用的所有资源，但不会关闭被连接的已经有 accept（）方法所返回的 BluetoothSocket 对象。

TCP/IP 不同的是每个 RFCOMM 通道一次只允许连接一个客户端，因此在大多数情况下，在接收到一个连接套接字之后，立即调用 BluetoothServerSocket 对象的 close（）方法是有道理的。accept（）方法的调用不应该在主 Activity 的 UI 线程中被执行，因为该调用是阻塞的，这会阻止应用程序的其他交互。通常在由应用程序所管理的一个新的线程中来使用 BluetoothServerSocket 对象或 BluetoothSocket 对象来工作。要终止诸如 accept（）这样的阻塞调用方法，就要从另一个线程中调用 BluetoothServerSocket 对象（或 BluetoothSocket 对象）的 close（）方法，这时阻塞会立即返回。注意在 BluetoothServerSocket 或 BluetoothSocket对象上的所有方法都是线程安全的。

（2）客户端实现。

为了初始化一个与远程设备（持有打开的服务套接字的设备）的连接，首先必须获取个代表远程设备的 BluetoothDevice 对象。然后使用 BluetoothDevice 对象来获取一个 BluetoothSocket 对象，并初始化该连接。以下是一个基本的连接过程：

步骤 1：通过调用 BluetoothDevice 的 createRfcommSocketToServiceRecord（UUID）方法，获得一个 BluetoothSocket 对象。这个方法会初始化一个连接到 BluetoothDevice 对象的 BluetoothSocket 对象。传递给这个方法的 UUID 参数必须与服务端设备打开 BluetoothServerSocket 对象时所使用的 UUID 相匹配。在应用程序中简单地使用硬编码进行比对，如果匹配，服务端和客户端代码就可以应用这个 BluetoothSocket 对象了。

步骤 2：通过调用 connect（）方法来初始化连接。在这个调用中，为了找到匹配的 UUID，系统会在远程的设备上执行一个 SDP 查询。如果查询成功，并且远程设备接收了该连接请求，那么它会在连接期间共享使用 RFCOMM 通道，并且 connect（）方法会返回。这个方法是一个阻塞调用。如果因为某些原因，连接失败或连接超时（大约在 12 s 之后),就会抛出一个异常。

因为 connect()方法是阻塞调用,这个连接过程始终应该在独立与主 Activity 线程之外的线程中被执行。在调用 connect()方法时,应该始终确保设备没有正在执行设备发现操作。如果是在发现操作的过程中,那么连接尝试会明显的变慢,并且更像是要失败的样子。

管理连接,成功的连接了两个(或更多)设备时,每一个设备都有一个被连接的 BluetoothSocket对象。这是良好的开始,因为能够在设备之间共享数据。使用 BluetoothSocket 对象来传输任意数据的过程。

步骤 1:分别通过 getInputStream()和 getOutputStream()方法来获得通过套接字来处理传输任务的 InputStream 和 OutputStream 对象。

步骤 2:用 read(byte[])和 write(byte[])方法来读写流中的数据。

当然,有更多实现细节要考虑。首先,对于所有数据流的读写应该使用专用的线程。因为 read(byte[])和 write(byte[])方法是阻塞式调用。Read(byte[])方法在从数据流中读取某些数据之前一直是阻塞的。write(byte[])方法通常是不阻塞的,但是对于流的控制,如果远程设备不是足够快的调用 read(byte[])方法,并且中间缓存被填满,那么 write(byte[])方法也会被阻塞。因此,线程中的主循环应该是专用于从InputStream对象中读取数据。在线程类中有一个独立的公共方法用于初始化对 OutputStream 对象的写入操作。

步骤 3:创建一个 BluetoothProfile. ServiceListener 监听器,该监听器能在它们连接到服务器或中断与服务器的连接时,通知 BluetoothProfile 的 IPC 客户端。

步骤 4:在 onServiceConnected()事件中,获得对配置代理对象的处理权。

步骤 5:一旦获得配置代理对象,就可以用它来监视连接的状态,并执行与配置有关的其他操作。

下面给出蓝牙信息传输的实例。在蓝牙设备的初始化、连接、可见性设置已经完成,因此在本节实验中将其实验过程跳过。

实例创建过程如下:

步骤 1:蓝牙服务器端 Socket 创建。开启一个新的线程并通过 UUID(通用唯一标识码)接受与本地蓝牙设备器对象_bluetooth 连接的设备,创建 BluetoothServerSocket 对象。并使用 BluetoothServerSocket 的 accept()方法使服务器蓝牙 socket 对象处于等待连接请求状态。

```
BluetoothServerSocket serverSocket;
BluetoothAdapter _bluetooth = BluetoothAdapter. getDefaultAdapter();
\\ _bluetooth 为本地蓝牙适配器对象
serverSocket = _ bluetooth. listenUsingRfcommWithServiceRecord ( PROTOCOL _
SCHEME _ RFCOMM, UUID. fromString ( " 00001101 - 0000 - 1000 - 8000 -
```

```
00805F9B34FB"));
BluetoothSocket socket = _serverSocket.accept();
\\socket 对象为发送连接请求的远程设备蓝牙客户端 socket
```

步骤 2:蓝牙客户端创建,创建 BluetoothSocket 对象通过 UUID(通用唯一标识码)与远程设备对象进行连接。

```
BluetoothSocket socket = device.createRfcommSocketToServiceRecord(UUID.fromString("00001101-0000-1000-8000-00805F9B34FB"));
\\device 对象为用户在列表中所选择的蓝牙设备对象
socket.connect();
```

步骤 3:蓝牙客户端与服务器端 Socket 通信,创建输入输出流并与客户端和服务器端 socket 对象的获取输入输出流方法进行连接,通过输出流的.write(bytes)方法发送信息,通过输入流的 read(bytes)方法接收信息,信息接收过程应放到线程中进行,并且需根据信息数据具体情况添加互斥锁。

```
private OutputStream outputStream;
private InputStream inputStream;
inputStream = socket.getInputStream();
outputStream = socket.getOutputStream();
outputStream.write(bytes);
inputStream.read(bytes);
```

11.1.3 健康设备配置

Android 3.0(API Level 14)中引入了对 Bluetooth Health Device Profile(HDP)支持,这会让程序支持蓝牙的健康设备进行蓝牙通信的应用程序,例如:心率监护仪、血压测量仪、体温计、体重秤等。Bluetooth Health API 包含了 BluetoothHealth、BluetoothHealthCallbackhe 和 BluetoothHealthAppConfiguration 等类。在使用 Bluetooth Health API 中,有助于理解以下关键的 HDP 概念,见表 11.2。

表 11.2 HDP 概念介绍

概念	介 绍
Source	HDP 中定义的一个角色,一个 Source 是一个把医疗数据(如体重、血压、体温等)传输给诸如 Android 手机或平板电脑等的设备
Sink	HDP 中定义的一个角色,在 HDP 中,一个 Sink 是一个接收医疗数据的小设备。在一个 Android HDP 应用程序中,Sink 用 BluetoothHealthAppConfiguration 对象来代表
Registration	指的是给特定的健康设备注册一个 Sink
Connection	指的是健康设备和 Android 手机或平板电脑之间打开的通信通道

以下是创建 Android HDP 应用中所涉及的基本步骤:

步骤 1:获得 BluetoothHealth 代理对象的引用。类似于常规的耳机和 A2DP 配置设备,必须调用带有 BluetoothProfile. ServiceListener 和 HEALTH 配置类型参数的 getProfileProxy( )方法来建立与配置代理对象的连接。

步骤 2:创建 BluetoothHealthCallback 对象,并注册一个扮演 Health Sink 角色的应用程序配置(BluetoothHealthAppConfiguration)。

步骤 3:建立健康设备的连接。某些设备会初始化连接,在这样的设备中进行这一个步是没有必要的。

步骤 4:当成功的连接到健康设备时,就可以使用文件描述来读写健康设备。所接收到的数据需要使用健康管理器来解释,这个管理器实现了 IEEE 11073 - ×××××规范。

步骤 5:完成以上步骤后,关闭健康通道,并注销应用程序。该通道在长期被闲置时,也会被关闭。

11.2　近场通信 NFC

Android 2.3 (API Level 9) 引入了近场通信(Near Field Communication, NFC) API。NFC 是一种非接触式的技术,用于在短距离(通常小于 4 cm)内少量数据的传输。NFC 传输可以在两个支持 NFC 的设备或者一个设备和一个 NFC“标签”之间进行。NFC 标签既包括在扫描时会传输 URL 的被动标签,也包括复杂的系统,例如:NFC 支付方案中使用的那些(如 Google Wallet)。

在 Android 中,NFC 消息是通过使用 NFC Data Exchange Format (NDEF)处理的。

为读取、写入或者广播 NFC 消息,应用程序需要具有 NFC 权限。

<uses - permission android : name = “android. permission. NFC” / >

11.2.1　NFC 与 NDEF

为实现标签和 NFC 设备,及 NFC 设备之间的交互通信,NFC 论坛(NFC FROUM)定义了称为 NFC 数据交换格式(NDEF)的通用数据格式。NDEF 是轻量级的紧凑的二进制格式,可带有 URL,vCard 和 NFC 定义的各种数据类型。NDEF 使得 NFC 的各种功能容易地使用各种支持标签类型传输数据,因为 NDEF 封装了标签的种类细节信息,使得应用不用关心与何种标签在通信。

NDEF 交换的信息由一系列记录组成,如图 11.3 所示。每条记录包含一个有效载荷。内容可以似乎 URL,MIME 媒质或 NFC 定义的数据类型。使用 NFC 定义的数据类型,载荷内容必须被定义在一个 NFC 记录类型定义(RTD)文件中。

记录中数据的类型和大小由记录载荷的头部注明。头部包含类型域用来指定载荷的类型;载荷的长度数的单位是字节(octet);可选的指定载荷是否带有一个 NDEF 记录。类型域的值由类型名称格式指定。

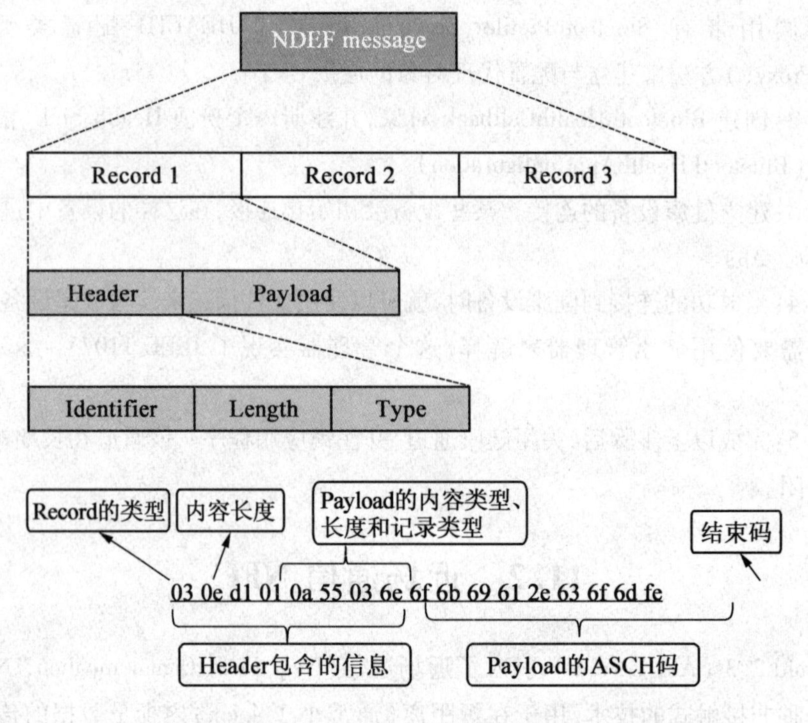

图 11.3　NDEF 消息格式

Android 对 NFC 的支持主要在 android. nfc 和 android. nfc. tech 两个包中。Android. nfc 包中主要类如下:

NfcManager:可以用来管理 Android 移动设备中指出的所有 NFC Adapter,但由于大部分移动设备只支持一个 NFC Adapter,可以直接使用 getDefaultAapater 来获取系统支持的 Adapter。

NfcAdapter:表示本设备的 NFC adapter,可以定义 Intent 来请求将系统检测到 tags 的提醒发送到 Activity,并提供方法去注册前台 tag 提醒发布和前台 NDEF 推送。

NdefMessage:NDEF 是 NFC 论坛定义的数据结构,用来有效的存数据到 NFC tags。比如:文本、URL 和其他 MIME 类型。一个 NdefMessage 扮演一个容器,这个容器存放那些发送和读到的数据。一个 NdefMessage 对象包含 0 或多个 NdefRecord,每个 NDEF record有一个类型,比如文本、URL、智慧型海报、广告或其他 MIME 数据。在 NDEFMessage 里的第一个 NfcRecord 的类型用来发送 tag 到一个 Android 移动设备上的 Activity。

Tag:表示一个被动的 NFC 目标,比如 tag、card、钥匙扣,甚至是一个电话模拟的 NFC 卡。

当一个 tag 被检测到一个 tag 对象将被创建并且封装到一个 Intent 文件中,然后 NFC 发布系统将这个 Intent 用 startActivity 发送到注册了接受这种 Intent 的 Activity。可以用

getTechList()方法来得到这个 tag 支持的技术细节和创建一个 android. nfc. tech 提供的相应的 TagTechnology 对象。

开始编写 NFC 应用程序之前,重要的是要理解不同类型的 NFC 标签。标签调度系统是如何解析 NFC 标签,以及在检测到 NDEF 消息时,标签调度系统所做的特定的工作等。

NFC 标签涉及广泛的技术,并且有很多不同的方法向标签中写入数据。Android 支持由 NFC Forum 所定义的 NDEF 标准。NDEF 数据被封装在一个消息(NdefMessage)中,该消息中包含了一条或多条记录(NdefRecord)。每个 NDEF 记录必须具有记录类型的规范格式。

Android 也支持其他的不包含 NDEF 数据类型的标签,开发者能够使用 android. nfc. tech 包中的类来工作。要使用其他类型标签来工作,涉及编写与该标签通信的协议栈,因此建议使用 NDEF,以便减少开发难度,并且最大化的支持 Android 设备。

当 Android 设备扫描到包含 NDEF 格式数据的 NFC 标签时,会解析该消息,并尝试分析数据的 MIME 类型或 URI 标识。首先系统会读取消息(NdefMessage)中的第一条 NdefRecord,来判断如何解释整个 NDEF 消息(一个 NDEF 消息能够有多条 NDEF 记录)。在格式良好的 NDEF 消息中,第一条 NdefRecord 包含以下字段信息:

- 3 bit TNF(类型名称格式):指示如何解释可变长度类型字段。
- 可变长度类型:说明记录的类型,如果使用 TNF_WELL_KNOWN,那么则使用这个字段来指定记录的类型定义(RTD)。
- 可变长度 ID:唯一标识该记录。这个字段不经常使用,但是,如果需要唯一的标识一个标记,那么就可以为该字段创建一个 ID。
- 可变长度负载:读/写的实际的数据负载。一个 NDEF 消息能够包含多个 NDEF 记录,因此不要以为在 NDEF 消息的第一条 NDEF 记录中包含了所有的负载。

标签调度系统使用 TNF 和类型字段来尝试把 MIME 类型或 URI 映射到 NDEF 消息中。如果成功,它会把信息跟实际的负载一起封装到 ACTION_NEDF_DISCOVERED 类型的 Intent 中。

但是,会有标签调度系统不能根据第一条 NDEF 记录来判断数据类型的情况,这样就会有 NDEF 数据不能被映射到 MIME 类型或 URI,或者是 NFC 标签没有包含 NDEF 开始数据的情况发生。在这种情况下,就会用一个标签技术信息相关的 Tag 对象和封装在 ACTION_TECH_DISCOVERED 类型 Intent 对象内部负载来代替。

表 11.3 和表 11.4 介绍标签调度系统映射如何把 TNF 和类型字段映射到 MIME 型或 URI 上。同时也介绍了哪种类型的 TNF 不能被映射到 MIME 类型或 URI 上。这种情况下,标签调度系统会退化到 ACTION_TECH_DISCOVERED 类型的 Intent 对象。

表 11.3　类型名称格式

类型名称格式(TNF)	映　射
TNF_ABSOLUTE_URI	基于类型字段的 URI
TNF_EMPTY	退化到 ACTION_TECH_DISCOVERED 类型的 Intent 对象
TNF_EXTERNAL_TYPE	基于类型字段中 URN 的 URI URN 是缩短的格式(<domain_name>:<service_name>)被编码到 NDEF 类型中？Android 会把这个 URN 映射成以下格式的 URI:vnd.android.nfc://ext/<domain_name>:<service_name>
TNF_MIME_MEDIA	基于类型字段的 MIME 类型
TNF_UNCHANGED	退化到 ACTION_TECH_DISCOVERED 类型的 Intent 对象
TNF_UNKNOWN	退化到 ACTION_TECH_DISCOVERED 类型的 Intent 对象
TNF_WELL_KNOWN	依赖类型字段中设置的记录类型定义(RTD)的 MIME 类型或 URI

表 11.4　记录类型定义

记录类型定义(RTD)	映　射
RTD_ALTERNATIVE_CARRIER	退化到 ACTION_TECH_DISCOVERED 类型的 Intent 对象
RTD_HANDOVER_CARRIER	退化到 ACTION_TECH_DISCOVERED 类型的 Intent 对象
RTD_HANDOVER_REQUEST	退化到 ACTION_TECH_DISCOVERED 类型的 Intent 对象
RTD_HANDOVER_SELECT	退化到 ACTION_TECH_DISCOVERED 类型的 Intent 对象
RTD_SMART_POSTER	基于负载解析的 URI
RTD_TEXT	text/plain 类型的 MIME
RTD_URI	基于有效负载的 URI

如果标签调度系统遇到一个 TNF_ABSOLUTE_URI 类型的记录,它会把这个记录的可变长度类型字段映射到一个 URI 中。标签调度系统会把这个 URI 跟其他相关的标签的信息(如数据负载)一起封装到 ACTION_NDEF_DISCOVERED 的 Intent 对象中。在另一方面,如果遇到 TNF_UNKNOWN 类型,它会创建一个封装了标签技术信息的 Intent 对象来代替。

当标签调度系统完成对 NFC 标签和它的标识信息封装的 Intent 对象的创建时,它会把该 Intent 对象发送给感兴趣的应用程序。如果有多个应用程序能够处理该 Intent 对象,就会显示 Activity 选择器,让用户选择 Activity。标签调度系统定义了三种 Intent 对象,以下按照由高到低的优先级列出这三种 Intent 对象:

(1)ACTION_NDEF_DISCOVERED:这种 Intent 用于启动包含 NDEF 负载和已知类型的标签的 Activity。这是最高优先级的 Intent,并且标签调度系统在任何其他 Intent 之前,都会尝试使用这种类型的 Intent 来启动 Activity。

(2) ACTION_TECH_DISCOVERED:如果没有注册处理 ACTION_NDEF_DISCOVERED 类型的 Intent 的 Activity,那么标签调度系统会尝试使用这种类型的 Intent 来启动应用程序。如果被扫描到的标签包含了不能被映射到 MIME 类型或 URI 的 NDEF 数据,或者没有包含 NDEF 数据,但是已知的标签技术,那么也会直接启动这种类型的 Intent 对象(而不是先启动 ACTION_NDEF_DISCOVERED 类型的 Intent)。

(3) ACTION_TAB_DISCOVERED:如果没有处理以上两种类型 Intent 的 Activity,就会启动这种类型的 Intent。

①用解析 NFC 标签时由标签调度系统创建的 Intent 对象(ACTION_NDEF_DISCOVERED或 ACTION_TECH_DISCOVERED)来尝试启动 Activity。

②如果没有对应的处理 Intent 的 Activity,就会尝试使用下一个优先级的 Intent(ACTION_TECH_DISCOVERED 或 ACTION_TAG_DISCOVERED)来启动 Activity,直到有对应的应用程序来处理这个 Intent,或者是直到标签调度系统尝试了所有可能的 Intent。

③如果没有应用程序来处理任何类型的 Intent,那么就不做任何事情。

在可能的情况下,都会使用 NDEF 消息和 ACTION_NDEF_DISCOVERED 类型的 Intent来工作,因为它是这三种 Intent 中最标准的。这种 Intent 与其他两种 Intent 相比,它会允许使用者在更加合适的时机来启动其的应用程序,从而给用户带来更好的体验。标签调度系统如图 11.4 所示。

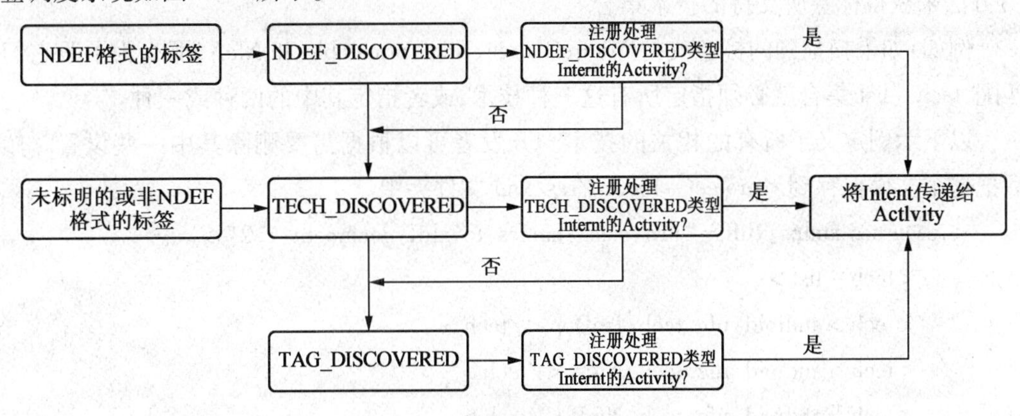

图 11.4 标签调度系统工作流程图

如果想要处理被扫描到的 NFC 标签时启动某个应用程序 A,可以在这个应用程序 A 的 Android 清单中针对一种、两种或全部三种类型的 NFC 的 Intent 来过滤。

通常想要在应用程序启动时控制最常用的 ACTION_NDEF_DISCOVERED 类型的 Intent。在没有过滤 ACTION_NDEF_DISCOVERED 类型的 Intent 的应用程序,或数据负载不是 NDEF 时,才会从 ACTION_NDEF_DISCOVERED 类型的 Intent 回退到 ACTION_TECH_DISCOVERED 类型的 Intent。通常 ACTION_TAB_DISCOVERED 是最一般化的过滤分类。很多应用程序都会在过滤 ACTION_TAG_DISCOVERED 之前,过滤前两种类型,这样就会降低应用程序 A 被启动的可能性。ACTION_TAG_DISCOVERED 只是在没有应用程序处理 ACTION_NDEF_DISCOVERED 或 ACTION_TECH_DISCOVERED 类型的Intent的情况下，才使用的最后手段。

因为 NFC 标签的多样性，并且很多时候不在开发者控制之下，因此在必要的时候需要回退到其他两种类型的 Intent。如果开发者能够控制标签的类型和写入的数据时，建议使用 NDEF 格式。

ACTION_NDEF_DISCOVERED 过滤。要过滤 ACTION_NDEF_DISCOVERED 类型的 Intent，就要在清单中与需要过滤的数据一起声明该类型的 Intent 过滤器。例如：过滤 text/plain 类型的 MIME 的 ACTION_NDEF_DISCOVERED 类型过滤器的声明：

```
<intent-filter>
    <action android:name="android.nfc.action.NDEF_DISCOVERED"/>
    <category android:name="android.intent.category.DEFAULT"/>
    <data android:mimeType="text/plain" />
</intent-filter>
```

如果 Activity 要过滤 ACTION_TECH_DISCOVERED 类型的 Intent，必须创建一个 XML 资源文件，该文件在 tech - list 集合中指定 Activity 所支持的技术。如果 tech - list 集合是标签所支持的技术的一个子集，那么 Activity 被认为是匹配的。通过调用 getTechList()方法来获得标签所支持的技术集合。

例如：如果扫描到的标签支持 MifareClassic、NdefFormatable 和 NfcA，那么为了跟它们匹配，tech - list 集合就必须指定所有这三种技术，或者指定其中的两种或一种。

以下示例定义了所有的相关的技术。开发者可以根据需要删除其中一些设置。然后把这个文件保存到 <project - root>/res/xml 文件夹中。

```
<resources xmlns:xliff="urn:oasis:names:tc:xliff:document:1.2">
    <tech-list>
    <tech>android.nfc.tech.IsoDep</tech>
    <tech>android.nfc.tech.NfcA</tech>
    <tech>android.nfc.tech.NfcB</tech>
    <tech>android.nfc.tech.NfcF</tech>
    <tech>android.nfc.tech.NfcV</tech>
    <tech>android.nfc.tech.Ndef</tech>
    <tech>android.nfc.tech.NdefFormatable</tech>
    <tech>android.nfc.tech.MifareClassic</tech>
    <tech>android.nfc.tech.MifareUltralight</tech>
    </tech-list>
</resources>
```

也可以指定多个 tech - list 集合，每个 tech - list 集合被认为是独立的，并且如果任何一个 tech - list 集合是由 getTechList( )返回的技术的子集,那么 Activity 就被认为是匹配的。下面示例能够跟支持 NfcA 和 Ndef 技术 NFC 标签或者跟支持 NfcB 和 Ndef 技术的标签相匹配。

```
<resources xmlns:xliff = "urn:oasis:names:tc:xliff:document:1.2" >
    <tech - list >
    <tech > android. nfc. tech. NfcA </tech >
    <tech > android. nfc. tech. Ndef </tech >
    </tech - list >
</resources >
<resources xmlns:xliff = "urn:oasis:names:tc:xliff:document:1.2" >
    <tech - list >
    <tech > android. nfc. tech. NfcB </tech >
    <tech > android. nfc. tech. Ndef </tech >
    </tech - list >
</resources >
```

在 AndroidManifest. xml 文件中,在 <activity>元素内的 <meta - data>元素中指定开发者所创建的资源文件。

```
<intent - filter >
    <action android:name = "android. nfc. action. TECH_DISCOVERED"/ >
</intent - filter >
<meta - data android:name = "android. nfc. action. TECH_DISCOVERED"
    android:resource = "@ xml/nfc_tech_filter" / >
```

使用下列 Intent 过滤器来过滤 ACTION_TAG_DISCOVERED 类型的 Intent:

```
<intent - filter >
    <action android:name = "android. nfc. action. TAG_DISCOVERED"/ >
</intent - filter >
```

在使用 NFC 标签和 Android 设备来进行工作的时候,使用的读写 NFC 标签上数据的主要格式是 NDEF。当设备扫描到带有 NDEF 的数据时,Android 会提供对消息解析的支持,并在可能的时候,会以 NdefMessage 对象的形式来发送它。但是,有些情况下,设备扫描到的 NFC 标签没有包含 NDEF 数据,或者该 NDEF 数据没有被映射到 MIME 类型或 URI。在这些情况下,程序需要打开 NFC 标签的通信,并用自己的协议(原始的字节形式)来读写它。Android 用 android. nfc. tech 包提供了对这些情况的一般性支持,这个包在下表中介绍。程序能够使用 getTechList( )方法来判断 NFC 标签所支持的技术,并且用 android. nfc. tech 提供的一个类来创建对应的 TagTechnology 对象。android. nfc. tech 包介绍见表 11.5。

Android 用 android. nfc. tech 包提供了对这些情况的一般性支持。程序能够使用 getTechList( )方法来判断 NFC 标签所支持的技术,并且用 android. nfc. tech 提供的一个类来创建对应的 TagTechnology 对象。

表 11.5　Android 支持的标签技术

类	说　明
TagTechnology	所有的 NFC 标签技术类必须实现的接口
NfcA	提供对 NFC - A(ISO 14443 - 3A)属性和 I/O 操作的访问
NfcB	提供对 NFC - B(ISO 14443 - 3B)属性和 I/O 操作的访问
NfcF	提供对 NFC - F(ISO 6319 - 4)属性和 I/O 操作的访问
NfcV	提供对 NFC - V(ISO 15693)属性和 I/O 操作的访问
IsoDep	提供对 NFC - A(ISO 14443 - 4)属性和 I/O 操作的访问
Ndef	提供对 NDEF 格式的 NFC 标签上的 NDEF 数据和操作的访问
NdefFormatable	提供了对可以被 NDEF 格式化 NFC 标签的格式化操作
MifareClassic	如果 Android 设备支持 MIFARE,那么它提供了对经典的 MIFARE 类型标签属性和 I/O 操作的访问
MifareUltralight	如果 Android 设备支持 MIFARE,那么它提供了对超薄的 MIFARE 类型标签属性和 I/O 操作的访问

11.2.2　读取 NFC 标签

当一个 Android 设备用于扫描一个 NFC 标签时,其系统将使用自己的标签分派系统解码传入的有效载荷。这个标签分派系统会分析标签,将数据归类,并使用 Intent 启动一个应用程序来接收数据。

为使应用程序能够接收 NFC 数据,需要添加一个 Activity Intent Filter 来监听以下的某个 Intent 动作。

● NfcAdapter. ACTION_NDEF_DISCOVERED 这是优先级最高,也是最具体的 NFC 消息动作。使用这个动作的 Intent 包括 MIME 类型和/或 URI 数据。最好的做法是只要有可能,就监听这个广播,因为其 extra 数据允许更加具体地定义要响应的标签。

● NfcAdapter. ACTION_TECH_DISCOVERED 当 NFC 技术已知,但是标签不包含数据(或者包含的数据不能被映射为 MIME 类型或 URI)时广播这个动作。

● NfcAdapter. ACTION_TAG_DISCOVERED 如果从未知技术收到一个标签,则使用此 Intent 动作广播该标签。

下面这段 Android 应用程序配置文件 AndroidManifest. xml 中的代码显示了如何注册一个 Activity,使唯一响应对应于作者的新浪博客 URI 的 NFC 标签。

```
<! --监听 NFC 标签 -->
<activity android:name=".SinaBlogViewer">
  <intent-filter>
    <action android:name="android.nfc.action.NDEF_DISCOVERED"/>
    <category android:name="android.intent.category.DEFAULT"/>
    <data android:scheme="http"
      android:host=" blog.sina.com.cn/hrbustmachao"/>
  </intent-filter>
</activity>
```

NFC Intent Filter 尽可能地具体是一种很好的做法,这样可以将能够响应指定 NFC 标签的应用程序减到最少,从而提供最好、最快的用户体验。

很多时候,应用程序使用 Intent 数据/URI 和 MIME 类型就足以做出合适的响应。需要时,可以通过 Intent(启动 Activity 的 Intent)内的 extra 使用 NFC 消息提供的有效载荷。

NfcAdapter. EXTRA_TAG extra 包含一个代表扫描的标签的原始 Tag 对象。NfcAdapter. EXTRA_NDEF_MESSAGES extra 中包含了一个 NDEF Messages 的数组,下面给出读取 NFC 标签有效载荷的代码实现。

```
private void processIntent(Intent intent) {
String action = getIntent().getAction();
if (NfcAdapter.ACTION_NDEF_DISCOVERED.equals(action)) {
      Parcelable[] messages =
      intent.getParcelableArrayExtra(NfcAdapter.EXTRA_NDEF_MESSAGES);
      for (int i = 0; i < messages.length; i++) {
         NdefMessage message = (NdefMessage)messages[i];
         NdefRecord[] records = message.getRecords();
         for (int j = 0; j < records.length; j++) {
            NdefRecord record = records[j];
            //处理的单独的记录
         }
      }
   }
}
```

这里给出一个读取 NFC 标签的简单实例,实例应用程序的运行界面如图 11.5 所示。下面首先给出配置文件中的关键代码:

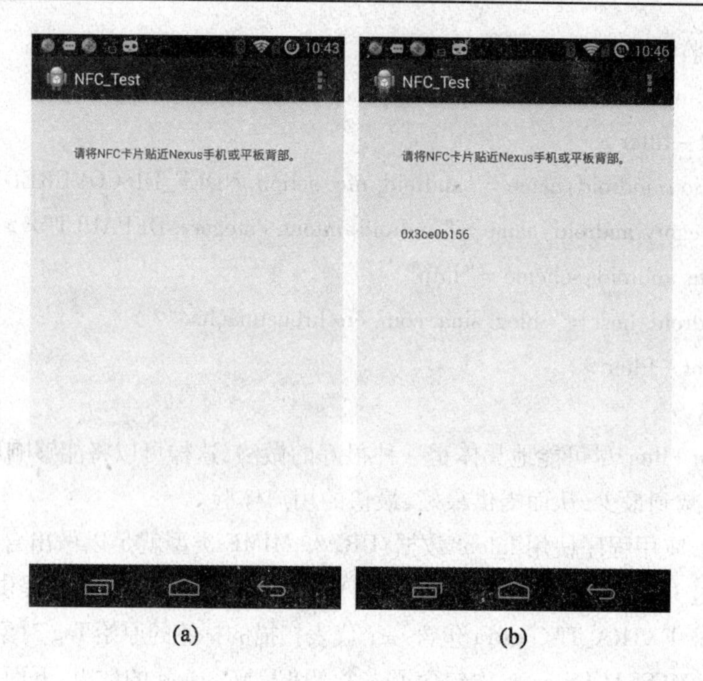

图 11.5　NFC 实例

```
<manifest ... >
  <uses - feature android:name = "android. hardware. nfc"  android:required = "true" / >
  < Application… >
    < activity
      android:name = "edu. hrbust. nfc. MainActivity"
      android:label = "@ string/App_name"  >
      < intent - filter >
      < action android:name = "android. intent. action. MAIN" / >
      < category android:name = "android. intent. category. LAUNCHER"  / >
      </intent - filter >
      <!  - - 为 ACTION_TECH_DISCOVERED 类型的 Intent 注册过滤器 - →
      < intent - filter >
      < action android:name = "android. nfc. action. TECH_DISCOVERED"/ >
      </intent - filter >
      <!  - - 在 < meta - data > 元素中指定开发者所创建的资源文件 nfc_tech_fil-
ter. xml,该 XML 文件中通过 tech - list 集合指定了 Activity 所支持的技术 - →
      < meta - data
        android:name = "android. nfc. action. TECH_DISCOVERED"
        android:resource = "@ xml/nfc_tech_filter"  / >
```

```
        </activity>
    </Application>
    <uses-permission android:name="android.permission.NFC" />
</manifest>
```

然后,再给出主活动的 Java 代码:

```
public class NFCMainActivity extends Activity {
TextView IDText;
NfcAdapter nfcAdapter;
protected void onCreate(Bundle savedInstanceState) {
  super.onCreate(savedInstanceState);
  setContentView(R.layout.activity_main);
  IDText = (TextView)findViewById(R.id.textView2);
  nfcAdapter = NfcAdapter.getDefaultAdapter(this); //获取 NFC 适配器
  if(nfcAdapter == null) {
    IDText.setText("不支持 NFC");
    finish();
    return;
  }
  if(! nfcAdapter.isEnabled()) {
    IDText.setText("请先打开 NFC 设备");
    finish();
    return;
  }
}
protected void onResume() {
    super.onResume();
    //判断当前的动作类型是否是 ACTION_TECH_DISCOVERED
    if(NfcAdapter.ACTION_TECH_DISCOVERED.equals(getIntent().getAction())) {
      //通过 Intent 内的 extra 获取 NFC 标签的 ID: EXTRA_ID byte[] bytesId =
      getIntent().getByteArrayExtra(NfcAdapter.EXTRA_ID);
        String Id = bytesToHexString(bytesId);
        IDText.setText(Id);
    }
}
//自定义函数,将字节转换成 16 进制
```

```
private String bytesToHexString(byte[] src) {
    StringBuilder stringBuilder = new StringBuilder("0x");
    if (src == null || src.length <= 0) {
        return null;
    }
    char[] buffer = new char[2];
    for (int i = 0; i < src.length; i++) {
        buffer[0] = Character.forDigit((src[i] >>> 4) & 0x0F, 16);
        buffer[1] = Character.forDigit(src[i] & 0x0F, 16);
        stringBuilder.Append(buffer);
    }
    return stringBuilder.toString();
}
}
```

11.2.3 使用前台分派系统

通常 Android 移动设备会在非锁屏的状态下搜索 NFC 所支持的标签,除非是在设备的设置菜单中 NFC 被禁用。当 Android 设备发现 NFC 标签时,期望使用最合适的Activity来处理该 Intent,而不是询问用户使用什么应用程序。因为设备可扫描到 NFC 标签的距离很短,强制地让用户手动选择一个 Activity,很可能会导致设备离开 NFC 标签,从而中断该连接。

开发者应该开发自己的 Activity 来处理所关心的 NFC 标签,从而阻止 NFC 应用选择器的操作。因此,Android 提供了特殊的标签调度系统,来分析扫描到的 NFC 标签,通过解析数据,在被扫描到的数据中尝试找到感兴趣的应用程序,具体做法如下:

(1)解析 NFC 标签并搞清楚标签中标识数据负载的 MIME 类型或 URI。

(2)把 MIME 类型或 URI 以及数据负载封装到一个 Intent 中。

(3)基于 Intent 来启动 Activity。

在默认情况下,标签分派系统会根据标准的 Intent 解析过程确定哪个应用程序应该收到特定的标签。在 Intent 解析过程中,位于前台的 Activity 并不比其他应用程序的优先级高。如果几个应用程序都被注册为接收扫描类型的标签,用户就需要选择使用哪个应用程序,即使此时应用程序位于前台。

通过使用前台分派系统,可以指定特定的一个具有高优先级的 Activity 使得当它位于前台时,成为默认接收标签的应用程序。使用 NFC Adapter 的 enable/disableForegroundDispatch 方法可以切换前台分派系统。只有当一个 Activity 位于前台时才能使用前台分派系统,所以应该分别在 onResume 和 onPause 处理程序内启动和禁用该系统,下面给出使用前台分派系统的实现代码。

```
public void onPause() {
    super.onPause();
    nfcAdapter.disableForegroundDispatch(this);
}
public void onResume() {
    super.onResume();
    nfcAdapter.enableForegroundDispatch(
        this,
        //用于打包 Tag Intent 的 Intent
        nfcPendingIntent,
        //用于声明想要拦截的 Intent 的 Intent Filter 数组
        intentFiltersArray,
        //想要处理的标签技术的数组
        techListsArray);
    String action = getIntent().getAction();
    if (NfcAdapter.ACTION_NDEF_DISCOVERED.equals(action)) {
    processIntent(getIntent());//读取 NFC 标签的有效载荷
    }
}
```

Intent Filter 数组应该声明想要拦截的 URI 或 MIME 类型。如果收到的任何标签的类型与这些条件不匹配,那么将会被使用标准的标签分派系统处理。为了确保用户体验,指定应用程序处理的标签内容是很重要的。

通过显式指定想要处理的技术(通常是添加 NfcF 类),可以进一步细化收到标签。NFC Adapter 会填充 Pending Intent,以便把收到的标签直接传输给程序。

下面给出为了使用前台分派系统所需要的参数:Pending Intent、MIME 类型数组和技术数组。

```
PendingIntent nfcPendingIntent;
IntentFilter[] intentFiltersArray;
String[][] techListsArray;
NfcAdapter nfcAdapter;
    public void onCreate(Bundle savedInstanceState) {
    super.onCreate(savedInstanceState);
    setContentView(R.layout.main);
    nfcAdapter = NfcAdapter.getDefaultAdapter(this);
```

```
    //创建 Pending Intent.
    int requestCode = 0;
    int flags = 0;
    Intent nfcIntent = new Intent(this, getClass());
    nfcIntent.addFlags(Intent.FLAG_ACTIVITY_SINGLE_TOP);
    nfcPendingIntent = PendingIntent.getActivity(this, requestCode, nfcIntent, flags);
    //创建局限为 URI 或 MIME 类型的 Intent Filter,以从中拦截 TAG 扫描
    IntentFilter tagIntentFilter =
    new IntentFilter(NfcAdapter.ACTION_NDEF_DISCOVERED);
    tagIntentFilter.addDataScheme("http");
    tagIntentFilter.addDataAuthority("blog.sina.com.cn/hrbustmachao", null);
    intentFiltersArray = new IntentFilter[] { tagIntentFilter };
    //创建要处理的技术数组
    techListsArray = new String[][] {
      new String[] {
      NfcF.class.getName()
      }
    };
}
```

11.2.4 Android Beam 简介

Android 4.0 (API Level 14)中引入的 Android Beam 提供了一个简单的 API。应用程序可以使用该 API 在使用 NFC 的两个设备之间传输数据,只要将这两个设备背靠背放在一起即可。例如,联系人、浏览器和 YouTube 应用程序就使用 Android Beam 来与其他设备共享当前查看的联系人、网页和视频。

为使用 Android Beam 传输消息,应用程序必须位于前台,而且接收数据的设备不能处于锁住状态。通过将两个支持 NFC 的 Android 设备放在一起,可以启动 Android Beam。用户会看到一个"touch to beam"(触摸以传输)UI,此时它们可以选择把前台应用程序"beam"(传输)到另外一个设备。

当设备被放到一起时,Android Beam 会使用 NFC 在设备之间推送 NDEF 消息。通过在应用程序内启用 Android Beam,可以定义所传输的消息的有效载荷。如果没有自定义消息,应用程序的默认动作会在目标设备上启动它。如果目标设备上没有安装应用程序,那么 Google Play 就会启动,并显示应用程序的详细信息页面。

为定义应用程序传输的消息,需要在 manifest 文件中请求 NFC 权限:

```
<uses-permission android:name="android.permission.NFC"/>
```

定义自己的有效载荷的过程如下：

步骤1：创建一个包含NdefRecord的NdefMessage对象，NdefRecord中包含了消息的有效载荷。

步骤2：将NdefMessage作为Android Beam的有效载荷分配给NFC Adapter。

步骤3：配置应用程序来监听传入的Android Beam消息。

(1)创建Android Beam消息。

要创建一个新的Ndef Message，需要创建一个NdefMessage对象，并在其中创建至少一个NdefRecord，用于包含想要传递给目标设备上的应用程序的有效载荷。

创建新的Ndef Record时，必须指定它表示的记录类型、一个MIME类型、一个ID和有效载荷。有几种公共的Ndef Record类型，可以用在Android Beam中类传递数据。

注意：它们总是应该作为第一条记录添加到要传输的消息中。

使用NdefRecord. TNF_MIME_MEDIA类型可以传输绝对URI：

```
NdefRecord uriRecord = new NdefRecord(
NdefRecord.TNF_ABSOLUTE_URI,
"http://blog.sina.com.cn/hrbustmachao".getBytes(Charset.forName("US-ASCII")),
new byte[0], new byte[0]);
```

这是使用Android Beam传输的最常见的Ndef Record，因为收到的Intent和任何启动Activity的Intent具有一样的形式。用来确定特定的Activity应该接收哪些NFC消息的Intent Filter可以使用scheme、host和path Prefix属性。

如果需要传输的消息所包含的信息不容易被解释为URI，NdefRecord. TNF_MIME_MEDIA类型支持创建一个应用程序特定的MIME类型，并包含相关的有效载荷：

```
byte[] mimeByte =
"Application/edu.hrbust.nfcbeam".getBytes(Charset.forName("US-ASCII"));
byte[] tagId = new byte[0];
byte[] payload = "Not a URI".getBytes(Charset.forName("US-ASCII"));
NdefRecord uriRecord = new NdefRecord(
NdefRecord.TNF_MIME_MEDIA, mimeByte, tagId, payload);
```

包含Android Application Record(ARR)形式的Ndef Record是一种很好的做法。这可以保证应用程序会在目标设备上启动。如果目标设备上没有安装应用程序，则会启动Google Play Store，让用户可以安装它。要创建一个AAR Ndef Record，需要使用Ndef Record类的createApplicationRecord静态方法，并制定应用程序的包名。下面给出创建一条Android Beam NDEF消息，并在其中添加AAR的代码。

```
String payload = "Two to beam across";
String mimeType = "Application/edu.hrbust.nfcbeam";
byte[] mimeBytes = mimeType.getBytes(Charset.forName("US-ASCII"));
```

```
NdefMessage nfcMessage = new NdefMessage(new NdefRecord[] {
  //创建 NFC 有效载荷
  new NdefRecord(
    NdefRecord.TNF_MIME_MEDIA, mimeBytes,
    new byte[0], payload.getBytes()),
    //添加 AAR (Android Application Record)
    NdefRecord.createApplicationRecord("edu.hrbust.nfcbeam")
});
```

(2)分配 Android Beam 有效载荷。

使用 NFC Adapter 可以指定 Android Beam 的有效载荷。通过使用 NfcAdapter 类的 getDefaultAdapter 静态方法,可以访问默认的 NFC Adapter:

```
NfcAdapter nfcAdapter = NfcAdapter.getDefaultAdapter(this);
```

有两种方法可以把创建的 NDEF Message 指定为应用程序的 Android Beam 有效载荷。最简单的方法是使用 setNdefPushMessage 方法来分配,当 Android Beam 启动时,总是应该从当前 Activity 发送的消息。这种分配只需要在 Activity 的 onResume 方法中完成一次:

```
nfcAdapter.setNdefPushMessage(nfcMessage, this);
```

更好的方法是使用 setNdefPushMessageCallback 方法。该处理程序在消息被传输之前立即触发,允许根据应用程序当前的上下文。例如:正在看哪个视频、浏览哪个网页或者哪个地图坐标居中。动态设置有效载荷的内容,下面给出动态设置 Android Beam 消息的代码:

```
nfcAdapter.setNdefPushMessageCallback(new CreateNdefMessageCallback() {
  public NdefMessage createNdefMessage(NfcEvent event) {
    String payload = "Beam me up, Android! \n\n" +
    "Beam Time: " + System.currentTimeMillis();
    NdefMessage message = createMessage(payload);
    return message;
  }
}, this);
```

如果使用回调处理程序同时设置了静态消息和动态消息,那么只有动态消息会被传输。

(3)接收 Android Beam 消息。

Android Beam 消息的接收方式与本章前面介绍的 NFC 标签十分类似。为了接收在前一节打包的有效载荷,首先要在 Activity 中添加一个新的 Intent Filter,即 Android Beam 的 Intent Filter,具体代码如下:

```
<intent-filter>
    <action android:name="android.nfc.action.NDEF_DISCOVERED"/>
    <category android:name="android.intent.category.DEFAULT"/>
    <data android:mimeType="Application/edu.hrbust.nfcbeam"/>
</intent-filter>
```

Android Beam 启动后,接收设备上的 Activity 就会被启动;如果接收设备上没有安装应用程序,那么 Google Play Store 将会启动,以允许用户下载应用程序。

传输的数据会使用一个具有 NfcAdapter. ACTION_NDEF_DISCOVERED 动作的 Intent 传输给 Activity,有效载荷可作为一个 NdfMessage 数组用于存储对应的 NfcAdapter. EXTRA_NDEF_MESSAGES extra,提取 Android Beam 有效载荷的实现代码如下:

```
Parcelable[] messages = intent.getParcelableArrayExtra(
    NfcAdapter.EXTRA_NDEF_MESSAGES);
NdefMessage message = (NdefMessage)messages[0];
NdefRecord record = message.getRecords()[0];
String payload = new String(record.getPayload());
```

有效载荷字符串是一个 URI 的形式,可以像对待 Intent 内封装的数据一样提取和处理它,以显示合适的视频、网页或地图坐标。

第12章　Android 传感器开发

在 Android 系统中,提供了对传感器的支持。传感器在 Android 的应用中起到了非常重要的作用,有时可以实现一些意想不到的功能,比如指南针、计步器等。本章将介绍一些传感器的开发及应用。

12.1　Sensor 开发基础

12.1.1　Sensor 简介

Android 系统的一大亮点就是对传感器的应用,Android 系统提供了 10 余种传感器。Android 中支持的 Sensor 种类见表 12.1。

表 12.1　Sensor 类型

感应检测	说　明
TYPE_ACCELEROMETER	加速度传感器
TYPE_AMBIENT_TEMPERATURE	温度传感器
TYPE_GRAVITY	重力传感器
TYPE_GYROSCOPE	回转仪传感器
TYPE_LIGHT	光传感器
TYPE_LINEAR_ACCELERATION	线性加速度传感器
TYPE_MAGNETIC_FIELD	磁场传感器
TYPE_PRESSURE	压力传感器
TYPE_PROXIMITY	接近传感器
TYPE_RELATIVE_HUMIDITY	相对湿度传感器
TYPE_ROTATION_VECTOR	旋转矢量传感器

下面给出常用的传感器介绍:

方向传感器(Orientation)简称为 O-sensor,主要感应方位的变化。现在已经被 SensorManager. getOrientation()所取代,可以通过磁力计 MagneticField 和加速度传感器 Accelerometer 来获得方位信息。该传感器同样捕获三个参数,分别代表手机沿传感器坐

标系的 X 轴、Y 轴和 Z 轴转过的角度。

磁力传感器(MagneticField)简称为 M-sensor,该传感器主要读取的是磁场的变化,通过该传感器便可开发出指南针、罗盘等磁场应用。磁场传感器读取的数据同样是空间坐标系三个方向的磁场值,其数据单位为 μT,即微特斯拉。

加速度传感器(Accelerometer)简称 G-sensor,主要用于感应设备的运动。该传感器捕获三个参数,分别表示空间坐标系中 X、Y、Z 轴方向上的加速度减去重力加速度在相应轴上的分量,其单位均为 m/s^2。

重力传感器(Gravity)简称 GV-sensor,主要用于输出重力数据。在地球上,重力数值为 9.8,单位是 m/s^2。坐标系统与加速度传感器坐标系相同。当设备复位时,重力传感器的输出与加速度传感器相同。

光传感器(Light),主要用来检测设备周围光线强度。光强单位是勒克斯(lux),物理意义是照射到单位面积上的光通量。

12.1.2　Sensor 开发过程

在开发传感器应用之前,首先要了解传感器的开发过程。要测试感应检测 Sensor 的功能,必须在装有 Android 系统的真机设备上进行。为了方便对 Sensor 的访问,Android 提供了用于访问硬件的 API:android. hardware 包,该包提供了用于访问 Sensor 的类和接口。在 Android 应用程序中使用 Sensor 要依赖于 android. hardware. SensorEventListener 接口。通过该接口可以监听 Sensor 的各种事件。下面给出 Android 中 Sensor 应用程序的开发步骤:

步骤 1:调用 Context. getSystemService(SENSOR_SERVICE)方法获取传感器管理服务。代码格式如下:

```
SensorManager manager = (SensorManager)getSystemService(SENSOR_SERVICE);
```

步骤 2:调用 SensorManager 的 getDefaultSensor(int type)方法,获取指定类型的传感器。代码格式如下:

```
SensorManager. getDefaultSensor(int type);
```

步骤 3:在 Activity 的 onResume()中,调用 SensorManager 的 registerListener(SensorEventListener listener, Sensor sensor, int rate)方法注册监听。

```
SensorManager. registerListener( // 注册监听器
SensorEventListener listener,    // 监听传感器事件
Sensor sensor,                   // 传感器对象
int rate)                        // 延迟时间精密度
```

其中,参数 rate 可以取值为:

- Sensor. manager. SENSOR_DELAY_FASTEST:延迟 0 ms。
- Sensor. manager. SENSOR_DELAY_GAME:延迟 20 ms,适合游戏的频率。

- Sensor. manager. SENSOR_DELAY_UI:延迟 60 ms,适合普通界面的频率。
- Sensor. manager. SENSOR_DELAY_NORMAL:延迟 200 ms,正常频率。

步骤 4:实现 SensorEventListener 接口中下列两个方法,监听并取得传感器 Sensor 的状态。

```
public interface SensorEventListener{
  //传感器精度发生改变时调用
  public abstract void onAccuracyChanged(Sensor sensor, int accuracy);
  //传感器采样值发生变化时调用
  public abstract void onSensorChanged(SensorEvent event);
}
```

SensorEventListener 接口包含了 onAccuracyChanged 和 onSensorChanged 两个方法。前者在一般场合中比较少使用到,常用到的是 onSensorChanged 方法,它只有一个 SensorEvent 类型的参数 event,SensorEvent 类代表了一次传感器的响应事件,当系统从传感器获取到信息的变更时,会捕获该信息并向上层返回一个 SensorEvent 类型的对象,这个对象包含了传感器类型(public Sensor sensor)、传感器的时间戳(public long timestamp)、传感器数值的精度(public int accuracy)以及传感器的具体数值(public final float[ ] values)。

其中的 values 值非常重要,其数据类型是 float[ ],它代表了从各种传感器采集回的数值信息,该 float 型的数组最多包含 3 个成员,根据传感器的不同,values 中每个成员所代表的含义也不同。例如,通常温度传感器仅仅传回一个用于表示温度的数值,而加速度传感器则需要传回一个包含 X,Y,Z 三个轴上的加速度数值,同样的一个数据“10”,如果是从温度传感器传回则可能代表 10℃,而从亮度传感器传回则可能代表数值为 10 的亮度单位。

12.1.3 Sensor 坐标系

在 Android 中开发 Sensor 应用程序时,可以通过 Sensor 类型和 values 数组的值来正确地处理并使用传感器传回的值。为了正确理解传感器所传回的数值,首先需要了解 Android 所定义的两个坐标系:世界坐标系(world coordinate-system)和旋转坐标系(rotation coordinate-system)。

世界坐标系(world coordinate-system)定义了从一个特定的 Android 设备上看待外部世界的方式,主要是以设备的屏幕为基准而定义,并且该坐标系依赖的是屏幕的默认方向,不因为屏幕显示方向的改变而改变。坐标系以屏幕的中心为圆点,X 轴方向是沿着屏幕的水平方向从左向右。手机默认的正方状态,一般来说,世界坐标系如图 12.1 所示的默认长边在左右两侧,并且听筒在上方的情况,如果是特殊的设备,则可能 X 和 Y 轴会互换。

Y 轴方向与屏幕的侧边平行,是从屏幕的正中心开始沿着平行屏幕侧边的方向指向屏幕的顶端。Z 轴的方向比较直观，即将手机屏幕朝上平放在桌面上时，屏幕所朝的方向。有了约定好的世界坐标系，重力传感器、加速度传感器等。所传回的数据和解析数据的方法，就能够按照这种约定来确定联系了。

旋转坐标如图 12.2 所示，球体可以理解为地球，这个坐标系是专用于旋转矢量传感器(Rotation Vector Sensor)的，可以理解为一个“反向的”世界坐标系，旋转矢量传感器用于描述设备所朝向的方向的传感器，而 Android 为描述这个方向而定义了一个坐标系，这个坐标系也由 X、Y、Z 轴构成，特别之处是旋转矢量传感器所传回的数值是屏幕从标准位置(屏幕水平朝上且正北)开始，分别以这 3 个坐标轴为轴所旋转的角度。使用旋转矢量传感器的典型实例即“电子罗盘”。在这个坐标系中 X 轴即是 Y 轴与 Z 轴的向量积 Y(Z，方位是与地球球面相切并且指向地理的西方。Y 轴为设备当前所在的位置与地面相切并且指向地磁北极的方向。Z 轴为设备所在位置指向地心的方向，垂直于地面。

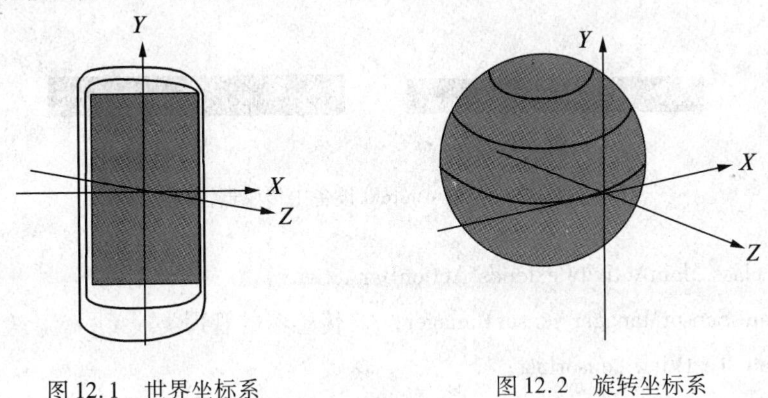

图 12.1　世界坐标系　　　　图 12.2　旋转坐标系

由于这个坐标系是专用于确定设备方向的，因此这里进一步给出访问旋转矢量传感器所传回的 values[ ]数组中各个数值所表示的含义，作为对 values[ ]值的一种示例说明。当旋转矢量传感器感应到方位变化时会返回一个包含变化结果数值的数组，即 values[ ]，数组长度为 3，它们分别代表：

values[0]：方位角，即手机绕 Z 轴所旋转的角度。

values[1]：倾斜角，指绕 X 轴所旋转的角度。

values[2]：翻滚角，指绕 Y 轴所旋转的角度。

以上所指明的角度都是逆时针方向的。

12.2　Sensor 应用实例

由于 Android 模拟器不支持 Sensor 感应功能，所以本节实例均需要在真机上运行。

12.2.1　获取 Sensor 清单

获取 Android 设备中传感器清单如图 12.3 所示，是获取 Sensor 清单应用实例的程序

运行界面,下面首先给出实例的主活动的代码:

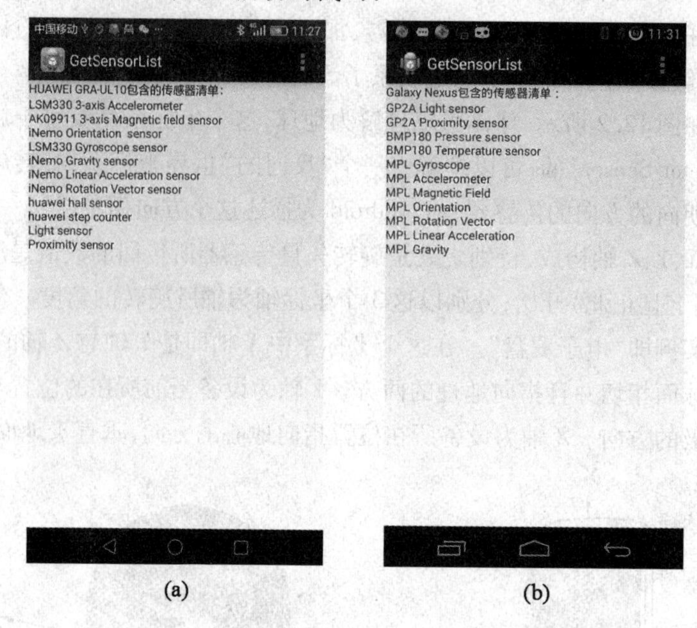

图 12.3　获取 Android 设备中传感器清单

```
public class MainActivity extends ActionBarActivity {
    private SensorManager sensorManager; // 传感器的管理类
    private TextView sensorList;
    private TextView label;
    private List < Sensor > list = null;
    protected void onCreate(Bundle savedInstanceState) {
        super.onCreate(savedInstanceState);
        setContentView(R.layout.activity_main);
        sensorManager =
        (SensorManager) getSystemService (Context.SENSOR_SERVICE);
        list = sensorManager.getSensorList(Sensor.TYPE_ALL);
        sensorList = (TextView)findViewById(R.id.sensorList);
        label = (TextView)findViewById(R.id.label);
        for(Sensor sensor:list) {
            sensorList.Append(sensor.getName() + "\n");
        }
        Build build = new Build();
        label.setText( build.MODEL + "包含的传感器清单:");
    }
```

}

感应检测 Sensor 的硬件组件由不同的厂商提供。不同的 Sensor 设备组件,所检测的事件也不同。可以使用 Sensor 类的 getXXX()方法,检测设备所支持的 Sensor 的相关信息。除了上面实例中用到的 public String getName()获取传感器名称的方法,还可以使用表 12.2 中的方法获取 Sensor 的其他相关信息,见表 12.2。

表 12.2 Sensor 的相关信息获取方法

方法名称	方法说明
public float getMaximumRange()	获取 Sensor 最大值
public int getMinDelay()	获取 Sensor 的最小延迟
public float getPower()	获取 Sensor 使用时所耗功率
public float getResolution()	获取 Sensor 的精度
public int getType()	获取 Sensor 类型
public String getVendor()	获取 Sensor 供应商信息
public int getVersion()	获取 Sensor 版本号信息

12.2.2 指南针应用实例

如前所述,方向传感器是基于软件的,并且它的数据是通过加速度传感器和磁场传感器共同获得的。图 12.4 是指南针应用实例的程序运行界面,下面首先给出实例的布局文件代码:

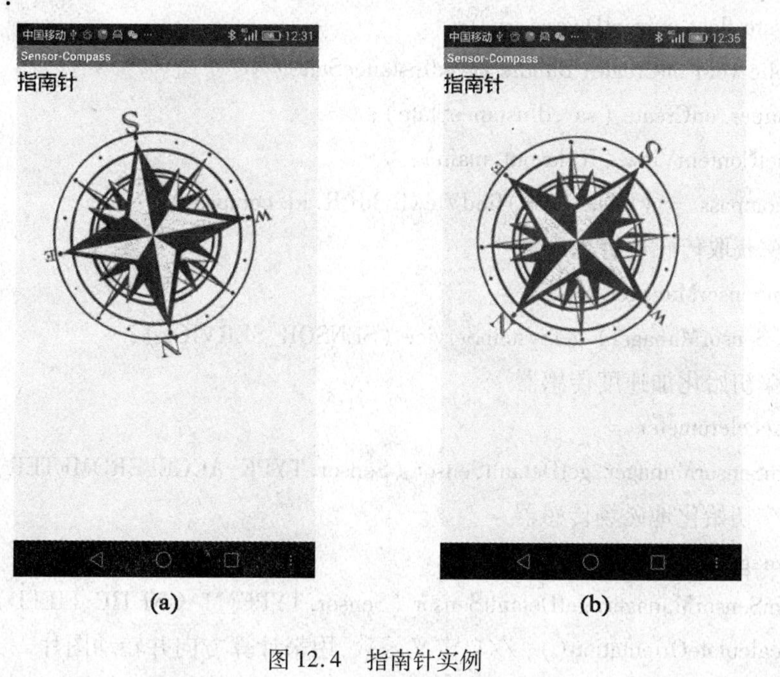

图 12.4 指南针实例

```
<LinearLayout… >
  <TextView
    android:text = "指南针"
    android:textSize = "24sp"
    android:layout_width = "fill_parent"
    android:layout_height = "wrap_content"/ >
  <ImageView
    android:id = "@ +id/compass"
    android:layout_width = "320dp"
    android:layout_height = "320dp"
    android:src = "@drawable/compass"/ >
</LinearLayout >
```

主活动的代码如下：

```
public class CompassActivity extends Activity implements SensorEventListener {
  private SensorManager mSensorManager;
  private Sensor mOrientation; //方向传感器
  private Sensor accelerometer; //加速度传感器
  private Sensor magnetic; //地磁场传感器
  private float[ ] accelerometerValues = new float[3];
  private float[ ] magneticFieldValues = new float[3];
  private ImageView compass;
  private float currentDegree = 0;
  public void onCreate(Bundle savedInstanceState) {
    super. onCreate (savedInstanceState);
    setContentView (R. layout. main);
    compass = (ImageView)findViewById(R. id. compass);
    //获取传感器管理服务
    mSensorManager =
    (SensorManager) getSystemService (SENSOR_SERVICE);
    //初始化加速度传感器
    accelerometer =
    mSensorManager. getDefaultSensor (Sensor. TYPE_ACCELEROMETER);
    //初始化地磁场传感器
    magnetic =
    mSensorManager. getDefaultSensor (Sensor. TYPE_MAGNETIC_FIELD);
    calculateOrientation( ); //自定义函数,用来计算方向并转动图片
```

```
}
protected void onResume() {
    //注册监听,SENSOR_DELAY_UI 为适合普通界面的频率
    mSensorManager.registerListener(this, accelerometer,
    SensorManager.SENSOR_DELAY_UI);
    mSensorManager.registerListener(this, magnetic,
    SensorManager.SENSOR_DELAY_UI);
}
protected void onPause() {
    super.onPause();
    mSensorManager.unregisterListener(this);
}
public void onAccuracyChanged(Sensor sensor, int accuracy) {
}
public void onSensorChanged(SensorEvent event) {
    if (event.sensor.getType() == Sensor.TYPE_ACCELEROMETER) {
        accelerometerValues = event.values;
    }
    if (event.sensor.getType() == Sensor.TYPE_MAGNETIC_FIELD) {
        magneticFieldValues = event.values;
    }
    calculateOrientation();//自定义函数,用来计算方向并转动图片
}
//以指南针图像中心为轴旋转,从起始度数 currentDegree 旋转至 targetDegree
private void rotateCompass(float currentDegree, float targetDegree) {
    RotateAnimation ra; //旋转变化动画类
    ra = new RotateAnimation(currentDegree,
    targetDegree, Animation.RELATIVE_TO_SELF, 0.5f,
    Animation.RELATIVE_TO_SELF, 0.5f);
    ra.setDuration(200); //在 200 毫秒之内完成旋转动作
    compass.startAnimation(ra); //开始旋转图像
}
//自定义函数,用来计算方向并转动图片
private void calculateOrientation() {
    float[] values = new float[3];
    float[] R = new float[9];
```

```
        SensorManager. getRotationMatrix(R, null, accelerometerValues,
        magneticFieldValues);
        SensorManager. getOrientation(R, values);
        values[0] = (float) Math. toDegrees(values[0]);
        //处理传感器传回的数值并反映到图像的旋转上,
        //需要注意的是由于指南针图像的旋转是与手机(传感器)相反的,
        //因此需要旋转的角度为负的角度( - event. values[0])
        float targetDegree = - values[0];
        rotateCompass(currentDegree, targetDegree);
        currentDegree = targetDegree;
    }
}
```

在上述代码中,RotateAnimation 类是 Android 系统中的旋转变化动画类,用于控制 View 对象的旋转动作,该类继承于 Animation 类。该类中最常用的方法便是 RotateAnimation 构造方法:public RotateAnimation (float fromDegrees, float toDegrees, int pivotXType, float pivotXValue, int pivotYType, float pivotYValue),其中参数 fromDegrees 表示旋转的开始角度;参数 toDegrees 表示旋转的结束角度;参数 pivotXType 表示 X 轴的伸缩模式,可以取值为 ABSOLUTE、RELATIVE_TO_SELF、RELATIVE_TO_PARENT;参数 pivotXValue 表示 X 坐标的伸缩值参数 pivotYType 表示 Y 轴的伸缩模式,可以取值为 ABSOLUTE、RELATIVE_TO_SELF、RELATIVE_TO_PARENT;参数 pivotYValue 表示 Y 坐标的伸缩值。

12.2.3 计步器应用实例

图 12.5 是计步器应用实例的程序运行界面,下面直接给出活动的关键代码:

(a)

(b)

图 12.5 计步器实例

```
public class PedometerActivity extends Activity implements SensorEventListener {
  private SensorManager mSensorManager;
  private Sensor mAccelerometer; //加速度传感器
  private TextView pedometerStatus, stepcount, debug;
  private static final float GRAVITY = 9.80665f;
  private static final float GRAVITY_RANGE = 0.01f;
  public void onCreate(Bundle savedInstanceState) {
    super.onCreate(savedInstanceState);
    setContentView(R.layout.main);
    stepcount = (TextView)findViewById(R.id.stepcount);
    debug = (TextView)findViewById(R.id.debug);
    mSensorManager =
    (SensorManager)getSystemService(SENSOR_SERVICE);
    mAccelerometer =
    mSensorManager.getDefaultSensor(Sensor.TYPE_ACCELEROMETER);
  }
  protected void onResume() {
    super.onResume();
    mSensorManager.registerListener(this, mAccelerometer,
    SensorManager.SENSOR_DELAY_UI);
  }
  protected void onPause() {
    super.onPause();
    mSensorManager.unregisterListener(this);
  }
  public void onAccuracyChanged(Sensor sensor, int accuracy) {
  }
  public void onSensorChanged(SensorEvent event) {
    switch (event.sensor.getType()) {
      case Sensor.TYPE_ACCELEROMETER: {
        debug.setText("values[0]-->" + event.values[0] + "\nvalues[1]-->" +
        event.values[1] + "\nvalues[2]-->" + event.values[2]);
        if (justFinishedOneStep(event.values[2])) {
          stepcount.setText((Integer.parseInt(stepcount.getText().toString(
          )) +1) + "");
        }
```

```
            break;
        }
        default:
            break;
    }
}
//存储一步的过程中传感器传回值的数组便于分析
private ArrayList < Float > dataOfOneStep = new ArrayList < Float > ();
/*判断是否完成了一步行走的动作
 * 函数的输入参数 newData:传感器新传回的数值(values[2])
 * 函数的返回值:是否完成一步*/
private boolean justFinishedOneStep(float newData){
    boolean finishedOneStep = false;
    dataOfOneStep.add(newData);//将新数据加入到用于存储数据的列表中
    dataOfOneStep = eliminateRedundancies(dataOfOneStep);//消除冗余数据
    //分析是否完成了一步动作
    finishedOneStep = analysisStepData(dataOfOneStep);
    if(finishedOneStep){ //若分析结果为完成了一步动作
        dataOfOneStep.clear(); //则清空数组
        return true; //并返回真
    } else { //若分析结果为尚未完成一步动作
        if(dataOfOneStep.size() >= 100){//防止占资源过大
            dataOfOneStep.clear();
        }
        return false; //则返回假
    }
}
/*分析数据子程序
 * 函数的输入参数 stepData:待分析的数据
 *函数的返回值:分析结果*/
private boolean analysisStepData(ArrayList < Float > stepData){
    boolean answerOfAnalysis = false;
    boolean dataHasBiggerValue = false;
    boolean dataHasSmallerValue = false;
    for(int i =1; i < stepData.size() -1; i++){
    //是否存在一个极大值
```

```
        if(stepData.get(i).floatValue() > GRAVITY + GRAVITY_RANGE){
          if((stepData.get(i).floatValue() > stepData.get(i+1).floatValue()) &&
          (stepData.get(i).floatValue() > stepData.get(i-1).floatValue())){
            dataHasBiggerValue = true;
          }
        }
        //是否存在一个极小值
        if(stepData.get(i).floatValue() < GRAVITY - GRAVITY_RANGE){
          if((stepData.get(i).floatValue() < stepData.get(i+1).floatValue()) &&
          (stepData.get(i).floatValue() < stepData.get(i-1).floatValue())){
            dataHasSmallerValue = true;
          }
        }
      }
      answerOfAnalysis = dataHasBiggerValue && dataHasSmallerValue;
      return answerOfAnalysis;
    }
  /* 消除 ArrayList 中的冗余数据,节省空间,降低干扰
   * 函数的输入参数 rawData:原始数据
   * 函数的返回值:处理后的数据 */
  private ArrayList<Float> eliminateRedundancies(ArrayList<Float> rawData){
    for(int i=0; i<rawData.size()-1 ;i++){
      if((rawData.get(i) < GRAVITY + GRAVITY_RANGE) &&
      (rawData.get(i) > GRAVITY - GRAVITY_RANGE)&&
      (rawData.get(i+1) < GRAVITY + GRAVITY_RANGE) &&
      (rawData.get(i+1) > GRAVITY - GRAVITY_RANGE)){
        rawData.remove(i);
      }else{
        break;
      }
    }
    return rawData;
  }
}
```

参考文献

[1] LEE W M. Android 4 编程入门经典——开发智能手机与平板电脑应用[M]. 何晨光,李洪刚,译. 北京:清华大学出版社,2012.

[2] MEIER R. Android 4 高级编程[M]. 3 版. 佘建伟,赵凯,译. 北京:清华大学出版社,2013.

[3] 李刚. 疯狂 Android 讲义[M]. 北京:电子工业出版社,2011.

[4] 杨丰盛. Android 应用开发揭秘[M]. 北京:机械工业出版社,2010.

[5] 夏辉,李天辉,陈枭. Android 移动应用开发实用教程[M]. 北京:机械工业出版社,2015.

[6] 吴亚峰,苏亚光. Android 应用案例开发大全[M]. 北京:人民邮电出版社,2011.

[7] 李宁. Android 应用开发实战[M]. 2 版. 北京:机械工业出版社,2013.

[8] 英特尔亚太研发有限公司,英特尔软件学院教材编写组. 基于英特尔平台的Android应用开发[M]. 大连:东软电子出版社,2013.

[9] 吴亚峰,于复兴. Android 应用开发完全自学手册[M]. 北京:人民邮电出版社,2012.

[10] 孙更新,邵长恒,宾晟. Android 从入门到精通[M]. 北京:电子工业出版社,2011.

[11] 郭宏志. Android 应用开发详解[M]. 北京:电子工业出版社,2010.

[12] 李宁. Android 开发权威指南[M]. 2 版. 北京:人民邮电出版社,2013.

[13] 汪杭军. Android 应用程序开发[M]. 北京:机械工业出版社,2014.

[14] 张冬玲,杨宁. Android 应用开发教程[M]. 北京:清华大学出版社,2013.

[15] 谢景明,王志球,冯福锋. Android 移动开发教程(项目式)[M]. 北京:人民邮电出版社,2013.